W0258828

Teubner Studienbücher

Biologie

Dzwillo: **Prinzipien der Evolution**
Phylogenetik und Systematik. 152 Seiten. DM 26,80

Françon: **Physik für Biologen, Chemiker und Geologen**
Band 1: 208 Seiten. DM 19,80
Band 2: 171 Seiten. DM 18,80

Röhler: **Biologische Kybernetik**
Regelungsvorgänge in Organismen. 180 Seiten. DM 22,80

Ruthmann/Hauser: **Praktikum der Cytologie**
172 Seiten. DM 22,80

Schönbeck: **Pflanzenkrankheiten**
Einführung in die Phytopathologie. 184 Seiten. DM 24,80

Skrzipek: **Praktikum der Vehaltenskunde**
220 Seiten. DM 25,80

Vangerow: **Grundriß der Paläontologie**
132 Seiten. DM 18,80

Wynn: **Struktur und Funktion von Enzymen**
102 Seiten. DM 15,80

Geographie

Bahrenberg/Giese: **Statistische Methoden und ihre Anwendung in der Geographie**
308 Seiten. DM 29,80

Born: **Geographie der ländlichen Siedlungen**
Band 1: Die Genese der Siedlungsformen in Mitteleuropa
228 Seiten. DM 26,80

Heinritz: **Zentralität und zentrale Orte**
Eine Einführung
179 Seiten. DM 25,80

Herrmann: **Einführung in die Hydrologie**
151 Seiten. DM 22,80

Müller: **Tiergeographie**
Struktur, Funktion, Geschichte und Indikatorbedeutung von Arealen
268 Seiten. DM 28,80

Müller-Hohenstein: **Die Landschaftsgürtel der Erde**
204 Seiten. DM 28,—

Rathjens: **Die Formung der Erdoberfläche unter dem Einfluß des Menschen**
Grundzüge der Anthropogenetischen Geomorphologie
160 Seiten. DM 24,80

Semmel: **Grundzüge der Bodengeographie**
120 Seiten. DM 24,80

Fortsetzung auf der 3. Umschlagseite

Teubner Studienbücher   Biologie

A. Ruthmann / M. Hauser
Praktikum der Cytologie

Studienbücher der Biologie

Herausgegeben von
Prof. Dr. H. Stieve, Jülich, und Dr. E. Hildebrand, Jülich

Die Studienbücher der Reihe Biologie sollen in Form einzelner Bausteine grundlegende und weiterführende Themen aus allen Gebieten der Biologie umfassen. Daneben werden auch die übrigen Naturwissenschaften in einem Maße berücksichtigt, wie sie für den Umgang mit den Denk- und Arbeitsmethoden der Biologie notwendig erscheinen. Die Bände der Reihe sind wegen ihrer studienbezogenen Konzeption besonders zum Gebrauch neben Vorlesungen oder auch anstelle von Vorlesungen sowie zur Fortbildung der Lehrer geeignet. Für den Studierenden der Mathematik, Physik oder Chemie, der an biologischen Problemen interessiert ist, bietet die Reihe die Möglichkeit, sich an exemplarisch ausgewählten Themengruppen in die Biologie einführen zu lassen.

Praktikum der Cytologie

Von August Ruthmann, Ph.D.
o. Professor an der Universität Bochum

und Dr. rer. nat. Manfred Hauser
Priv.-Dozent an der Universität Bochum

Mit 59 Abbildungen und 2 Tabellen

Springer Fachmedien Wiesbaden GmbH

Prof. August Ruthmann, Ph. D.

Geboren 1928 in Darmstadt, Studium der Naturwissenschaften in Darmstadt, Studium der Zoologie und Biochemie an
der University of Minnesota (USA). Promotion 1958 (Ph. D.),
1957/58 Instructor, Univ. of Chicago. Von 1958 bis 1965
zuerst als wiss. Assistent, dann Konservator am Zoologi-
schen Institut der Universität Tübingen. Von 1965 bis 1968
Associate Professor am Biology Department, Dalhousie
University, Kanada. Von 1968 bis 1970 Abteilungsvorsteher
und Professor, Abteilung für Cytologie und Morphologie
der Tiere am Institut für Zoologie, Technische Hochschule
Aachen. Seit 1970 ordentlicher Professor und geschäfts-
führender Direktor am Lehrstuhl für Zellmorphologie der
Ruhr-Universität Bochum.
Arbeitsgebiet: Cytologie.

Priv. Doz. Dr. rer. nat. Manfred Hauser

Geboren 1939 in Trossingen/Württemberg. Studium der
Naturwissenschaften in Tübingen und Basel, Promotion
1969 an der Universität Tübingen. Danach wiss. Assistent
an der TH Aachen und der Ruhr Universität Bochum. Seit
der Habilitation 1976 Oberassistent am Lehrstuhl für Zellmorphologie der Ruhr-Universität Bochum.
Arbeitsgebiet: Cytologie / Zellbiologie.

CIP-Kurztitelaufnahme der Deutschen Bibliothek

Ruthmann, August:
Praktikum der Cytologie [Zytologie] / von August
Ruthmann u. Manfred Hauser. — Springer Fachmedien Wiesbaden, 1979
    (Studienbücher der Biologie) (Teubner-Studien-
    bücher : Biologie)
    ISBN 978-3-519-03606-7   ISBN 978-3-322-94750-5 (eBook)
    DOI 10.1007/978-3-322-94750-5

NE: Hauser, Manfred:

Satz: COPO-Satz, Seeheim 2

Umschlaggestaltung: W. Koch, Sindelfingen

Vorwort der Herausgeber

Die Zelle, Grundbaustein aller Organismen, stellt die kleinste Einheit dar, die alle essentiellen Eigenschaften des Lebens zeigt. Cytologie befaßt sich mit der Struktur und Funktion von Zellen und ihren Bestandteilen; sie ist von außerordentlicher Bedeutung für die gesamte Biologie, deren wichtigste Teilgebiete sie thematisch und methodisch miteinander verbindet.

Unser Verständnis der Lebensvorgänge hängt in starkem Maße ab von der Kenntnis der zellulären Feinstruktur und der chemischen und physikalischen Regulationsvorgänge in der Zelle. Das Studium einzelner Zellen oder Zellorganellen ist ausschlaggebend für das Verständnis des Aufbaus und der Leistung von Geweben und Organen. Hierauf gründet sich die Bedeutung der Cytologie für die Histologie und zahlreiche Aspekte der Physiologie wie z.B. Stoffwechsel, Bewegung und Erregbarkeit. Einzellige Stadien bilden das Bindeglied zwischen aufeinander folgenden Generationen mehrzelliger Organismen. Sie übertragen die genetische Information und sind dadurch von besonderem Interesse für die Genetik und Entwicklungsphysiologie. Prinzipiell lassen sich die meisten Phänomene des Lebens auf der Basis der Zellbiologie erklären.

Die moderne Cytologie hat sich über das Stadium der reinen Strukturbeschreibung hinaus immer mehr funktionellen Aspekten zugewandt (Zellphysiologie, Cytogenetik, Cytochemie). Dennoch stellt die Analyse der Feinstruktur noch immer eine ihrer wichtigsten Aufgaben dar. Grundvoraussetzung dafür ist die Beherrschung der licht- und elektronenmikroskopischen Untersuchungsmethoden und die Fähigkeit, ihre Aussagemöglichkeiten abzuschätzen.

Ihre zentrale Stellung läßt es zweckmäßig erscheinen, sich frühzeitig während des Studiums der Biologie mit den Grundlagen der Cytologie zu beschäftigen und ihre Arbeitsmethoden kennenzulernen. Dieses Buch beschreibt nach einer praktischen Einführung in die mikroskopischen Techniken eine Reihe von einfachen Versuchen zu verschiedenen cytologischen Themen, die sowohl im Unterricht an Hochschulen als auch in der Kollegstufe Höherer Schulen durchgeführt werden können. Die exemplarische Auswahl der Objekte und der zu beschreibenden Vorgänge ergibt sich aus der Notwendigkeit der zeitlichen Begrenzung eines Spezialpraktikums und der räumlichen Beschränkung eines Studienbuches. Die Aufgaben setzen außer einem basalen Wissen, das in den einführenden Lehrbüchern der Biologie oder in entsprechenden Vorlesungen vermittelt wird, keine besonderen Vorkenntnisse voraus.

Jülich, im Herbst 1978   H. Stieve und E. Hildebrand

Vorwort

Die Versuche in dem vorliegenden Praktikum der Cytologie sind zumeist jahrelang in
Kursen für Anfänger und für Fortgeschrittene an der Ruhr-Universität Bochum erprobt
worden. Eine ganze Reihe von Versuchen ist mit einfachster Ausrüstung durchführbar
und eignet sich daher auch für die Schule. Der Benutzer wird ohne weiteres erkennen,
um welche Versuche es sich handelt und welche nur für fortgeschrittene Studenten ge-
dacht sind. Beginn und Ende jedes Versuchs ist mit einem ausgefüllten schwarzen
Dreieck bzw. Quadrat gekennzeichnet, zusammengehörende Versuche durch offene
Zeichen. Die nicht derart markierten Abschnitte stellen die notwendigen theoretischen
Vorbesprechungen zu den Versuchen oder Versuchsgruppen oder weiterführende Überlegungen dar. Im Zusammenhang gelesen, ergeben diese Abschnitte eine Kurzeinführung
in die Cytologie.
Auf Zitate aus der überaus umfangreichen Originalliteratur ist zum größten Teil verzichtet worden. Ausnahmen bilden jene Zitate, die sich unmittelbar auf das verwendete
Versuchsobjekt beziehen. Im übrigen enthalten die Vor- oder Nachbesprechungen
zusammenfassende Literatur oder Lehrbuchangaben, aus denen die Originalliteratur
entnommen werden kann. Die Quellenangaben sind jeweils am Ende des betreffenden
Abschnitts zu finden. Sie enthalten jedoch keine detaillierten Angaben zur Durchführung der Versuche, die aufgrund der derzeitigen Problemlage in der Cytologie von uns
selbst konzipiert oder zumindest modifiziert wurden. Im Interesse der geschlossenen
Durchführbarkeit der Versuche im Rahmen eines Cytologiepraktikums ist auch auf
Objekte verzichtet worden, deren Kultur spezielle Einrichtungen erfordert oder die
schwierig zu beschaffen sind, auch wenn diese das eine oder andere Prinzip besser
hätten erkennen lassen. Es war vielmehr unser ausdrückliches Bestreben, mit einer
möglichst geringen Anzahl leicht zu haltender oder leicht zu beschaffender Objekte
auszukommen, um daran die grundlegenden Probleme der Cytologie durch eine Art
Arbeitsunterricht hervortreten zu lassen. Im Anhang sind einige Routinemethoden
aufgeführt, die z.T. den speziellen Erfordernissen der einzelnen Versuche angepaßt
wurden.
Wir danken Kollegen und Mitarbeitern für zahlreiche Anregungen und Hilfe. So haben
insbesondere Herr Dr. Troyer sowie Herr Dr. Rosenkranz und Frau Eichenlaub-Ritter
durch die entsprechend gekennzeichneten Abbildungen wesentlich zu diesem Buch beigetragen. Herrn Prof. Traut gilt unserer besonderer Dank für wertvolle Ratschläge zur
Durchführung von Versuchen mit der leicht züchtbaren Mehlmotte. Schließlich haben
auch kritische Studenten im Lauf der Jahre nicht unwesentlich zur Gestaltung des
Buches beigetragen. Den Verlagen Karger (Basel), Fischer (Stuttgart) und der Franckh'-
schen Verlagshandlung (Stuttgart) möchten wir an dieser Stelle für die bereitwillige
Überlassung von Bildmaterial ebenfalls herzlich danken. Ebenso gilt unser Dank den
Mitarbeitern des Lehrstuhls für Zellmorphologie Frau Gohr, Herrn Holl, Frau Schmidt
und Frau Schürmann für deren wertvolle Unterstützung.

Bochum, im Herbst 1978   A. Ruthmann, M. Hauser

Inhalt

Einleitung

Stoffwechsel, Fortpflanzung und Entwicklung zählen zu den grundlegenden Eigenschaften des Lebendigen, die sich in Individuen, den Organismen, äußern. Die kleinste biologische Einheit, gewissermaßen der Elementarorganismus, der solche Lebensäußerungen zeigt, ist die Zelle. Um sich als selbständige Einheit zu erhalten, muß sie sich gegenüber dem umgebenden Medium abgrenzen. Dennoch muß sie Stoffe von der Außenwelt aufnehmen und wieder an sie abgeben: sie existiert geradezu durch ein dynamisches Gleichgewicht des Stoff- und Energieflusses mit ihrer Umgebung. Sucht man nach einer allgemein gültigen Aussageform, welche die Zelle als Grundeinheit des Lebendigen charakterisiert, so kann man sagen, daß sie in der Lage ist, sich in einem Medium von geringerer Komplexität als sie selbst zu erhalten und zu vermehren.

Die Kanalisierung des Stoff- und Energieflusses im dynamischen Gleichgewichtszustand und das komplexe Zusammenspiel zahlreicher biochemischer Prozesse in der Zelle setzt einen hohen Ordnungsgrad des materiellen Trägers aller Lebenserscheinungen, des Protoplasmas, voraus. Ausdruck dieses Ordnungsgrades sind spezifische Zellstrukturen, die sich vom mikroskopischen bis in den molekularen Bereich hinein erstrecken. Die Cytologie hat sich die Erforschung dieses Ordnungsgefüges als Grundlage für ein Verstehen der Zellfunktion und im weiteren Sinne der Grundlagen des Lebendigen überhaupt zur Aufgabe gemacht. Sie ist damit ein wesentlicher Teil der Zellbiologie.

Bei einer von der Morphologie ausgehenden Forschungsrichtung bestimmt die Größe des Objektes die Art der einzusetzenden optischen Hilfsmittel. Sieht man vom Sonderfall reservestoffbeladener Riesenzellen wie dem Vogelei (der „Dotter" ist die eigentliche Eizelle, Eiweiß und Schale sind Sekretionsprodukte des Eileiters) einmal ab, so liegt die Zellgröße bei höheren Organismen im allgemeinen bei etwa 20 μm (1 μm = 10^{-3} mm), bei den kleinsten Bakterien, bestimmten Mykoplasmen, bei 0,1 μm bis 0,2 μm. Das ist kleiner als die größten **Viren**, die nicht als Zellen anzusehen sind, weil ihnen **eigener Stoffwechsel fehlt** und sie sich nur mit Hilfe des Stoffwechselapparates ihrer temporären Wirtszelle vermehren können.

Daß die Zellgröße eine obere Grenze haben muß, geht schon aus einer einfachen Überlegung hervor. Die aufbauenden (anabolischen) Vorgänge des Stoffwechsels, deren sichtbarer Nettoausdruck das Zellwachstum ist, sind an die Aufnahme von Stoffen aus der Umwelt gebunden und daher von der Größe der Zelloberfläche abhängig. Abbauende (katabolische) Vorgänge können aber im gesamten Zellplasma stattfinden und sind daher vom Volumen abhängig. Bei einer Kugel vom Radius r, die wir in grober Näherung als Zellform annehmen wollen, ist die Oberfläche proportional r^2, das Volumen $\sim r^3$. Die spezifische Oberfläche, d.h. die Oberfläche pro Volumeneinheit, sinkt also mit wachsender Zellgröße. Bei einer bestimmten Zellgröße werden daher die katabolischen Vorgänge den anabolischen die Waage halten und die Zelle wächst nicht weiter: sie muß sich teilen, um erneut in die Wachstumsphase eintreten zu können. Daß diese Überlegungen nicht grob unrichtig sind, zeigen z.B. die oft meterlangen Ausläufer (Axonen) von Nervenzellen, denn bei Fadengeometrie entspricht jedem Zuwachs an

Volumen ein gleichbleibender Zuwachs an Oberfläche, d.h. die für den Fall der Kugelgeometrie anzunehmende Wachstumsbegrenzung entfällt.

Da bestimmte zellwandlose Bakterien, die Mykoplasmen, mit nur 0,1 μm Durchmesser im inaktiven und 0,25 μm Durchmesser im aktiven, teilungsfähigen Zustand die kleinsten bis jetzt bekannten Zellen sind, könnte eine untere Grenzgröße für stoffwechselaktive Zellen im Bereich von 0,2 μm liegen. Das entspräche einem Volumen von $4 \cdot 10^6$ nm^3 (1 Nanometer, nm $= 10^{-3}$ μm) und einem Trockenvolumen von $8 \cdot 10^5$ nm^3, wenn die Zelle zu 80% aus Wasser besteht. Nehmen wir für ein Makromolekül eine Durchschnittsgröße von 10 nm und ein Volumen von $5 \cdot 10^2$ nm^3 an, so hätten in einer solchen Zelle nur 1600 Makromoleküle ($8 \cdot 10^5 / 5 \cdot 10^2$) Platz. Nur weniger als 1/3 davon kann Protein und damit Funktionsträger des Zellstoffwechsels in Form von Enzymen sein, denn nach molekularbiologischen Erkenntnissen erfordert die Weitergabe der genetischen Information für die Bildung spezifischer Proteine DNA, ihre Verwertung (Transkription und Translation) verschiedene Arten RNA. So grob diese Überschlagsrechnung auch ist, sie zeigt doch zweierlei: Eine derart kleine Zelle muß mit unstatistischen Anzahlen der einzelnen Proteinspezies arbeiten. Das setzt aber ein hochgeordnetes System voraus, in welchem die Zelle nicht auf „zufälliges" Aufeinandertreffen von Reaktionspartnern (wie im Reagenzglas) angewiesen ist. Zweitens ist bei der geringen Zahl von Makromolekülen zu erwarten, daß eine Trennung von Struktur- und Funktionsprotein (Enzyme) vermutlich nicht vorliegt. Die Eiweißbausteine, z.B. der Zellenmembran, werden daher wohl gleichzeitig Struktur- und Funktionsträger sein.

1 Optische Hilfsmittel

Maßgeblich für den Einsatz optischer Hilfsmittel bei der cytologischen Strukturanalyse ist ihr Auflösungsvermögen, definiert als der kleinste Abstand, in welchem nahe beieinander gelegene Strukturdetails gerade noch erkennbar gemacht werden können, ohne allerdings Aufschluß über die wahre Form dieser Details zu geben. Das unbewaffnete Auge, dessen Auflösungsvermögen etwas besser als 0,1 mm ist, vermag gerade noch große freilebende Einzeller zu erkennen. Im Lichtmikroskop mit einem optimalen Auflösungsvermögen von 0,2 μm sind Organellen der Zelle (Kern, Nucleolus, Chromosomen, aber auch Golgikörper und Mitochondrien) darstellbar. Hier ist die Auflösungsgrenze letztlich durch die wellenoptischen Eigenschaften des zur Abbildung benutzten Lichtes bestimmt. Eine wesentliche Verbesserung des Auflösungsvermögens auf etwa 2 nm an Ultradünnschnitten und etwa 1 nm an isolierten und besonders kontrastierten biologischen Makromolekülen bringt das Elektronenmikroskop. Die 0,2 nm bis 0,3 nm Auflösungsvermögen, die moderne Geräte an anorganischen Idealobjekten leisten können, lassen sich im biologischen Bereich wegen des relativ schwachen Kontrastes unserer Objekte derzeit nicht ausnutzen. Immerhin wird mit dem Elektronenmikroskop ein wesentlicher Bereich der ultrastrukturellen Organisation der Zelle erschlossen. Unter 1 nm und damit in den eigentlichen Bereich der molekularen Organisation gelangt man nur im Sonderfall kristalliner Anordnungen mit dem indirekten Verfahren der Röntgenkleinwinkelbeugung.

1.1 Das Lichtmikroskop

Die wesentlichen Funktionsträger im Abbildungsstrahlengang sind das mehrlinsige Objektiv und das zweilinsige Okular, im Beleuchtungsstrahlengang die meist eingebaute Lichtquelle, eine Niedervoltlampe, und der mindestens zweilinsige Kondensor.

Das Objektiv, in Abb. 1 der Übersichtlichkeit halber als einfache Sammellinse gezeichnet, entwirft entsprechend den Linsengesetzen von einem zwischen seiner einfachen und doppelten Brennweite gelegenen Objekt ein umgekehrtes, reelles und vergrößertes Bild (O'). Es wird als Zwischenbild bezeichnet, weil es mit dem als Lupe wirkenden Okular unter nochmaliger Vergrößerung betrachtet wird. Daher wird der Abstand des Objektivs vom Objekt beim Fokussieren mit der Mikrometerschraube so eingestellt, daß das Zwischenbild in die dingseitige Brennebene des Okulars zu liegen kommt. Weil ferner die Tubuslänge des Mikroskops konstruktiv festgelegt ist, hat das Objektiv einen vom Hersteller eingravierten **Abbildungsmaßstab** (M_{Ob}), entsprechend dem Verhältnis Größe des Zwischenbildes zu Größe des Objektes, der mit der ebenfalls eingravierten **Lupenvergrößerung des Okulars** zu multiplizieren ist, um die Gesamtvergrößerung des Mikroskops zu erhalten:

$$V_M = M_{Ob} \cdot V_{Ok}$$

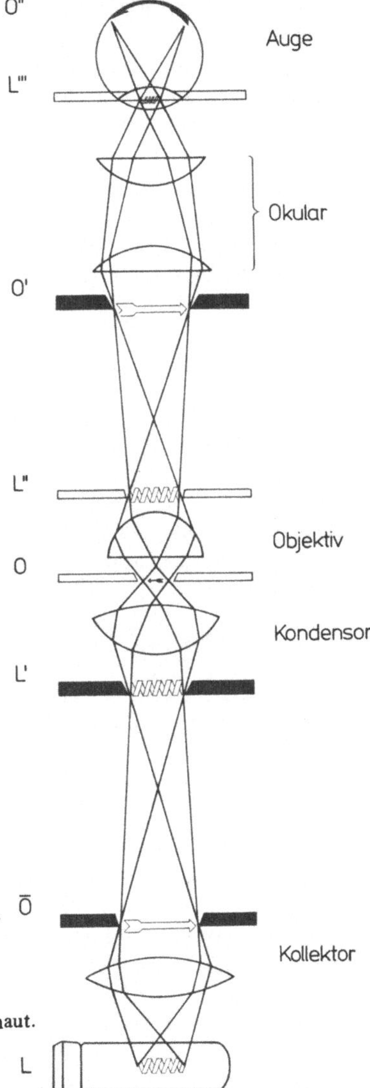

Abb. 1
Strahlengang im Mikroskop bei Köhlerscher Beleuchtung.
L: Lichtquelle, L': Aperturblende des Kondensors.
L": hintere Brennebene des Objektivs, L''': Bild der Lichtquelle in Pupillenebene,
Ō: Feldblende (Kollektorblende), O: Objekt,
O': Ebene des Zwischenbildes, O": Endbild auf der Netzhaut.
Nach einer Werkzeichnung von C. Zeiss, Oberkochen, aus R u t h m a n n (1966) mit Genehmigung der Franckh'schen Verlagshandlung, Stuttgart.

Da das reelle und vergrößerte Zwischenbild des Objektes in der dingseitigen Brennebene des Okulars liegt, verlassen die von ihm ausgehenden Strahlenbündel das Okular nach den Linsengesetzen in sich parallel ausgerichtet. In keiner Ebene über dem **Okular** entsteht daher ein auf einer Mattscheibe darstellbares, sog. reelles **Bild**. Ein solches entsteht aber wohl auf der Netzhaut des Betrachters durch Einschalten des zusätzlichen optischen Systems Auge. Man nennt ein solches Bild virtuell. **Als Ganzes ist also ein virtuelles, vergrößertes und umgekehrtes Bild das Resultat der zweistufigen Abbildung mit dem Mikroskop.** Seine scheinbare Lage im Raum ergibt sich aus dem objektseitig verlängerten Schnittpunkt der aus der Frontlinse des Okulars mit unterschiedlichen Winkeln austretenden Strahlenbündel. Beim einäugigen Mikroskopieren kann man es bei entsprechender Übung geradezu auf einen neben dem Mikroskop liegenden Bogen „abzeichnen".

Zur Mikroprojektion oder Mikrophotographie muß natürlich ein reelles Endbild zur Verfügung stehen. Stellt man auf eine über dem Okular im Abstand k liegende Ebene scharf, so liegt das Zwischenbild etwas unterhalb der dingseitigen Brennebene des Okulars, und der Abstand des Objektivs zum Objekt ist entsprechend größer. Der gesamte Abbildungsmaßstab des reellen Endbildes ergibt sich dann aus

$$M = M_{Ob} \cdot V_{Ok} \cdot \frac{k}{250} = V_M \cdot \frac{k}{250}$$

wobei der Faktor k/250 das Verhältnis der optischen Kameralänge zur sog. Bezugssehweite in Millimetern („normale Betrachtungsentfernung eines Bildes") ist. Bei dieser Art der Mikrophotographie wird nur ein Kameragehäuse ohne Kameraobjektiv verwendet. Hat man nur eine Kamera mit fest eingebautem Objektiv, so öffnet man die Blende völlig, stellt das Objektiv auf „unendlich" ein und bringt es so nahe an das Okular wie das Auge beim Beobachten des virtuellen Bildes. Der Abbildungsmaßstab ist dann

$$M = V_M \cdot \frac{f}{250}$$

wobei f die Brennweite des Kameraobjektivs ist. Allerdings muß man dabei einen runden („vignettierten") Bildausschnitt auf dem Negativ in Kauf nehmen.

1.1.1 Köhlersche Beleuchtung

Grundsätzlich sind zwei Beleuchtungsarten zu unterscheiden, die kritische und die Köhlersche Beleuchtung. Bei ersterer wird die Lichtquelle unmittelbar auf das Präparat abgebildet. Dies hat den Vorteil höchster Beleuchtungsintensität und den Nachteil, daß Inhomogenitäten der Lichtquelle im Bild erscheinen. Das beeinträchtigt besonders die Mikrophotographie und die Beobachtung mit schwacher Vergrößerung, weil dann ein Bild der Lampenwendel das des Präparates überdeckt. Aus diesem Grunde hat sich die Köhlersche Beleuchtung allgemein durchgesetzt, bei der man die Lichtquelle (L, Abb. 1) zunächst durch Verschieben der Kollektorlinse vor der Lampe in die Ebene der Kondensorblende (L') abbildet. Das Leuchtfeld wird durch eine Leuchtfeldblende

(O) am Fuß des Mikroskops begrenzt. Man bildet sie durch geeignetes Hochstellen des Kondensors zugleich mit dem Objekt (O) ab. Die Kondensorblende, optisch konjugiert mit der Lichtquelle, erscheint dann in der hinteren Brennebene des Objektivs (L''). Sie ist direkt sichtbar nach Herausziehen des Okulars. Inhomogenitäten der Lichtquelle sind demnach im Endbild ausgeschaltet.

Einstellen der Köhlerschen Beleuchtung („köhlern"): a) Lichtquelle (15 bis 30 cm vor dem Spiegel) und Planspiegel so ausrichten, daß Licht in den Kondensor fällt. Alle Blenden öffnen. Mit schwachem Trockensystem (ca. 10 ×) auf Präparat scharfstellen, Kondensortrieb am oberen Anschlag,

b) Kondensorblende schließen und Lichtquelle auf eine in Höhe dieser Blende gehaltene weiße Karte durch Verschieben des Lampenkollektors abbilden.

c) Kollektorblende schließen und Kondensor senken, bis diese Blende gleichzeitig mit dem Präparat scharf im Gesichtsfeld des Mikroskops abgebildet ist. Die Kollektorblende spielt nun die Rolle einer Leuchtfeldblende. Sie wird durch Drehen des Spiegels zentriert und dann geöffnet, bis ihr Bild am Rande des Gesichtsfeldes verschwindet.

Beim Übergang zu stärkeren Objektiven wird das Gesichtsfeld kleiner. Die Öffnung der Feldblende ist dann entsprechend zu korrigieren. Bei Immersionsobjektiven wird die Blende geöffnet, da sie sonst wegen der Abbildungsmängel der meisten Kondensoren teilweise als Aperturblende wirkt.

d) Die Kondensorblende wirkt bei dieser Einstellung als Aperturblende. Sie ist nach Herausziehen in der hinteren Brennebene des Objektivs sichtbar und wird geöffnet, bis sie etwa 3/4 des Durchmessers der Objektivöffnung freiläßt. Damit ist die Beleuchtungsapertur der Objektivapertur (s. unten) angepaßt und Überstrahlungen werden vermieden. Diese Einstellung muß nach jedem Objektivwechsel aufs neue durchgeführt werden. Zu starkes Abblenden führt zwar zu höherem Kontrast, verschlechtert aber das Auflösungsvermögen (s. Abschn. 1.1.2)

Bei Mikroskopen mit eingebauter Beleuchtung sind diese Einstellungen einfacher, da der Spiegel wegfällt und die Entfernung Kollektor/Lampe festliegt. Die Abbildung der Feldblende wird mit dem Kondensortrieb nach Scharfstellen auf ein Präparat vorgenommen. Zentriert wird das Leuchtfeldblendenbild mit den beiden Zentrierschrauben an der Kondensorfassung. Sonst verfährt man wie oben angegeben. ∎

1.1.2 Auflösungsvermögen und förderliche Vergrößerung

Da das vom Objektiv entworfene Zwischenbild mit dem Okular als Lupe betrachtet wird, ist ersteres allein für das Auflösungsvermögen des Mikroskops maßgeblich. Einzelheiten, die nicht bereits im Zwischenbild optisch getrennt dargestellt sind, können auch durch noch so starke nachträgliche Lupenvergrößerung nicht sichtbar gemacht werden. Das Okular hat lediglich die Aufgabe, bereits aufgelöste Details dem Auge unter einem ausreichenden Sehwinkel, der über dem physiologisch bedingten Grenzwert von einer Bogenminute liegt, darzubieten und damit erkennbar zu machen. Auf eine Ableitung des Auflösungsvermögens aus der wellenoptischen Theorie der mikroskopischen Abbildung muß in diesem Rahmen verzichtet werden (s. z.B. Françon, 1972, oder Michel, 1964). Einer ihrer Kernpunkte ist die von Abbé stammende Theorie der sekundären Abbildung, die wir mit einem einfachen Liniengitter veranschaulichen können.

▲   Als Gitter verwenden wir ein gewöhnliches Objektmikrometer mit 10 μm Abstand zwischen den Linien, fokussieren nach völliger Einengung der Kondensorblende und betrachten die hintere Brennebene des Objektivs nach Herausziehen des Okulars, am besten mit der Einstellupe für Phasenkontrastmikroskopie. Man erkennt mehrere Beugungsbilder, die beiderseits des zentralen Maximums an Helligkeit abnehmen und außen einen roten, innen einen blauen Farbsaum zeigen. Durch Öffnen der Kondensorblende überzeugt man sich leicht, daß es sich um Beugungsbilder eben jener Blende handelt, und durch Wegnahme des Objektgitters davon, daß sie vom Objekt hervorgerufen werden. Stärkere Objektive erfassen mehr Beugungsmaxima. Die Beugungsbilder der Kondensorblende sind dann aber kleiner. ■

Die Beugungsfigur wird nach Abbé das primäre Interferenzbild genannt. Sie enthält bereits eine wesentliche Information über das Objekt, nämlich dessen Linienabstand („Gitterkonstante") d, in diesem Falle 10 μm. Mit engeren Gittern wird nach den Beugungsgesetzen der Abstand der Maxima größer, bis schließlich auch die ersten Nebenmaxima beiderseits des hellen „nullten" Maximums hinter dem Rand der rückseitigen Objektivöffnung verschwinden. Das heißt aber nichts anderes, als daß die von einem solchen Gitter seitlich abgebeugten Strahlen vom Objektiv nicht mehr erfaßt werden und kein Bild der Objektivstruktur mehr entstehen kann. Die Auflösungsgrenze ist überschritten.

Nach Abbé überlagern sich die von den primären Interferenzbildern ausgehenden Lichtwellen derart, daß in der Zwischenbildebene durch erneute (sekundäre) Interferenz wieder ein Bild des Objektes selbst, eben das Zwischenbild, entsteht. Das ist natürlich nur möglich, wenn noch mindestens zwei primäre Beugungsbilder zur Verfügung stehen. Das wäre möglich bei schiefer Beleuchtung, z.B. durch einen ausgeschwenkten Spiegel, so daß das Hauptmaximum an einen Rand der Objektivöffnung rückt und eines der 1. Nebenmaxima an den anderen. Bei gerader Beleuchtung (wie in unserem Falle) ist die Mindestzahl natürlich 3, mit dem Hauptmaximum in der Mitte und den 1. Nebenmaxima am Rand (Abb. 2).

Maßgeblich für das Auflösungsvermögen ist daher der Öffnungswinkel des vom Objekt ausgehenden Strahlenkegels, der vom Objektiv gerade noch erfaßt wird. Wegen seiner Bedeutung wurde dafür von Abbé der Begriff der numerischen Apertur (A) eingeführt:

$$A = n \cdot \sin \alpha$$

wobei α der halbe vom Objektiv erfaßte Öffnungswinkel und n die Brechzahl des Mediums zwischen Deckglas und Frontlinse ist (bei Trockensystemen ist n = 1 und bei Ölimmersionen = 1,515). Die numerische Apertur ist jedem Objektiv eingraviert. Aus der Theorie ergibt sich, daß der kleinste Abstand d, der gerade noch aufgelöst werden kann, bei gerader Beleuchtung λ/A, bei schiefer Beleuchtung $\lambda/2\,A$ beträgt (λ : Wellen-

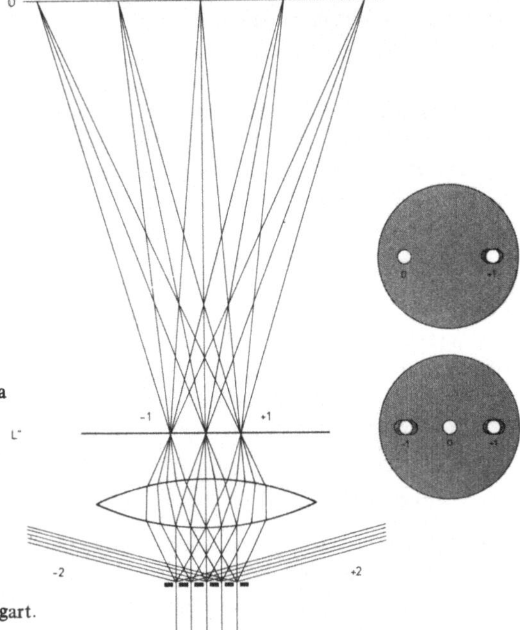

Abb. 2
Strahlengang bei Abbildung eines
Beugungsgitters durch das Objektiv.
L'': hintere Brennebene des Objektivs mit den bei geradem Lichteinfall erfaßten Maxima (-1 bis $+1$),
O': Ebene, in der das Zwischenbild
durch Interferenz der von den Maxima
ausgehenden Lichtwellen entsteht.
Rechts: Beugungsbilder der
zugezogenen Kondensorblende in der
hinteren Brennebene des Objektivs
bei geradem (unten) und schrägem
Lichteinfall (oben), Farbsäume
schraffiert.
Aus R u t h m a n n (1966)
mit Genehmigung der
Franckh'schen Verlagshandlung Stuttgart.

länge des Lichtes). Bei allseitig schiefer Beleuchtung mit einem Kondensor von hoher
numerischer Apertur ist angenähert

$$d = \frac{\lambda}{A_{Ob} + A_{Kond}}$$

wobei die Einschränkung $A_{Kond} \leqslant A_{Ob}$ zu machen ist, da sonst die Randstrahlen eines
vom Kondensor kommenden, weit geöffneten Strahlenbündels nicht mehr vom Objektiv erfaßt werden können. Daher auch die Bedingung, daß die als Aperturblende wirkende Irisblende des Kondensors so weit eingeengt werden soll, bis ihr Bild nach Entnahme des Okulars gerade in der hinteren Brennebene des Objektivs sichtbar wird.
Wenn andererseits für optimales Auflösungsvermögen $A_{Kond} = A_{Ob}$ sein soll, so
müßte bei Verwendung eines Ölimmersionsobjektivs auch ein Ölimmersionskondensor
zur Verfügung stehen. Dann ist es möglich, mit beiden Systemen numerische Aperturen
von ca. 1,3 zu erreichen und damit ein Auflösungsvermögen von 0,5 μm/2,6 = 0,2 μm
bei Verwendung von grünem Licht ($\lambda = 0,5$ μm). Mit ultraviolettem oder kurzwelligem
blauen Licht kann zwar die Auflösungsgrenze noch etwas hinausgeschoben werden,
aber erst das Elektronenmikroskop bringt entscheidende Fortschritte.

Auch die zu wählende Okularvergrößerung hängt mit dem Auflösungsvermögen und
damit der numerischen Apertur des Objektivs zusammen. Das Okular soll ja, um nutz-
lose und sogar störende Übervergrößerung zu vermeiden, nur benachbarte Strukturdetails des Zwischenbildes dem Auge unter günstigem Sehwinkel darbieten. Als Faust-

regel für die förderliche Vergrößerung des Mikroskops gilt, daß sie sich im Bereich des 500 bis 1000fachen der numerischen Apertur des Objektivs halten soll.

Bei einem Objektiv mit einem Abbildungsmaßstab von 16:1 und einer numerischen Apertur von 0,32 liegt sie somit zwischen 160- und 320fach und ist daher mit einem 10- bis 20fach vergrößernden Okular zu erreichen. Schwächere Okulare machen nicht alle Einzelheiten des Zwischenbildes erkennbar, nutzen das zur Verfügung stehende Auflösungsvermögen also nicht aus. Stärkere führen zu einer leeren Übervergrößerung, bei der keine weiteren Bilddetails erkennbar werden.

△   ### 1.1.3 Prüfung von Objektiven

▲   **1.1.3.1 Bestimmung des Abbildungsmaßstabs** Man vergleicht die Skala eines Okularmikrometers (1 Intervall = 0,1 mm) und eines Objektmikrometers (1 Intervall = 10 μm) miteinander. Decken sich z.B. 80 Intervalle des Okularmikrometers mit 40 Intervallen des Objektmikrometers, so entsprechen 8 mm im Zwischenbild 0,4 mm im Objekt. Der Abbildungsmaßstab des Objektivs wäre dann

$$\frac{8}{0,4} = 20 : 1.$$

Diese Messung ist nur mit einem sog. orthoskopischen Okular möglich, bei welchem sich das Meßplättchen v o r den Linsen des Okulars anbringen läßt. Man schraube die Frontlinse des Okulars etwas heraus, um auf das Meßplättchen scharf zu stellen, führe die Messung an mindestens drei verschiedenen Objektiven durch und vergleiche mit dem gerundeten Wert des eingravierten Abbildungsmaßstabes. ■

▲   **1.1.3.2 Bildwölbung** Wenn nicht spezielle bildebnende Planobjektive verwendet werden, liegen die gleichzeitig scharf abbildbaren Strukturen auf einer schirmartig nach oben gewölbten Fläche. Man bestimmt den je nach Fabrikat unterschiedlichen Grad der Bildwölbung mit Hilfe eines Objektmikrometers und der Skala an der Mikrometerschraube. Mit einem 100 × -Objektiv, dessen Schärfentiefe klein ist, und mit einem 8 oder 10 × -Okular stellt man auf die Mitte und den Rand des Gesichtsfeldes scharf und liest die Differenz beider Einstellungen an der in μm geeichten Skala des Feintriebs am Mikroskop ab. Man erhält so die Größe der Wölbung im O b j e k t r a u m.

Die Einstellungsdifferenz liegt im allgemeinen bei achromatischen Objektiven im Bereich von 3 μm. Für Mikrotomschnitte im üblichen Dickenbereich von 7 bis 10 μm gibt es daher immer eine Einstellebene, bei welcher das Objektiv bis zum Rand scharfe Bilder liefert. Störend macht sich dieser Bildfehler erst bei sehr dünnen Schnitten (z.B. Semidünnschnitten für die lichtmikroskopische Voruntersuchung vor der Elektronenmikroskopie) oder Ausstrichen bemerkbar. Er kann insbesondere bei der mikrophotographischen Abbildung auf die ebene Fläche des Films dazu führen, daß das Bild zum Rand hin zunehmend unscharf wird.

Die Wölbung im B i l d r a u m erhält man durch Multiplizieren der Einstelldifferenz mit dem Quadrat des Abbildungsmaßstabs des Objektivs, seiner sogenannten Axialvergrößerung. ■

▲ **1.1.3.3 Chromatische Aberration** Dieser Farbfehler beruht darauf, daß eine einfache
Sammellinse kurzwelliges Licht stärker als langwelliges bricht. Sie hat also unterschiedliche Brennweiten für die Farben, aus denen sich das weiße Licht zusammensetzt und
kann somit (besonders am Rand des Gesichtsfeldes) kein scharfes Bild liefern. Bei den
sog. Achromaten, der Normalform, ist dieser Fehler durch Verkittung von Gläsern
unterschiedlicher Dispersion für zwei bestimmte Wellenlängen, die Fraunhoferschen
Linien F im langwelligen Blau (486 nm) und C im kurzwelligen Rot (656 nm), völlig
kompensiert. Es verbleibt aber eine normalerweise nicht störende minimale Rest-
unschärfe durch das nicht abgeglichene „sekundäre Spektrum", das man mit einem
Kunstgriff sichtbar machen kann: Man erzeugt schräg einfallendes Licht durch eine
60°-Sektorenblende aus schwarzem Papier, die man unter der ausklappbaren Frontlinse in den Kondensor einlegt. In gleicher Richtung orientiert man ein Objektmikrometer und beobachtet das Restspektrum an den Skalenstrichen bei mäßigem Abblenden. Jeder Teilstrich erscheint dann an der einen Seite rötlich, an der entgegengesetzten Seite grünlich.

Bei den teuren Apochromaten, die für 3 Spektrallinien im grünen, blauen und roten
Bereich voll korrigiert sind, ist das verbleibende tertiäre Spektrum kaum wahrnehm-
bar. Fluoritsysteme weisen im Prinzip die gleiche Korrektur wie achromatische Objektive auf, kommen aber wegen der schmaleren Farbsäume ihres sekundären Spektrums
in ihrer Leistung den Apochromaten nahe. Vom Normaltyp abweichende, verbesserte
Farbkorrektur ist auf der Objektivfassung eingraviert. ■

1.1.3.4 Sphärische Aberration Dieser auf stärkerer Brechung achsenferner Strahlen
an einer Kugelfläche beruhende Fehler ist zwar im Objektiv durch Verkittung von
Sammel- und Zerstreuungslinsen verschiedener Brechkraft voll kompensiert, kann sich
aber durch Verwendung von falschen (meist zu dicken) Deckgläsern wieder einschlei-
chen und zu verschwommenen Bildern führen.

Abb. 3 zeigt den Verlauf der Strahlen von einem an der Unterseite des Deckglases
liegenden Objekt O links in einem Ölimmersionsobjektiv, rechts in einem Trockensystem. Da das Öl die gleiche Brechzahl hat wie das Glas, ist die rückwärtige Kugel-

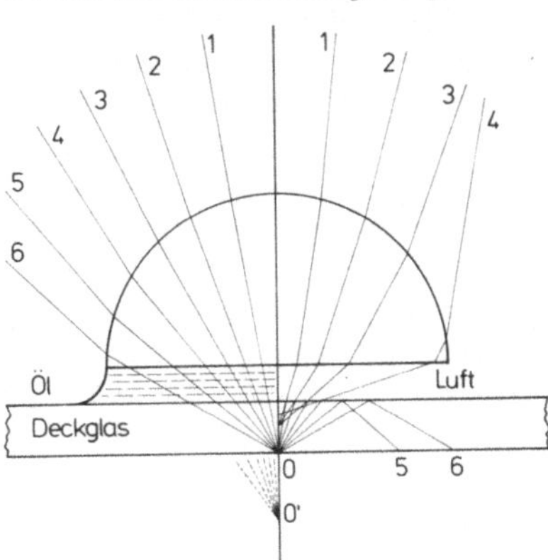

Abb 3
Einfluß der Deckglasdicke beim Trockensystem
(rechts) und Wirkung der Ölimmersion (links).
Nach M i c h e l (1964) aus R u t h m a n n (1966),
mit Genehmigung der
Frankh'schen Verlagshandlung, Stuttgart.

fläche der Frontlinse die erste brechende Fläche und die Strahlen scheinen von einem Punkt O' her zu kommen. Unter diesen Umständen ist eine scharfe Abbildung von O möglich. Anders beim Trockensystem. Hier findet zweimal eine Brechung beim Übergang Glas/Luft statt, und die nach rückwärts verlängerten Strahlen 1 bis 4 schneiden sich keineswegs in einem Punkt (5 und 6 gehen sogar durch Totalreflexion verloren). Vom Hersteller wird dieser Fehler schon bei der Konstruktion des Objektivs in Betracht gezogen und für eine bestimmte Glasdicke, die in die Fassung eingravierten 0,17 mm, korrigiert.

Ölimmersionen sind aus dem eingangs dargelegten Grund (s. Abb. 3) relativ unempfindlich gegen abweichende Deckglasdicken. Bei den stärkeren Trockensystemen kann die Toleranz jedoch überaus gering sein. Sie hängt außerdem vom Korrekturgrad ab, denn Apochromate gleicher Maßstabszahl aber höherer numerischer Apertur sind weit empfindlicher als entsprechende Achromate. Sie beträgt z.B. 0,17 ± 0,05 mm bei einem Achromat 40/0,65, beim Fluoritsystem 40/0,75 nur ± 0,02 mm, beim Apochromat 40/0,95 schließlich ± 0,01 mm. Hochempfindliche Objektive werden daher mit einer Korrektionsfassung zur Verwendung mit abweichenden Deckglasdicken geliefert.

▲   Für die folgenden Versuche ist die von einigen Optikherstellern noch angebotene Abbésche Testplatte erforderlich. Ihr wesentlicher Teil ist ein flach keilförmiges Deckglas, das auf einer Seite im Hochvakuum mit Silber bedampft und danach parallel geritzt wurde, so daß die Silberstreifen und die freien Streifen etwa gleich breit sind. Dieses Deckglas wurde mit der Silberschicht nach unten auf einen Objektträger aufgekittet, auf dem die jeweilige Dicke in mm eingraviert ist. Die Streifen sollen fein ausgezackt sein.

Am empfindlichsten für Deckglasdicken, die vom rechnerisch zugrunde gelegten Idealwert von 0,17 mm abweichen, sind die stark vergrößernden Trockensysteme. Für die folgende Demonstration der sphärischen Aberration durch falsche Deckglasdicke benutze man daher ein Trockenobjektiv vom Maßstab 40:1, besser noch eines vom Abbildungsmaßstab 63:1, das schon vom Hersteller wegen seiner extremen Empfindlichkeit mit einer Korrektionsfassung versehen wurde, die durch verstellbaren Abstand der vorderen und hinteren Linsengruppen den Effekt abweichender Dicken kompensiert. Man stellt zunächst die Fassung auf den Idealwert von 0,17 mm und setzt ein Grünfilter zwischen Lampe und Kondensor, um die Farbsäume durch chromatische Aberration zum Verschwinden zu bringen.

Die Sektorenblende im Kondensor wird so eingestellt, daß nach Herausziehen des Okulars die freie Öffnung zum Beobachter hin zeigt. Man geht nun vom Idealwert 0,17 mm auf der Testplatte nach links und gelangt in den Bereich der Unterkorrektion. Sie äußert sich (Abb. 4) darin, daß ein verwaschener, nebliger Schleier an den unteren Grenzen der Silberstreifen liegt. Im Korrekturbereich von 0,17 mm Deckglasdicke der Testplatte erscheinen obere und untere Streifengrenzen gleichermaßen scharf. Zur Demonstration von Überkorrektion verschiebt man die Testplatte nach rechts in den Bereich höherer Deckglasdicke. Nun erscheinen die oberen Ränder der Silberstreifen verwaschen.

Zur Ermittlung der Toleranz der verschiedenen Objektive für abweichende Deckglasdicken wird beim ersten erkennbaren Anzeichen von Unter- oder Überkorrektion an

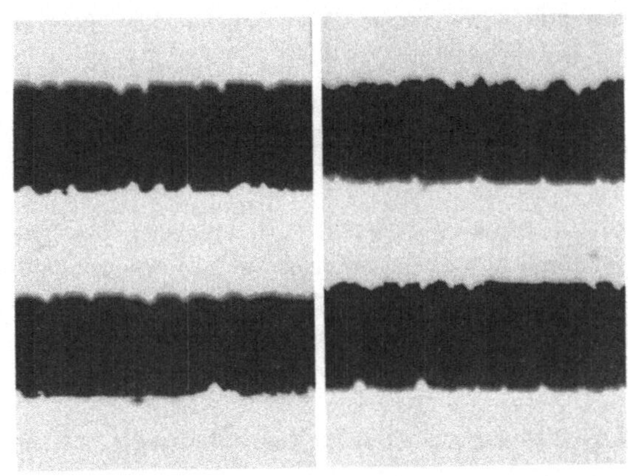

Abb. 4
Sphärische Aberration durch
abweichende Deckglasdicke.
Abbésche Testplatte.
Links Überkorrektion
(+ 0,02 mm), unscharfer
Rand oben.
Rechts Unterkorrektion
(− 0,02 mm), verwaschener
Rand unten.
Im voll korrigierten Zustand
sind obere und untere Streifen-
grenzen gleichzeitig scharf.
Objektiv: Planchromat 63/0,9
mit Korrektionsfassung.

der Testplatte, von 0,17 mm ausgehend, abgelesen und notiert. Man vergleiche wenn
möglich folgende Objektive miteinander: Achromat 40/0,65; Fluoritsysteme 40/0,75,
63/0,95; Ölimmersion 100/1,3. Das Ergebnis sollte erkennen lassen, daß das farblich
besser korrigierte Fluoritsystem 40/0,75 empfindlicher reagiert als der gleich stark
vergrößernde Achromat von der niedrigeren numerischen Apertur 0,65. Bei unsortier-
ten Deckgläsern von stark streuender Dicke kann das chromatisch weniger korrigierte
Objektiv also oft bessere Ergebnisse liefern. Am empfindlichsten ist das Trockensystem mit der höchsten numerischen Apertur. Die Ölimmersion von gleicher Farbkorrektur hat dagegen im Einklang mit dem in Abb. 3 erläuterten Prinzip den weitesten
Toleranzbereich. ■ □

△ 1.1.4 Einfache Messungen mit dem Mikroskop

▲ 1.1.4.1 Durchmesser des Gesichtsfeldes Kennt man den Durchmesser des Gesichtsfeldes, so kann man leicht Objektgrößen und Bewegungsgeschwindigkeiten abschätzen
und lernt so, beim Mikroskopieren in absoluten Größenordnungen „mitzudenken".

Diese Größe kann leicht mit einem Objektmikrometer für jede Okular/Objektiv-Kom-
bination ermittelt oder aus den Angaben der Hersteller berechnet werden. Sie ergibt
sich in mm aus dem scheinbaren Durchmesser, der Sehfeldzahl des Okulars, geteilt
durch den Abbildungsmaßstab des Objektivs. Da der Durchmesser des Tubus durch
Konvention meist auf 23 mm festgelegt ist, bleibt die Sehfeldzahl jedenfalls unter
diesem Wert. Sie ist in den Herstellerprospekten zumeist angegeben und nimmt mit
wachsender Okularvergrößerung ab:

$$S = f_{Ok} \cdot 2 \tan \frac{\gamma}{2} = \frac{250}{V_{Ok}} \cdot 2 \tan \frac{\gamma}{2} \ [mm]$$

(γ : der Sehwinkel, unter dem das Gesichtsfeld überblickt wird, bei den stärkeren Okularen meist 36°, bei Weitwinkelokularen bis zu 55°; f_{Ok}; Brennweite des Okulars in mm
= $250/V_{Ok}$).

Den wahren Durchmesser D des Gesichtsfeldes in mm erhält man durch Dividieren mit der Maßstabszahl des Objektivs

$$D = \frac{S}{M_{Ob}}$$

So ergibt ein 10 × Okular, S = 16, mit einem 10 × Objektiv ein Sehfeld von 1,6 mm, mit einem 100 × Objektiv eines von 0,16 mm (160 μm) Durchmesser.

Man bestimme den wahren Durchmesser des Gesichtsfeldes für die Objektiv/Okular-Kombinationen des benutzten Kursmikroskops und halte die Werte in einer Tabelle fest. ■

▲ **1.1.4.2 Messungen mit dem Okularmikrometer** In Höhe des Zwischenbildes können Meßplättchen angebracht werden, die ja zugleich mit dem Objekt scharf erscheinen müssen. Bei den meisten Okularen befindet sich an dieser Stelle eine Ringblende, die als Auflagefläche dienen kann. Durch leichtes Herausschrauben der Frontlinse kann die Scharfstellung auf das Okularmikrometer erfolgen.

Da der „Mikrometerwert", die Bedeutung einer Skaleneinheit im Okularmikrometer in absoluten Längeneinheiten, vom Abbildungsmaßstab des Objektivs abhängt, wird es mit Hilfe eines Objektmikrometers mit 10 μm Linienabstand zunächst geeicht. Man teilt bei allen in Frage kommenden Objektiven die Anzahl μm im Objekt (Skalenteile mal 10) durch die Anzahl der Teilstriche des Okularmikrometers, die sich mit der Objektskala decken, und erhält den gesuchten Mikrometerwert. Man fertigt sich ein für alle Mal eine Eichtabelle für die vorhandenen Objektive an. ■

▲ **1.1.4.3 Dickenmessungen mit der Mikrometerschraube** Bei Mikroskopen neuerer Bauart wird zur Scharfstellung der Objekttisch gehoben oder gesenkt. Obwohl der Tischhub in μm an der Skala des Feintriebs abgelesen werden kann, ist die Bestimmung der Objektdicke auf diesem Wege nicht ganz einfach.

Um die wichtigste Fehlerquelle kennenzulernen, bestimmen wir die Dicke eines Deckglases zunächst mit einem Werkstattmikrometer und dann mit der Skala an der Mikrometerschraube. Dazu wird das Deckglas auf beiden Seiten mit einer Markierung versehen, auf die man nacheinander scharf einstellt und die Differenz an der Skala des Feintriebs abliest. Bei Verwendung eines starken Trockensystems ist der erhaltene Wert um einen Faktor k zu klein. Die Abweichung beruht größtenteils auf Lichtbrechung beim Übergang Glas/Luft (scheinbare Bildhebung). Erst die optisch homogene Ölimmersion ergibt den richtigen Wert. Dennoch sind auch Dickenmessungen mit dem Ölimmersionsmikroskop mit Ungenauigkeiten behaftet, die z.T. von der Tiefenschärfe des Objektivs und der unterschiedlichen Brechzahldifferenz von Objekt und Einbettungsmedium herrühren. Um brauchbare Näherungen zu erhalten, verwendet man ein hochapturiges Ölimmersionsobjektiv, dessen Tiefenschärfe bei etwa 0,4 μm liegt, öffnet die Aperturblende des Kondensors voll und achtet auf guten Abgleich der Brechzahlen von Objekt und Einbettungsmedium. ■

1.2 Phasenkontrastmikroskopie

Wenn Lichtwellen ein mikroskopisches Untersuchungsobjekt durchdringen, können ihre Amplituden, ihre Phasenbeziehungen und ihre Schwingungsebenen verändert werden. Der zuletzt genannte Effekt wird bei der Polarisationsmikroskopie ausgenutzt. In der Hellfeldmikroskopie beruht der Bildkontrast auf lokalen Intensitätsunterschieden, die durch differentielle Lichtabsorption im Präparat entstehen. Die Intensität ist proportional dem Quadrat der Amplitude. Abb. 5 a) zeigt den Idealfall eines reinen Amplitudenpräparates, wobei A die einfallende, B die mit verkleinerter Amplitude austretende Lichtwelle darstellt. Pigmentfreie, ungefärbte lebende Zellen verändern nicht die Amplitude, sondern die Phasenbeziehung der Lichtwellen. Die Geschwindigkeit, mit welcher Licht ein transparentes Objekt durchdringt, ist um so kleiner, je größer die Brechzahl des Objektes ist. Zwischen den Wellenzügen, die das Objekt, und denjenigen, die das umgebende Einbettungsmittel durchlaufen haben, entsteht daher ein Gangunterschied, dessen Ausmaß vom Brechungsindex des Objektes (n_0), des Mediums (n_m) und der Schichtdicke (t) abhängt:

$$\Delta\delta = (n_0 - n_m)\, t$$

Die Phasendifferenz $\Delta\varphi$ in Winkelgraden ergibt sich aus

$$\Delta\varphi = (n_0 - n_m)\, t \cdot \frac{360}{\lambda}$$

da eine volle Wellenlänge 360° entspricht. In Abb. 5 b) ist die Phasenverzögerung der Bildwelle B gegenüber dem eingestrahlten Licht A verdeutlicht. Die gleichen Beziehungen lassen sich auch mit Hilfe einfacher Vektordiagramme veranschaulichen, wobei die Länge des Vektors die Amplitude und seine Richtung den Phasenwinkel darstellt. Der Vektor A (Abb. 5) entspreche dem das freie Medium durchlaufenden Licht, B der Bildwelle des Objektes. Beim reinen Amplitudenobjekt tritt keine Phasenverschiebung ein, sondern nur Absorption (B < A). Beim transparenten Phasenobjekt ist B = A, ein Ausdruck dafür, daß kein Licht absorbiert wird. Die Verzögerung der Bildwelle gegenüber dem Umfeld ist durch Drehung des Vektors um $\Delta\varphi$ im Uhrzeigersinn dargestellt.

Wie im gewöhnlichen Lichtmikroskop entsteht auch im Phasenkontrastmikroskop das Bild durch Interferenz von gebeugtem und nicht gebeugtem (direktem) Licht. Der Vektor B, die Bildwelle, muß sich also durch Vektoraddition von direktem Licht (A)

Abb. 5
Ungebeugtes Licht (A), Objektwelle (B) und gebeugtes Licht (C) bei einem reinen Amplitudenobjekt (a, c) und einem reinen Phasenobjekt (b, d) in Wellen- und Vektordarstellung. Das Phasenobjekt hat einen höheren Brechungsindex als das Einschlußmedium, so daß B gegenüber A um $\Delta\varphi$ verzögert wird.

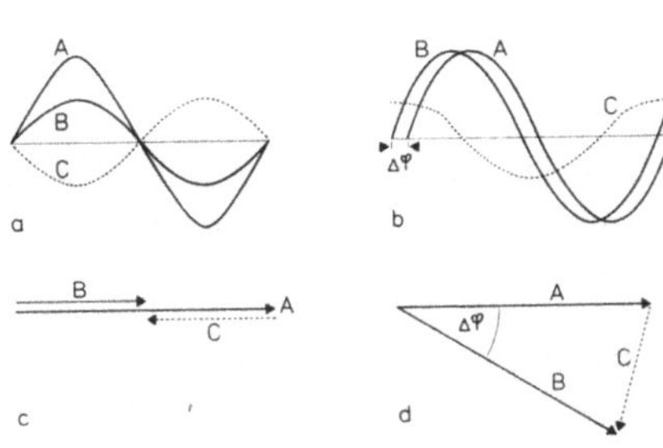

und gebeugtem Licht ergeben. Das letztere entspricht offenbar dem Vektor C, denn
A + C = B. Es ist beim Amplitudenobjekt (Abb. 5, links) gegenüber dem direkten
Licht um 180°, beim Phasenobjekt (rechts) um annähernd 90° phasenverschoben.
Im Wellenbild der Abbildung ist die gebeugte Welle C als gestrichelte Linie eingezeich-
net. Auch hier ist die Phasenverschiebung um 180° bzw. 90° deutlich erkennbar.

Wenn wir nun ein Phasenobjekt sichtbar machen wollen, müssen wir uns der Situation
nähern, die bei einem Amplitudenobjekt vorliegt, d.h. der Vektor B (Bild) muß kleiner
werden als A (Umfeld). Das Wesen des Phasenkontrastprinzips liegt in einem optischen
Eingriff im Strahlengang, womit die gebeugten relativ zu den ungebeugten Lichtwellen
um weitere 90° in der Phase verschoben werden, so daß die gesamte Phasenverschiebung 90° + 90° = 180° wie bei einem Amplitudenobjekt beträgt. Dieser Eingriff wird
mit Hilfe der Phasenplatte im Objektiv vorgenommen. Ihre ringförmige Vertiefung
(Abb. 6) ist so bemessen, daß das von einer Ringblende im Kondensor herkommende
direkte Licht gegenüber dem vom Objektiv gebeugten, das die gesamte Phasenplatte
durchsetzt, um $\lambda/4 = 90°$ in der Phase vorauseilt.

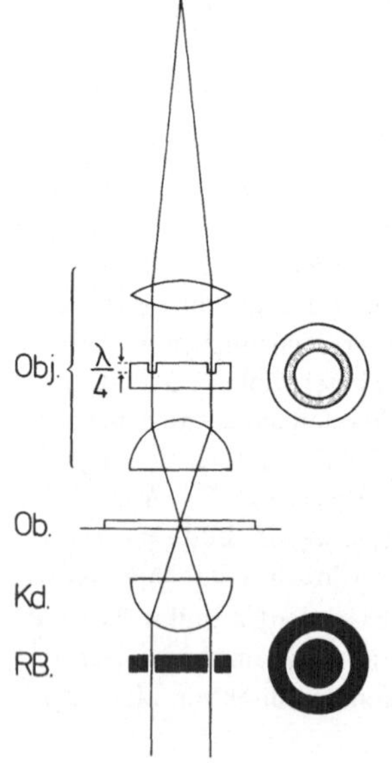

Abb. 6
Strahlengang des vom Objekt (Ob) nicht gebeugten Lichtes im
Phasenkontrastmikroskop. Es verläuft von der Ringblende (RB)
im Kondensor (Kd) zur ringförmigen Vertiefung der Phasenplatte
im Objektiv (Obj.).
Rechts: Ringblende und Phasenplatte (mit Absorption)
in Aufsicht. Aus R u t h m a n n (1966) mit Genehmigung der
Franckh'schen Verlagshandlung, Stuttgart.

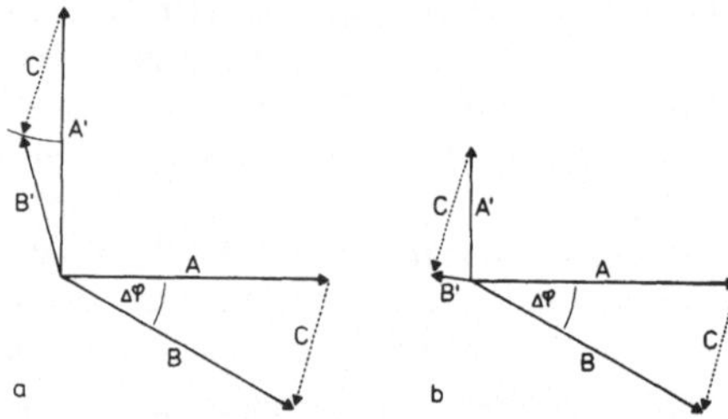

Abb. 7   Prinzip des Phasenkontrasts,
a) nicht absorbierende Phasenplatte.
b) Phasenplatte mit 50% Absorption des
ungebeugten Lichtes.
Erläuterung im Text.

Im Vektordiagramm nach dem Prinzip von Abb. 5 d) stellt sich dies so dar, daß man A
um 90° im G e g e n zeigersinn (entsprechend dem V o r a u s e i l e n der Phase) zur
neuen Position A' rotiert (Abb. 7 a). Da das gebeugte Licht keine zusätzliche Phasen-
änderung erfährt, wird C parallel verschoben zur neuen Position C'. Der Bildvektor B'
ergibt sich als Resultante. Er ist kürzer als A', d.h. das Bild des Objekts ist dunkler als
das Umfeld (positiver Phasenkontrast).

Mit Hilfe dieser einfachen Vektormethode läßt sich der für jede beliebige Phasendifferenz $\Delta\varphi$ zu erwartende Phasenkontrast graphisch ermitteln. Bei $\Delta\varphi = 90°$ wird $B' = A'$, d.h. Objekt und Umfeld sind von gleicher Helligkeit und der Phasenkontrast verschwindet. Bei $\Delta\varphi > 90°$ ist das Objekt immer heller als das Umfeld, d.h. bei 90° findet ein Kontrastumschlag statt.

Um höheren Kontrast bei kleinen Phasendifferenzen zu erhalten, verwendet man in der Praxis Phasenplatten mit einer aufgedampften Grauschicht in der Ringfurche, die einen Teil des direkten (ungebeugten) Lichtes absorbiert. Im Vektordiagramm (Abb. 7 b) stellt sich eine 50% Absorption so dar, daß A' auf die Hälfte verkürzt gezeichnet wird. Bei gleichem $\Delta\varphi$ wie in a ist nun der Bildvektor B' erheblich kleiner geworden, d.h. der Kontrast ist für kleine Phasenverschiebungen wesentlich verbessert.

In Abb. 8 ist der Kontrastverlauf für kleine Phasendifferenzen und Phasenplatten verschiedener Lichtabsorption dargestellt. Auf der Ordinate ist die relative Intensität aufgetragen, wobei die Helligkeit des Umfeldes = 1 gesetzt wurde. Bei einer nicht absorbierenden Phasenplatte liegt der Punkt der Kontrastumkehr bei 90°. Für alle größeren Phasendifferenzen ist das Objekt stets heller als das Umfeld. Ihren Tiefstpunkt hat die Kurve bei $\Delta\varphi = 45°$. Ein Objekt von genau dieser Phasenverschiebung hat den mit dieser Phasenplatte erreichbaren maximalen Kontrast. Man sieht, daß mit wachsender Absorption der Phasenplatte der maximal mögliche Kontrast besser wird und daß er schon bei kleineren Phasenverschiebungen erreicht wird. Gleichzeitig nimmt die Empfindlichkeit des Systems für kleine Phasenänderungen zu. Letztere ist ja ausdrückbar als Helligkeitsänderung pro Grad Phasendifferenz und ist bei den am steilsten abfallenden Kurven am größten. Für jede einzelne Kurve hat sie ein Maximum an ihren Wendepunkten, d.h. bei der Kontrastumkehr, und ein Minimum an ihrem Tiefstpunkt.

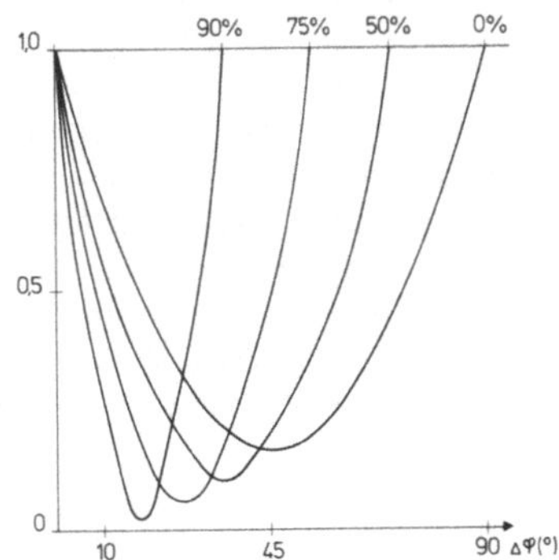

Abb. 8
Kontrastverlauf für kleine Phasendifferenzen mit
Phasenplatten von unterschiedlicher Lichtabsorption.
Erläuterung im Text.

Der Vorteil höherer Empfindlichkeit und besseren Kontrastes bei kleinem $\Delta\varphi$ ist aber bei den absorbierenden Phasenplatten mit dem Nachteil erkauft, daß auch die Kontrastumkehr schon bei kleineren Gangunterschieden eintritt, bei 90% Absorption z.B. schon bei $\Delta\varphi = 35°$.

Ideal wäre eine Phasenplatte mit variabler Absorption, die es gestatten würde, die Bildeigenschaften für das jeweils zu untersuchende Objekt zu optimieren. Solche Phasenplatten, z.B. aus gegeneinander rotierbaren Polarisationsfolien, sind auch konstruiert worden, haben aber bei den Herstellern keine Verbreitung gefunden. Meist wird die Absorption noch nicht einmal angegeben. Sie dürfte meistens bei 70% bis 90% liegen.

Nehmen wir an, ein Objekt von 1 μm Dicke und einer Brechzahl von 1,383 würde in Wasser ($n_m = 1,333$) bei einer Wellenlänge von 0,5 μm (grün) untersucht. Dann ist die durch das Objekt hervorgerufene Phasendifferenz

$$\Delta\varphi = (n_0 - n_m)\, t\, \frac{360}{\lambda} = 0{,}05 \cdot 1 \cdot \frac{360}{0{,}5} = 36°$$

Mit einer Phasenplatte von 90% Absorption liegt es gerade jenseits des Umschlagpunktes und wird sich vom Umfeld vielleicht gerade etwas durch seine größere Helligkeit abheben. Mit allen anderen in Abb. 8 berücksichtigten Phasenplatten erscheint es dunkler. Bei halber Objektdicke ($\Delta\varphi = 18°$) und mit der 90% Phasenplatte hat das Objekt nahezu Idealkontrast.

Die Interpretation des Phasenkontrastbildes wird durch zwei Umstände erschwert. Einmal gibt es für jede gegebene Bildhelligkeit, wie Abb. 8 unschwer zeigt, im allgemeinen 2 zugeordnete Phasendifferenzen. Ein Objekt mit 5° Phasendifferenz hat mit einer 90% absorbierenden Phasenplatte dieselbe Helligkeit wie eines mit $\Delta\varphi = 30°$. Objekte völlig verschiedener Brechzahl oder (und) Dicke erscheinen also gleich hell. Erst mit Phasenplatten von veränderbarer Absorption würden sich diese Unterschiede „aussortieren" lassen. Zum anderen ist es nicht möglich, gebeugtes und ungebeugtes Licht völlig voneinander zu trennen und nur letzteres um $\lambda/4$ zu beschleunigen, weil die Ringfurche der Phasenplatte eine endliche Ausdehnung hat und so von Licht beiderlei Art durchsetzt wird. Dies sowie Beugung an der Phasenplatte selbst führt zu optischen Artefakten, z.B. bei großflächigen Objekten zu einer Aufhellung im Inneren. Dafür ist der Rand durch einen Halo besonders betont. Strukturen von höherer Brechzahl als das Medium sind von außen nach innen zunächst von einem hellen, dann von einem dunklen Saum umgeben. Diese für die Bildbetrachtung oft gar nicht unwillkommene Randbetonung ist um so stärker ausgeprägt, je sprunghafter der Anstieg der Brechzahl beim Übergang in das Objekt erfolgt und je höher die Absorption der Phasenplatte ist. Nur das Interferenzmikroskop, bei dem beide Strahlengänge völlig getrennt sind, gestattet eine unmittelbare Messung der durch ein Objekt hervorgerufenen Gangunterschiede und weist natürlich auch keine Bildhalos auf.

▲   1.2.1 Immersionsrefraktometrie an lebenden Zellen

Diese Methode ermöglicht die Messung der Brechzahl lebender Zellen und daraus die Bestimmung ihrer Konzentration an Trockenmasse und ihres Wassergehaltes. Grundlage ist die lineare Beziehung zwischen der Brechzahl einer wäßrigen Lösung und ihrer Konzentration (C) in Prozent:

$$n = n_L + \alpha C$$

Das spezifische Refraktionsinkrement α gibt an, um welchen Wert die Brechzahl einer Lösung ansteigt, wenn die Konzentration des gelösten Stoffes um 1 % erhöht wird. Als Lösungsmittel verwenden wir eine isotonische Salzlösung von der Brechzahl n_L, als gelösten Stoff Rinderalbumin, das nicht toxisch ist, nicht in die Zelle eindringt und wegen seines hohen Molekulargewichtes den osmotischen Wert kaum verändert. Die Zelle selbst betrachten wir dabei als eine Proteinlösung und setzen α als Durchschnittswert für Proteine gleich 0,0018, da in der Praxis nur geringe Abweichungen von diesem Mittel vorkommen

Da der Gangunterschied unabhängig von der Schichtdicke gleich null wird, wenn die Brechzahl der Zelle gleich der des umgebenden Mediums (der Proteinlösung) ist, kann die Konzentration an Trockenmasse in der Zelle in g/100 ml bestimmt werden. Sie ist

$$C = \frac{n - n_L}{\alpha}$$

Man setzt Rinderalbuminlösungen bekannter Konzentration an und achtet beim Beobachten im Phasenkontrast darauf, ob das Cytoplasma heller oder dunkler als das umgebende Medium ist. So lange die Brechzahl der Albuminlösung geringer als die der Zelle ist, wird letztere dunkler als das Medium erscheinen (positiver Kontrast). Bei gleicher Brechzahl des Mediums verschwindet der Kontrast und bei höherer Brechzahl wird der Kontrast negativ, d.h. das Objekt erscheint heller als die Umgebung. Man fängt am besten mit einer 20 % Lösung des Proteins an und erhöht die Konzentration bis zum Abgleich. Am einfachsten und genauesten bestimmt man die Brechzahl des Mediums nicht durch Einwaage, sondern mit Hilfe eines Refraktometers.

Nach Bestimmung der Konzentration an Trockenmasse kann man den Wassergehalt der Zelle berechnen. Er ergibt sich allerdings nicht aus $100 - C$, sondern als

$$C_w = 100 - 0,75\,C \quad [\%]$$

da das spezifische Volumen der Proteine von etwa 0,75 cm^3/g in die Rechnung einzubeziehen ist.

Für den Versuch eignen sich nur tierische Zellen, da hier das Cytoplasma nur durch die dünne Zellmembran vom umgebenden Medium getrennt ist. Mit dem Spatel abgekratzte Zellen der Mundschleimhaut sind ein geeignetes Untersuchungsmaterial. Die Plasmaschicht dieser Zellen ist am Rand dünn und wird zum Kern hin erheblich dicker. Da der Gangunterschied sich durch Multiplikation der noch verbleibenden Brechzahldifferenz mit der Schichtdicke ergibt, achte man besonders darauf, ob die zentralen Plasmabereiche heller oder dunkler als Randbereich und Medium erscheinen, um einen optimalen Brechzahlausgleich herbeizuführen. Der Zellkern wird entsprechend seiner höheren Dichte zunächst dunkler bleiben. Die Bestimmung seiner Trockenmassenkonzentration ist überhaupt schwierig, da der unmittelbare Kontrastvergleich mit dem Medium fehlt.

Bei einfach geformten Zellen wie großen zylindrischen Bakterien kann man das Volumen aus Messungen mit dem Okularmikrometer bestimmen und einen Näherungswert für das Trockengewicht in Gramm durch Multiplikation mit der Konzentration erhalten. ∎

Eine direkte Messung des Gangunterschiedes zur Bestimmung der Trockenmasse ist nur mit Hilfe des Interferenzmikroskops möglich.

Auf weitere lichtmikroskopische Verfahren sei hier nur kurz verwiesen. Mit dem I n t e r - f e r e n z m i k r o s k o p, bei dem Objektstrahl und Vergleichsstrahl entsprechend den Wellen B und A (vgl. Abb. 5) voneinander getrennt sind, läßt sich der Gangunter- schied $\Delta\delta$ direkt messen und daraus die Trockenmasse von Zellen und Organellen bis etwa 10^{-14} g auf der Basis des spezifischen Refraktionsinkrements α berechnen (s. Ruthmann, 1966, für eine Zusammenstellung der erforderlichen Gleichungen). Das Interferenzverfahren nach N o m a r s k i ist für morphologische Untersuchungen im Prinzip wie der Phasenkontrast einzusetzen, liefert aber einen optischen Schnitt in der Fokusebene und ist daher auch für dickere Objekte brauchbar. Bei der D u n - k e l f e l d m i k r o s k o p i e gelangt nur vom Objekt gebeugtes oder gestreutes, aber kein direktes Licht in das Objektiv. Die Objekte erscheinen daher hell auf dunklem Untergrund. Wie bei der Phasenkontrastmikroskopie werden Brechzahlendifferen- zen in Kontrastunterschiede umgesetzt. Dunkelfeldbeleuchtung erreicht man mit einem speziellen Kondensor, der einen Strahlenhohlkegel von so hoher Apertur liefert, daß das direkte Licht am Objektiv vorbeistreicht. Mit einem schwachen Trockensystem und der für Ölimmersion vorgesehenen Kondensorringblende läßt sich auch am Phasen- kontrastmikroskop behelfsmäßiges Dunkelfeld herstellen. Wegen der idealen Kontrast- verhältnisse kann man im Dunkelfeld sogar Phänomene wie das aktive Gleiten der Mikrotubulidupletts demembranierter Cilien nach ATP-Zusatz erkennen, die sonst nicht darstellbar wären. Mit Streulichtdunkelfeld sind selbst noch Partikel nachweisbar, deren Größe unterhalb der Auflösungsgrenze des Lichtmikroskops liegt. Für die Unter- suchung doppelbrechender Strukturen wird das P o l a r i s a t i o n s m i k r o s k o p eingesetzt. Im biologischen Bereich beruht die Doppelbrechung meist darauf, daß submikroskopische Strukturen wie Lamellen oder Filamente in einer Vorzugsrichtung angeordnet sind. Neben dem Elektronenmikroskop kann daher in solchen Fällen das Polarisationsmikroskop ein wertvolles Hilfsmittel der Ultrastrukturforschung ein. Ob- jekte, die bei Bestrahlung mit kurzwelligem Licht langwelliges Licht emittieren, sind für die F l u o r e s z e n z m i k r o s k o p i e geeignet. Die Fluoreszenz kann auf gewebeeigenen Stoffen beruhen (Autofluoreszenz) und zu deren Nachweis verwendet werden oder sie wird durch Bindung von Fluoreszenzfarbstoffen (Fluorochromen) in- duziert. Eine große Rolle spielt in der zellbiologischen Forschung die Immunfluores- zenz, bei der Antikörper gegen bestimmte Proteine mit einem Fluorochrom gekoppelt werden. Die fluoreszierenden Antikörper reagieren spezifisch mit dem entsprechenden Antigen im Gewebe und lassen dessen Lokalisation erkennen. So wurde z.B. das α-Ac- tinin im Bürstensaum des Darmepithels nachgewiesen (vgl. Abschn. 2.2.1.6). Da bei gegebener Intensität der Anregungsstrahlung die Intensität der Fluoreszenz von der Menge fluoreszierender Substanz im Gewebe abhängt, sind quantitative Aussagen mög- lich (F l u o r i m e t r i e). Bei der M i k r o s p e k t r o p h o t o m e t r i e wird die Lichtabsorption durch eine gefärbte Substanz gemessen, um ihre Menge zu bestimmen (z.B. DNA-Gehalt von Zellkernen). Das Mikroskop wird hierzu mit einem Detektor (Photomultiplier) und einem Anzeigegerät sowie mit einem Monochromator gekoppelt. Näheres über diese Verfahren entnehme man der folgenden Literaturliste.

Literatur

F r a n ç o n, M.: Einführung in die neueren Methoden der Lichtmikroskopie. Karlsruhe 1967

G e r l a c h, D.: Das Lichtmikroskop. Eine Einführung in Funktion, Handhabung und Spezialverfahren für Mediziner und Biologen. Stuttgart 1976

M i c h e l, K.: Die Grundzüge der Theorie des Mikroskops in elementarer Darstellung. Stuttgart 1964

R o s s, K. F. A.: Phase contrast and interference microscopy for cell biologists. London 1967

R u t h m a n n, A.: Methoden der Zellforschung. Stuttgart 1966

T h a e r, A. A.; S e r n e t z, M.: Fluorescence techniques in cell biology. Berlin, Heidelberg, New York 1973

1.3 Elektronenmikroskopie

Von den in der biologischen Forschung gebräuchlichen Elektronenmikroskopen soll hier nur das Transmissionsgerät näher besprochen werden, das mit Elektronenstrahlen arbeitet, welche nach Durchdringen des Objektes zur Abbildung verwendet werden.

Bei dem ebenfalls weit verbreiteten Rasterelektronenmikroskop (s. R e i m e r u. P f e f f e r k o r n, 1973) wird ein fein gebündelter Elektronenstrahl durch Ablenkspulen über das Objekt geführt und löst dabei u.a. an dessen Oberfläche Sekundärelektronen aus, die nach Verstärkung zum Bildaufbau verwendet werden. In der Biologie wird es vorwiegend zu feinanatomischen und weniger für cytologische Untersuchungen verwendet, da es nur Informationen über die Oberflächentopographie liefert und sein Auflösungsvermögen außerdem auf etwa 70 Å begrenzt ist.

1.3.1 Elektronenlinsen

Um die grundsätzliche Wirkungsweise einer elektromagnetischen Linse zu verstehen, erinnern wir uns aus der Physik, daß Elektronen, welche senkrecht zur Feldrichtung in ein Magnetfeld eintreten, auf eine Kreisbahn mit Radius $r = mv/eB$ abgelenkt werden (m: Masse, e: Ladung und v: Eintrittsgeschwindigkeit der Elektronen; B: magnetische Feldstärke). In Richtung der Längsachse der Linse (Abb. 9) eintretende Elektronen erfahren dagegen keine Richtungsänderung. Bei schrägem Eintritt in das Magnetfeld wirkt nur die zur Feldrichtung senkrechte Geschwindigkeitskomponente richtungsändernd. Sie würde für sich allein wieder zur Kreisbahn führen. Da aber gleichzeitig eine Komponente parallel zur Feldrichtung vorliegt, kommt es zu einer Art Schraubenbahn. Das erforderliche axial symmetrische Magnetfeld wird in einer stromdurchflossenen Spule erzeugt und durch eine Weicheisenhülle in Polnähe konzentriert (Abb. 9). Die Gesamtrichtung des Magnetfeldes dieser einfachen Elektronenlinse verläuft von unten nach oben (dünne Pfeile). Die angeschnittenen Windungen der Spule sind durch Kreise angedeutet. Ihre magnetische Feldstärke hängt von der Zahl der Windungen und deren durchfließendem Strom ab („Ampèrewindungszahl"), läßt sich also zur Veränderung von Helligkeit, Fokus oder Vergrößerung bequem mit Stromeinstellern verändern. Tre-

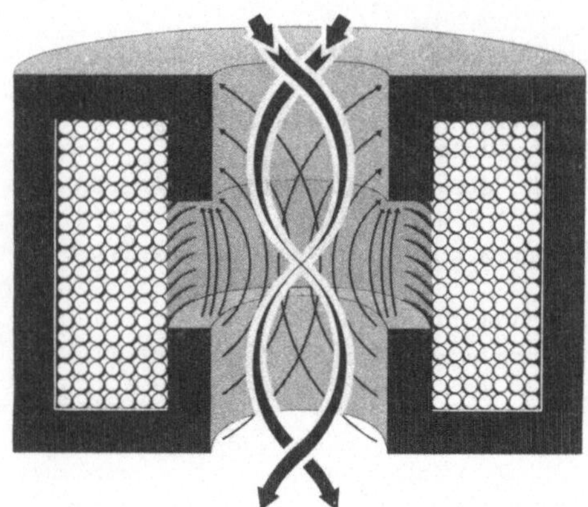

Abb. 9
Elektronenbahnen in einer elektro-
magnetischen Linse.
Dünne Pfeile: Richtung der magnetischen
Feldlinien. Ein Weicheisenmantel
(dunkel) umgibt die Spulenwindungen.
Entwurf: J. R o s e n k r a n z.

ten nun Elektronenstrahlen unter verschiedenen Winkeln zur Längsrichtung in das
Magnetfeld ein, so müssen (s. oben) die am meisten von der Achsenrichtung divergie-
renden Strahlen auch am stärksten zur Achse hin abgelenkt werden, denn ihre Geschwindigkeitskomponente senkrecht zur allgemeinen Feldrichtung ist am größten.
Exakt in Feldrichtung ankommende Elektronen werden überhaupt nicht abgelenkt.
Durch die winkelabhängige Ablenkung kommt es daher dazu, daß Strahlen, die von
einem Punkt ausgehen, nach Durchlaufen ihrer Schraubenbahn sich auch irgendwo
wieder schneiden. Das Magnetfeld wirkt also wie eine Sammellinse, deren Brennweite
mit wachsender magnetischer Feldstärke kürzer wird. Natürlich hängt die Brennweite
auch von der Hochspannung ab, mit der wir die Elektronen zuvor auf eine bestimmte
Geschwindigkeit beschleunigt haben. Je höher die Geschwindigkeit, desto geringer wird
die Ablenkung durch das Magnetfeld sein. Die Brennweite wird mit wachsender Hochspannung länger. Da Elektronenlinsen trotz der schraubenartigen Bahnen der Elektronen im Prinzip Sammellinsen mit jeweils definierter Brennweite sind, gelten hier auch
die gleichen geometrisch-optischen Beziehungen über die relative Lage von Bild und
Gegenstand wie in der Lichtoptik, wenn auch Besonderheiten ihrer Abbildungseigenschaften wesentliche Konsequenzen haben.

1.3.1.1 Abbildungseigenschaften von Elektronenlinsen Einfache Sammellinsen sind
mit einem Abbildungsfehler, der sphärischen Aberration (vgl. Abschn. 1.1.3.4), behaftet. Da eine solche Linse für achsenfern einfallende Strahlen eine kürzere Brennweite
als für achsennahe Strahlen hat, ist ein scharfes Bild überhaupt nicht möglich. Man
kann sich auch nicht wie in der Lichtoptik durch Kombination der Sammellinse mit
einer entsprechend abgestimmten Zerstreuungslinse helfen, denn ein elektronenopti-
sches Äquivalent der letzteren gibt es nicht. So bleibt nur der Ausweg, die störenden
Randstrahlen durch Aperturblenden im Strahlengang (Abb. 10) wegzunehmen und nur
mit einem Zentralbündel von sehr kleinem Öffnungswinkel zu arbeiten. Das hat zwei
wesentliche Konsequenzen. Die Begrenzung der numerischen Apertur im Objekt führt
einmal zu einer drastischen Beschneidung des Auflösungsvermögens (vgl. Abschn.
1.1.2), das im Gegensatz zur Lichtmikroskopie nicht mehr in der Größenordnung der

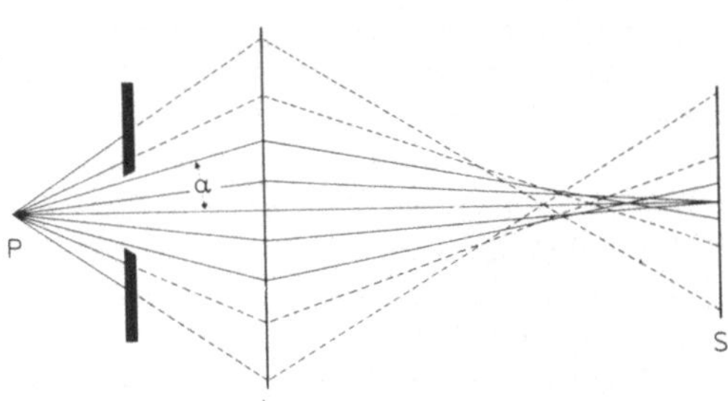

Abb. 10
Wirkung einer Aperturblende. Nur die von
P ausgehenden achsennahen Strahlen
werden durch eine einfache Sammellinse (L) mit sphärischer Aberration
scharf auf den Schirm S abgebildet.
Achsenferne Strahlen ergeben auf
S einen zunehmend größeren Zerstreungs-
kreis. Sie werden durch die Blende unter
Beschränkung des Aperturwinkels
(α) weggeschnitten.

verwendeten Wellenlängen ($\approx 0,004$ nm bei Elektronen, die mit $100\,\text{kV}$ Spannung beschleunigt wurden), sondern erheblich darüber ($\approx 0,3$ nm) liegt. Zum anderen steigt die Tiefenschärfe der Abbildung bei der Verkleinerung der Apertur enorm an, ein Effekt, den jeder Amateurphotograph kennt.

Die erhöhte Tiefenschärfe bedingt, daß ein gerade noch durchstrahlbares Objekt von maximal $0,1\,\mu\text{m}$ Dicke stets entweder als Ganzes scharf oder als Ganzes unscharf auf dem Schirm abgebildet wird. Ein Auf- und Abfokussieren zur räumlichen Analyse der Präparatstruktur wie beim Lichtmikroskop ist ausgeschlossen. Vielmehr werden über-einander liegende Strukturdetails in einer Ebene abgebildet und können zu Fehl-schlüssen führen (Abb. 11). Wenn in einem Ultradünnschnitt zwei dicht nebeneinander liegende Membranen schräg angeschnitten sind, dann werden durch das Aufeinander-projizieren die beiden Membranen zu nicht trennbaren Graustufen im Bild verschmel-zen. Sie fallen dann gar nicht mehr auf als Membranen und schon gar nicht als Doppel-

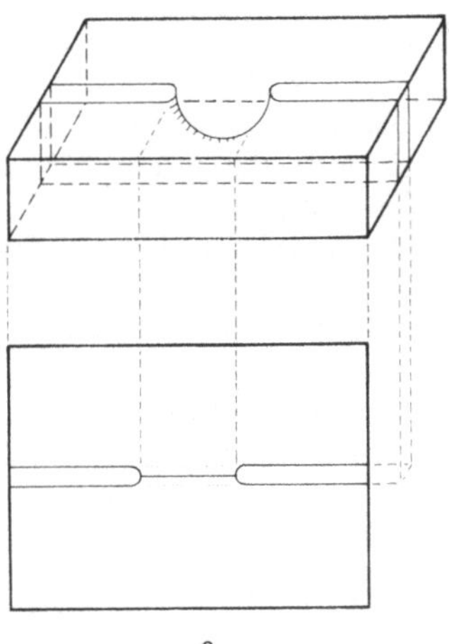

a

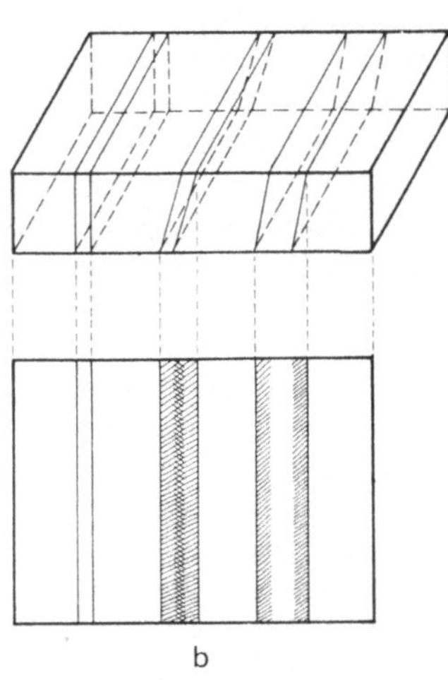

b

Abb. 11   Mögliche Fehlschlüsse aufgrund hoher objektseitiger Tiefenschärfe.
a) Eine halb angeschnittene, offene Kernpore von 60 nm Durchmesser erscheint durch die gleichzeitige Schärfe aller Strukturen in einem ebenso dicken Schnitt geschlossen.
b) Doppelmembranen erscheinen nur dann getrennt, wenn sie senkrecht zu ihrer Fläche angeschnitten werden.

membran. Die vorherrschende Ultradünnschnitt-Technik verfälscht das Ultrastrukturbild also insofern, als es uns vorwiegend genau senkrecht zu ihrer Fläche geschnittene Doppelmembranen zeigt. Deutlich wird dies z. B. an den Mitochondrien, denn man sieht praktisch immer nur Cristae, die senkrecht zu ihrer Fläche geschnitten sind.

Durch Objektkippung mit einem sog. Goniometer können diese Nachteile in gewissem Maße behoben werden. Man kann sogar von einem Objekt bei ± 5° Kippung 2 Aufnahmen für ein Stereopaar machen, die dann in einem entsprechenden Betrachtungsgerät den räumlichen Aufbau erkennen lassen. Das ist natürlich auch nur wegen der hohen Tiefenschärfe der Abbildung auf Grund der niedrigen Apertur möglich. Ergänzend zur Ultradünnschnittmethode, die vorwiegend quer getroffene Membranen zeigt, gibt die Gefrierätztechnik hauptsächlich Auskunft über Oberflächen (s. unten).

1.3.2 Das Elektronenmikroskop

Abb. 12 zeigt einen schematischen Längsschnitt durch die Säule eines modernen 6-linsigen Elektronenmikroskops. Nach der Lage der Strahlquelle und der Reihenfolge der Linsen kann man es sich in erster Näherung als Analogon eines umgekehrten Lichtmikroskops vorstellen. Als Strahlquelle (Kathode) dient ein elektrisch beheizter, haarnadelförmig gebogener Wolframdraht, der gegenüber der geerdeten Anode auf einer Spannung von im allgemeinen 40 bis 100 000 Volt (40 bis 100 kV) liegt. Die durch thermische Energiezufuhr aus der Kathode austretenden Elektronen werden größtenteils nicht unmittelbar zur Anode hin beschleunigt, sondern durch das negative Potential des umgebenden Wehneltzylinders ($-$ 100 bis $-$ 500 Volt relativ zur Kathode) zum Aufbau einer Raumladung zurückgehalten. Durch seine Form und sein Potential wirkt der Wehneltzylinder als elektrostatische Linse, die den Elektronenstrahl am sog. „Crossover" auf einen Durchmesser von 30 μm bis 50 μm bündelt. Auf dem Weg zur Anode werden die Elektronen durch die Hochspannung auf mehr als die halbe Lichtgeschwindigkeit beschleunigt und treten dann in das elektromagnetische Feld der ersten Kondensorlinse (C 1) ein, die ein verkleinertes Bild des Crossover liefert. Dieses kann mit C 2 auf die Probe abgebildet werden. Bei defokussiertem C 2 ist der Strahlquerschnitt größer und die Helligkeit im Endbild geringer. C 1 dient also zur Festlegung des minimalen Strahlquerschnitts („Feinstrahl"), C 2 zur Helligkeitskontrolle. Die folgenden Linsen werden zur vergrößerten Abbildung der Probe benutzt. Wie in der Lichtmikroskopie werden die höchsten Anforderungen an das Objektiv gestellt, denn alle Bildfehler im Objektiv werden durch die nachfolgenden Linsen vergrößert dargestellt. Für hohe Vergrößerungen (bis 500 000-fach in vielen Geräten) ist die Abbildung vierstufig. Im mittleren Bereich (s. Abb. 12) können Objektiv und Beugungslinse zu einer Einheit zusammengefaßt werden. Der Name Beugungslinse (man könnte auch 1. Zwischenlinse sagen) rührt daher, daß sie der Hersteller ideal plaziert hat für die Elektronenbeugung an kristallinen Objekten, die für biologische Zwecke nur von beschränkter Anwendbarkeit ist. Mit der Zwischenlinse (bzw. bei hohen Vergrößerungen mit ZL und BL) wird mit Hilfe der Stromeinsteller die variable Vergrößerung gewählt. Das Projektiv schließlich bildet das Zwischenbild unter nochmaliger Vergrößerung auf den Endbildschirm ab. Letzterer ist mit einem Material beschichtet, das grünes Fluoreszenzlicht aussendet (für grün ist das Auge am empfindlichsten), wenn es von Elektronen getroffen wird. Der Bildschirm dient nur zum Absuchen des Präparates und zum Fokussieren für photographische Aufnahmen, an denen die eigentliche Auswertung vorgenommen wird. Hierzu wird der Schirm hochgeklappt, so daß die Elektronen freien Zutritt zum photographischen Negativ haben. Die ganze Säule muß durch leistungsfähige Pumpen auf Hochvakuum gebracht werden, um Elektronenstreuung an Gasmolekülen zu vermeiden.

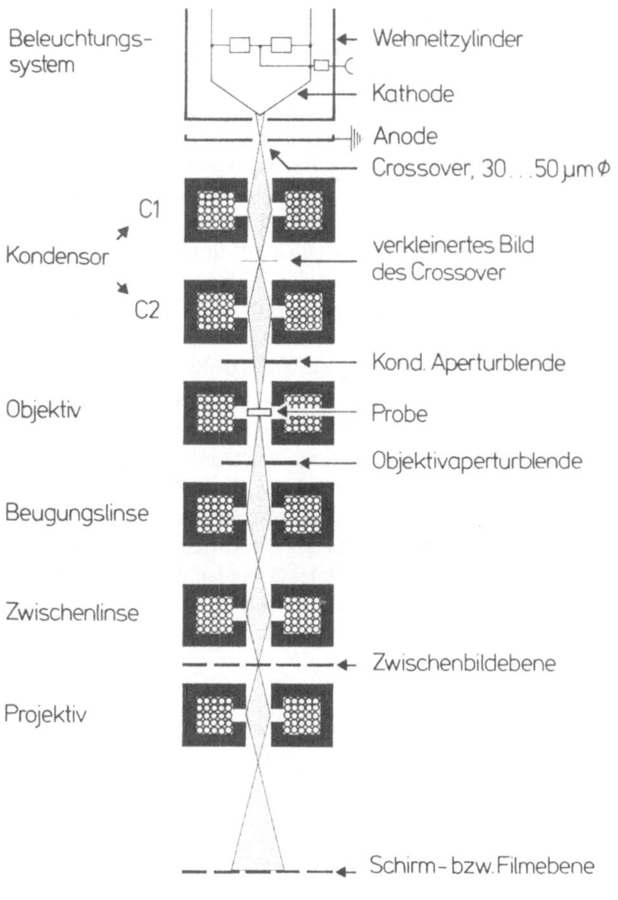

Abb. 12 Strahlengang im Elektronenmikroskop.
Erläuterung im Text. Entwurf: J. R o s e n k r a n z.

1.3.3 Bildkontrast und Bildentstehung

Im Gegensatz zum Lichtmikroskop ist nicht die Absorption der einfallenden Strahlung, sondern die Streuung der Elektronen im Präparat die Hauptursache des Bildkontrastes. Die Wechselwirkung der Elektronen mit den Atomen der durchstrahlten Materie hängt einmal von der Packungsdichte der Atome im Präparat, zum anderen auch von der Art der Atome ab. Elektronen, die in die Nähe des Atomkerns gelangen, werden durch dessen Anziehungskraft auf Hyperbelbahnen abgelenkt (Abb. 13 a), und zwar um desto größere Winkel, je näher sie dem Kern kommen und je höher die Kernladung (gleich der Ordnungszahl Z des betreffenden Elementes) ist. Da die Masse der Elektronen im Vergleich zu der des Kerns überaus klein ist, erfahren sie zwar eine Richtungsänderung, aber keinen Verlust an kinetischer Energie, so daß man von elastischer Streuung spricht. Die so um verschiedene Winkel abgelenkten Elektronen werden größtenteils von der Aperturblende des Objektivs abgefangen und gelangen überhaupt nicht auf den Bildschirm. Stellen hoher Massendichte erscheinen daher dunkel auf hellem Untergrund (Abb. 13 b). Die Helligkeitsdifferenz zwischen Untergrund und Bilddetail, der Kontrast, nimmt daher zu, wenn auch um relativ kleinere Winkel gestreute Elektronen noch abgefangen werden, d.h. wenn die Blendenöffnung kleiner wird. Die Aperturblende des Objektivs hat deshalb außer ihrer Funktion zur Vermeidung sphärischer Aberration noch die Aufgabe, den Bildkontrast zu verbessern. Allerdings wird mit kleinerer Öffnung das Bild generell dunkler und das Auflösungsvermögen schließlich begrenzt. Außer der Blendenöffnung hat auch die Hochspannung Einfluß auf den Kontrast, denn unter sonst gleichen Verhältnissen werden die Elektronen um so stärker abgelenkt, je geringer ihre eigene kinetische Energie, d.h. je kleiner die angelegte Beschleunigungsspannung ist.

Der Kontrast kann nun nicht nur geräteseitig durch die Wahl der Blende und der Hochspannung, sondern auch durch Eingriffe am Objekt verändert werden. Biologische Objekte bestehen größtenteils aus Atomen mit niedriger Ordnungszahl (C, H, O, N, P, S), die keine großen Streuwinkel hervorrufen und auch keinen nennenswerten Kontrast ergeben. Alle biologischen Objekte werden daher mit Verbindungen nachkontrastiert, die Elemente hoher Ordnungszahl wie Osmium, Blei, Wolfram oder Uran enthalten. Bestimmte Verbindungen dieser Elemente werden sogar vorzugsweise an bestimmte

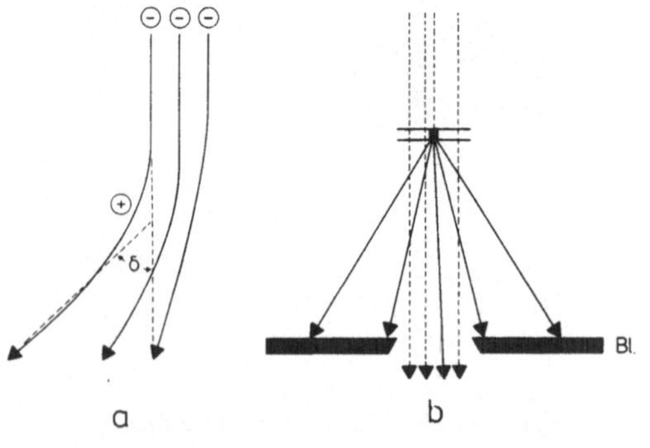

Abb. 13
Elastische Streuung der Elektronen (a) und Entstehung des Bildkontrastes (b).
Die von einer Stelle hoher Massendichte um größere Winkel (δ) gestreuten Elektronen werden von der Aperturblende (Bl.) des Objektivs aufgefangen.
Auf dem Bildschirm erscheint die Stelle dunkel in einer helleren Umgebung (Bahnen ungestreuter Elektronen gestrichelt).

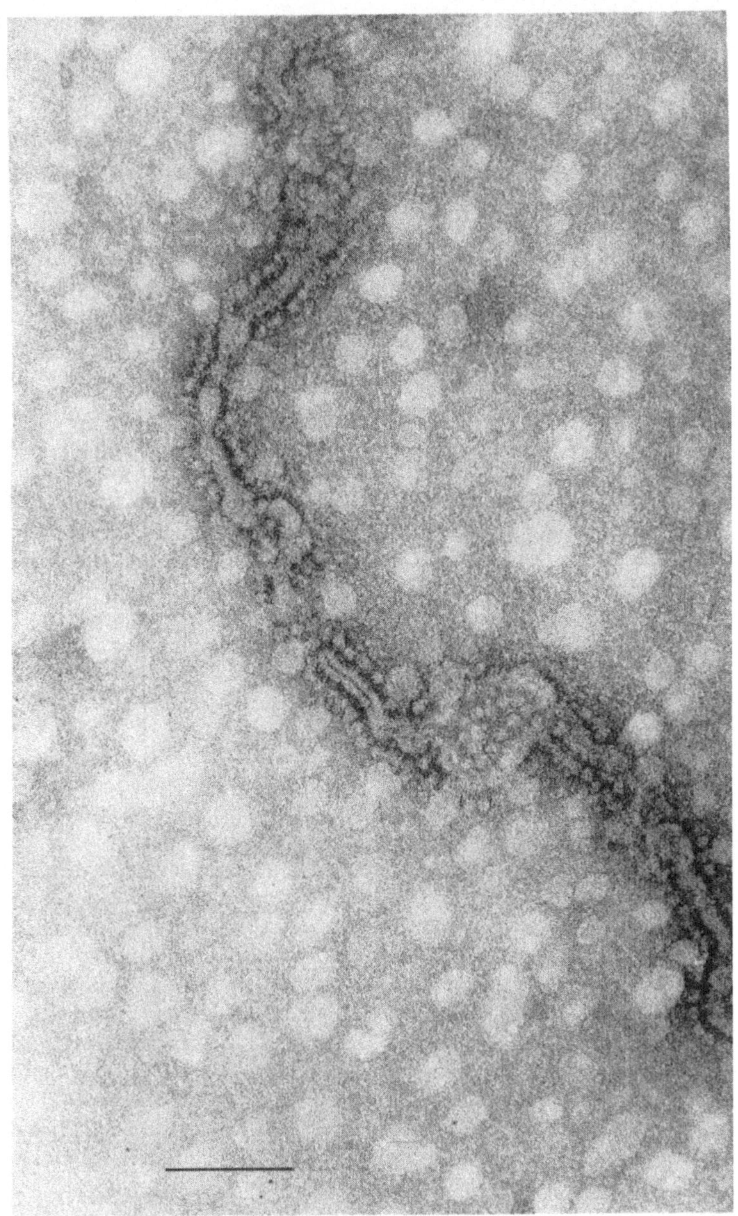

Abb. 14   Spreitpräparat der inneren Mitochondrienmembran mit gestielten „Elementarpartikeln". Negativkontrastierung mit Phosphorwolframsäure. Maßstab: 100 nm.

chemische Gruppen im Präparat gebunden, so daß grundsätzlich die Möglichkeit besteht, mit dieser sog. Positivkontrastierung elektronenmikroskopische Histochemie zu betreiben, um z.B. Nucleinsäuren im Präparat nachzuweisen. Der maximal erreichbare Kontrast in diesem „Positivverfahren" ist natürlich durch die Anzahl reaktionsfähiger Liganden im Gewebe begrenzt. In der Praxis benutzt man bei Ultradünnschnitten in der Regel eine Doppelkontrastierung, wobei man die auf folienbeschichteten Trägernetzen haftenden Schnitte mit der Schichtseite nach unten zuerst auf einer wäßrigen Lösung von Uranylacetat und anschließend auf Bleicitrat schwimmen läßt. Bei der Negativkontrastierung trocknet man die Objekte, meist isolierte Partikel wie Viren oder Filamente, in einer Lösung von Kontrastmitteln wie Phosphorwolframsäure ein. Die biologische Struktur erscheint dann hell auf dunklem Untergrund (Abb. 14). Da in diesem Falle die chemische Bindung des Kontrastmittels keine Rolle spielt, ist der erreichbare Bildkontrast ungleich höher.

Auch an der Elektronenhülle der Atome können die Strahlelektronen gestreut werden. Da bei der Wechselwirkung zweier Elektronen miteinander die Ordnungszahl keine Rolle spielt, sind die Streuwinkel um den Faktor $1/Z$ kleiner („Kleinwinkelstreuung"). Da ferner die Masse beider Teilchen gleich ist, erfahren die Elektronen nicht nur eine Richtungsänderung, sondern sie verlieren auch kinetische Energie. Dem Energieverlust bei dieser unelastischen Streuung entspricht eine Vergrößerung der Wellenlänge der Elektronen und führt damit zu dem Bildfehler der chromatischen Aberration (vgl. Abschn. 1.1.3.3). Er wird um so größer, je dicker die durchstrahlte Schicht ist.

1.3.4 Die wichtigsten präparativen Verfahren

Die Methoden für die Feinstrukturuntersuchung von Geweben wurden aus der üblichen histologischen Technik entwickelt und den besonderen Bedürfnissen der Elektronenmikroskopie angepaßt. Zur Fixierung werden meist nacheinander isotonische, gepufferte Lösungen von Glutaraldehyd und Osmiumtetroxid verwendet. Das Dialdehyd vernetzt Proteine und erhält auch so labile Strukturen wie cytoplasmatische Mikrotubuli, während Osmiumtetroxid („Osmiumsäure") sich als hervorragendes Mittel zur Fixierung und Darstellung von Membranen erwiesen hat. Um durchstrahlbare Schichten zu erhalten, muß das Gewebe äußerst dünn (ca. 50 nm) geschnitten werden. Das erfordert einmal ein Einbettungsmittel, das hart und dennoch geschmeidig ist, zum anderen ein Mikrotom, dessen Vorschub in diesem Dickenbereich reproduzierbar arbeitet. Als Einbettungsmaterial dient gewöhnlich nach stufenweiser Entwässerung des Objektes in Alkohol eine Mischung von Polyepoxyden, die bei 60° C langsam polymerisiert und damit die nötige Härte erreicht. Der Feinvorschub am Ultramikrotom ist entweder mechanisch oder thermisch. Im letzteren Falle wird der das Objekt tragende Arm elektrisch beheizt und man schneidet gegen die konstante Verlängerung des Trägerstabes. Als Routinemesser für die Ultramikrotomie dient unter 45° gebrochenes Glas. Die Schnitte werden von der Oberfläche eines hinter der Schneide angebrachten Troges mit folienbeschichteten Trägernetzen aufgenommen und kontrastiert.

Bei der Gefrierätzung wird durch die Kälte des flüssigen Stickstoffs eine Probe so schnell abgekühlt, daß das Gewebewasser größtenteils amorph erstarrt, denn wachsende Eiskristalle würden die Struktur zerstören. Im Hochvakuum wird mit einem Mikrotom eine Klinge durch das Objekt geführt. Dabei werden die Zellen weniger geschnitten als entlang natürlicher Oberflächen gebrochen (Abb. 15). Anschließend läßt man etwas Eis im Vakuum sublimieren und bedampft das freigelegte Oberflächenrelief mit Kohle und schräg von oben mit Platin. Man erhält so eine stabile, ablösbare „Maske", welche die Oberfläche der Struktur genau kopiert. Die Schrägbedampfung mit Platin, das stark elektronenstreuend wirkt, verursacht eine Art Schlagschatteneffekt an erhöhten oder vertieften Oberflächendetails, so daß ein dreidimensionaler Eindruck entsteht. Da ferner die Brüche vorzugsweise an natürlichen Oberflächen erfolgen, ergänzt die Gefrierätzmethode die Information, die man aus Ultradünnschnitten gewinnen kann. Bei Zellmembranen erfolgt die Spaltung sogar zwischen den beiden elektronendichten Schichten. Solche Aufsichtsbilder können wertvolle Information z.B. über die Verteilung von globulären Transmembranproteinen liefern.

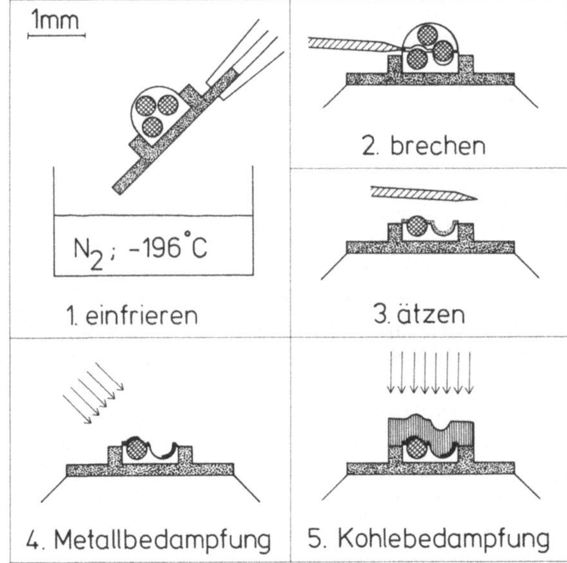

Abb. 15 Arbeitsgänge bei der Gefrierätzung (s. Text). Der Maßstab gibt einen Anhaltspunkt für die nutzbare Probengröße. Beim sog. Ätzen wird die Klinge über die Probe gehalten, so daß etwas Eis sublimiert und die zu kopierende Struktur freiliegt. Die Arbeitsgänge 2 bis 5 erfolgen im Hochvakuum.
Entwurf: J. R o s e n k r a n z.

Als letztes soll noch die Oberflächenspreitung erwähnt werden. Werden Zellen oder Zellbestandteile vorsichtig (z.B. über einen schräg gestellten Objektträger als „Ablauframpe") auf eine Flüssigkeitsoberfläche gebracht, so breiten sie sich z.T. je nach der Oberflächenspannung auf dieser aus und können mit einem befilmten Trägernetzchen aufgenommen werden. Je nach dem Salzgehalt der wäßrigen Lösung, auf der gespreitet wird, der „Hypophase", gehen bestimmte Bestandteile in Lösung. Die verbleibenden Strukturen bilden eine äußerst dünne Schicht, die (meist nach Negativkontrastierung) im Elektronenmikroskop untersucht werden kann.

Literatur

H a y a t, M. A.: Principles and techniques of electron microscopy. Biological applications. Bd. 1, New York 1970

R e i m e r, L.: Elektronenmikroskopische Untersuchungs- und Präparationsmethoden. Berlin, Heidelberg, New York 1967

R e i m e r, L., P f e f f e r k o r n, G.: Rasterelektronenmikroskopie. Berlin, Heidelberg, New York 1977

2 Funktionelle Organisation der Zellen

Jede Zelle ist von ihrer Umgebung durch die Z e l l m e m b r a n, auch Plasmalemma genannt, abgegrenzt. In ihrer Funktion als Permeabilitätsschranke begrenzt und kontrolliert sie den Stoffaustausch mit der Umgebung und macht dadurch die Existenz des Elementarorganismus Zelle erst möglich. Ihre hohe Durchlässigkeit für Wasser und ihre wenn auch sehr begrenzte Durchlässigkeit für bestimmte Ionen wird auf Kanäle im Größenbereich von 0,4 nm zurückgeführt. Eine ungleiche Ionenverteilung zu beiden Seiten der Membran und die selektive Permeabilität für verschiedene Ionen führen zum Aufbau von Membranpotentialen, die je nach Zelltyp im Bereich von 30 bis 70 Millivolt liegen können. Sie sind von grundsätzlicher Bedeutung für die Erregbarkeit und die Erregungsleitung von Sinnes- und Nervenzellen. Bei der Erregung kommt es zu einer kurzfristigen erhöhten Permeabilität der Membran und damit zu einem massiven Ionenaustausch mit der Umgebung, der den Zusammenbruch des Ruhepotentials zur Folge hat. Durch aktive, d.h. Energie verbrauchende Transportvorgänge wird die ursprüngliche Ionenverteilung wieder hergestellt. Aktiver Transport ist für viele Stoffe, die von der Zelle aufgenommen oder abgegeben werden, nachgewiesen. In den meisten Fällen dürften bestimmte Enzyme (Permeasen) beteiligt sein, welche in die Membran selbst integriert sind und sie in ihrer ganzen Breite durchsetzen. Durch die Art ihrer Enzymausstattung können daher die Zellmembranen je nach den Erfordernissen des betreffenden Gewebes für bestimmte Transportvorgänge spezialisiert sein. Auch das durch bestimmte Stoffe induzierte Abschnüren flüssigkeitserfüllter Bläschen in das Zellinnere, die M i k r o p i n o c y t o s e, ist zu den aktiven Transportvorgängen zu rechnen. Hauptbestandteile der Trockensubstanz von Membranen sind Lipide und Proteine etwa im gleichen Massenverhältnis. Membranlipide, wie z.B. das Lecithin, bestehen aus einem

wasserabstoßenden (hydrophoben) und einem wasserbindenden (hydrophilen) Anteil.
Hydrophob sind beim Lecithin zwei langkettige Fettsäurereste, während der Cholin-
und der Phosphatrest hydrophil sind. Da nach quantitativen Bestimmungen an isolierten Membranen von roten Blutkörperchen gerade genug derartiges Lipid vorhanden ist,
um die Zelloberfläche mit einer Doppelschicht zu überziehen, stellten Danielli und
Davson schon 1943 das in Abb. 16 wiedergegebene Membranmodell auf. Hiernach sollten die hydrophilen Anteile der Lipide nach außen ragen und von Protein überzogen
sein. Der dreischichtige Aufbau einer osmiumfixierten Zellmembran im Querschnitt
(Abb. 16) läßt sich mit diesem Modell gut vereinbaren. So könnte von der ca. 7,5 nm
dicken Membran die äußere und innere etwa 2 nm dicke Schicht dem hydrophilen

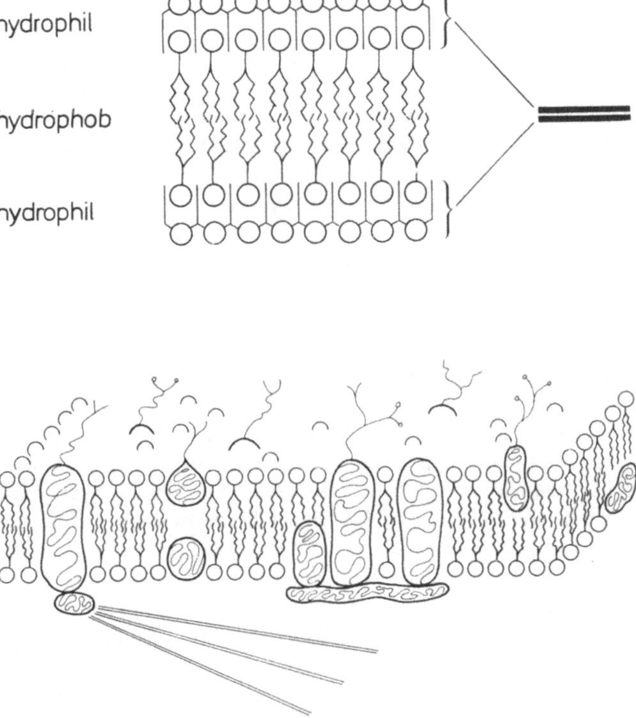

Abb. 16 Oben das Membranmodell von Danielli und Davson und der mögliche Bezug zum drei-
schichtigen Aufbau einer Zellmembran nach Osmiumfixierung. Die hydrophilen Anteile
der Membranlipide sind innen und außen von einem Peptidrost umschlossen. Unten die
neuere, daraus abgeleitete Vorstellung (Fluid-Mosaikmodell) mit Transmembranproteinen
und in beide Membranflächen eintauchenden und im Lipidfilm verschieblichen Proteinen.
Bestimmte Proteine können durch Mikrotubuli verankert oder durch Polypeptidklammern
zu vermutlich funktionellen Gruppierungen zusammengehalten sein. Nach oben ragen
aus der Membranfläche die Oligo- und Polysaccharidreste der Glykokalyx. Die Membran-
proteine erhalten ihre Umrißform durch die räumliche Faltung der Polypeptidketten.

Anteil plus Protein und die helle Zwischenschicht den hydrophoben Anteilen der Lipiddoppellamelle entsprechen. Es ist aber nicht richtig, diese Vorstellung einer „Elementarmembran" auf die intrazellulären Membranen auszudehnen. Diese sind sowohl dünner als auch nicht deutlich dreischichtig und enthalten zu wenig Lipide für eine durchgehende Doppellamelle. Ihr hoher Proteingehalt (bei der Kernmembran etwa 70 % der Trockenmasse) bedeutet zweifellos, daß die Lipidschicht häufig durch Transmembranproteine unterbrochen ist, die je nach Art der Membran ganz bestimmte Funktionen zu erfüllen haben. Andererseits müssen sich sehr lipidreiche Membranen in einer Art halbflüssigem Zustand befinden.

Bei tierischen Zellen ragen aus der äußeren Proteinschicht Poly- und Oligosaccharidreste, die als Glycolipide und Glycoproteine in der Membran verankert sind. Sie bilden eine dichte Schicht, die G l y k o k a l y x, die u.a. als Träger von Antigenen eine „Erkennungsfunktion" hat.

Zwischenzellige Signalwirkungen über die Glykokalyx läßt das Phänomen der Kontakthemmung erkennen. Treffen zwei Zellen in einer dichten Gewebekultur aufeinander, so stellen sie die Bewegung ein und bilden u.U. auch Haftzonen aus, sofern sie vom gleichen Gewebetyp sind. Gleichzeitig wird jede weitere Zellteilung unterdrückt. Dieses Verhalten ist nachweislich an eine intakte Glykokalyx gebunden. Kontakthemmung fehlt bei Tumoren, die unkontrolliert weiter wachsen können.

Das Innere der Zelle ist mit dem mehr oder minder umfangreichen Membransystem des e n d o p l a s m a t i s c h e n   R e t i c u l u m s (eR) erfüllt (Abb. 17). In Protein sezernierenden Zellen, wie dem exokrinen Pankreas herrscht das r a u h e eR vor, als dessen innerste Schicht die Kernmembran anzusehen ist. Sein Name geht auf den dichten Besatz mit 15 nm bis 20 nm großen R i b o s o m e n zurück, die etwa zur Hälfte aus Protein und Ribonucleinsäure (RNA) bestehen. Eine Vorstufe der ribosomalen RNA stammt aus dem N u c l e o l u s, der im Bereich des Nucleolusorganisators die Gene für die Synthese dieser RNA in mehreren Kopien enthält. Die Ribosomen bestehen aus einer kleineren und einer größeren Untereinheit. Im rauhen eR ist die größere Untereinheit an die Außenseite der flachen Cisternen gebunden. In Flachschnitten des eR zeigt sich, daß die Ribosomen in rosettenartigen Komplexen, den Polysomen, an der Membran haften. Sie sind durch dünne Stränge von mRNA (m: „messenger", Bote) miteinander verbunden, die als Kopie der gerade aktiven Gene die Information für die Synthese spezifischer Proteine (im exokrinen Pankreas z.B. bestimmte Verdauungsenzyme) enthält. Neu gebildetes Protein wird in das Innere der eR-Cisternen eingeschleust und an den Golgi-Apparat abgegeben. In wachsenden Zellen, die nur ihre eigene Masse vermehren aber keine Proteine nach außen abgeben, wie z.B. wachsende Eizellen oder pflanzliche Meristenzellen, ist das rauhe eR nur spärlich vorhanden. Vorherrschend sind hier die sog. freien Ribosomen. Das g l a t t e eR ist vorwiegend nicht in Cisternen, sondern in Form zartwandiger Schläuche angeordnet. Man findet es z.B. in Leberzellen im Bereich der granulären Ablagerungen von Glykogen und besonders ausgeprägt in jenen Zellen, zu deren Aufgabe die Synthese von Steroidhormonen (z.B. Geschlechtshormone) gehört.

Durch das endoplasmatische Reticulum wird die Zelle morphologisch in zwei Räume unterteilt. Der extracisternale, durch den Ribosomenbesatz gekennzeichnete Raum

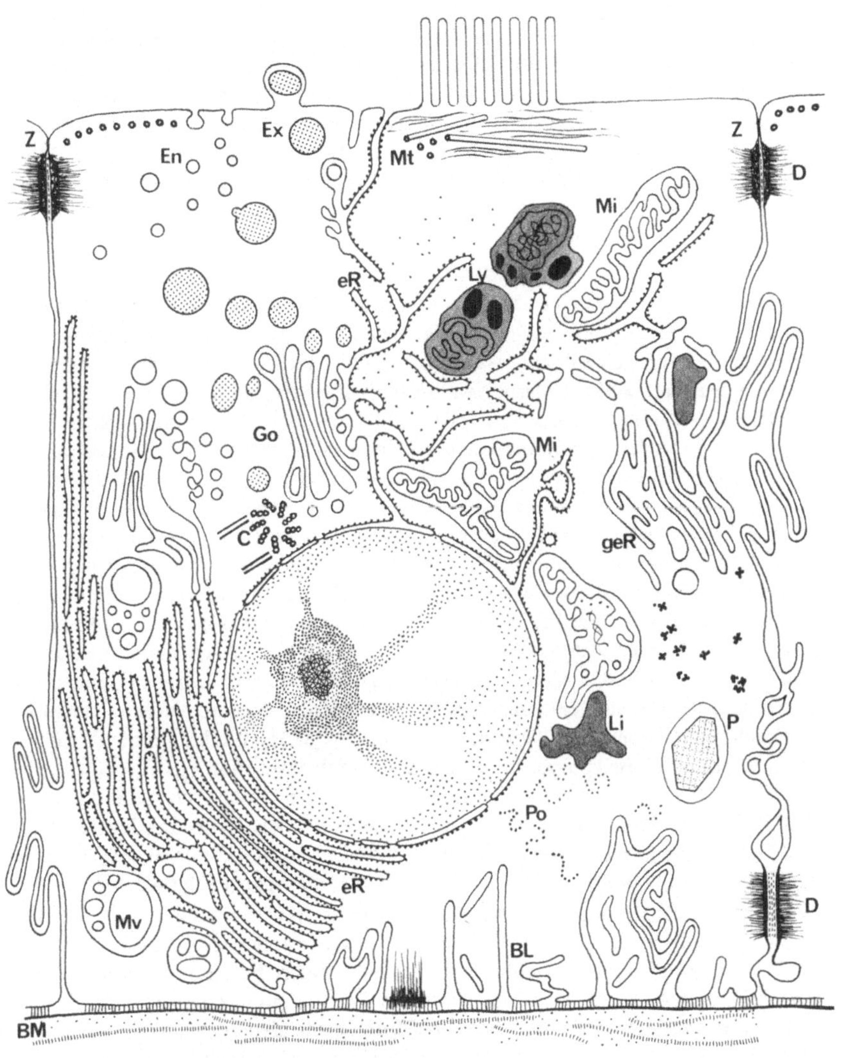

Abb. 17 Feinstruktur einer tierischen Zelle.
BL Basales Labyrinth; BM Basalmembran; C Centriol; D Desmosom; En Endocytose;
eR endoplasmatisches Reticulum; Ex Exocytose; Go Golgi Apparat; geR glattes
endoplasmatisches Reticulum; Li Lipide; Ly Lysosom; Mi Mitochondrium; Mi Mikrotubuli; Mv Multivesikuläre Körper; P Peroxisom; Po Polysomen; Z Zonula occludens.

steht über die Poren mit dem Kerninneren in Verbindung. Mikroinjektionsversuche mit Goldsolpartikeln haben eindeutig gezeigt, daß zumindest ein Teil der etwa 60 nm großen Poren tatsächlich offen ist, denn die in das Cytoplasma großer Amöben eingespritzten Partikel gelangen auch in den Zellkern. Auf dem Weg durch die Poren gelangt mit Sicherheit auch die mRNA in das G r u n d c y t o p l a s m a, über dessen Struktur noch wenig bekannt ist, und schließlich an die Ribosomen. Die octagonalen Annuli der Kernmembran, welche die Poren umgeben, mögen dabei die Rolle einer noch nicht aufgeklärten Transportmaschinerie spielen. Im extracisternalen Raum, eingebettet in das Grundcytoplasma, liegen auch die O r g a n e l l e n der Zelle (Golgikörper, Mitochondrien, Centriole etc.). Der intracisternale Raum kommuniziert stellenweise mit dem Innenraum der Kernmembran und, vor allem über das glatte eR, temporär auch mit dem die Zelle umgebenden Medium.

Die intrazellulären Membransysteme sind nicht starre, vorgegebene Strukturen, sondern sie stehen in dynamischen Wechselbeziehungen, so daß man von einem M e m - b r a n f l u ß spricht. In der an der Synthese von Verdauungsenzymen beteiligten Pankreaszelle kann sich z.B. die gesamte Disposition des eR in Abhängigkeit vom Fütterungszustand radikal ändern. Neu synthetisierte Proteine werden von Vesikeln des eR in den G o l g i komplex an dessen Bildungsseite (Abb. 17) eingeschleust, verdichtet und an dessen Sekretionsseite als elektronendichtes, membranumschlossenes Sekret abgegeben. Die Membran des Sekrettropfens verschmilzt bei der Ausschleusung aus der Zelle, der E x o c y t o s e, mit der Zellmembran (Abb. 17). Dieser Fusionsprozeß setzt voraus, daß die das Sekret umgebende Membran schon zellmembranähnlich ist. Tatsächlich stellt man fest, daß die an der Sekretionsseite des Golgikomplexes gelegenen Membranen schon die dreischichtige Struktur der Zellmembran zeigen, während an der Regenerationsseite die Vesikel die dünne Struktur des eR aufweisen. Insgesamt zeigen diese Untersuchungen, daß der Golgikomplex überhaupt nur als dynamische Struktur existiert. An seiner Bildungsseite werden ständig neue Lamellen aufgebaut, und an seiner Sekretionsseite werden Membranen mit Inhaltsstoffen abgegeben. Neben seiner Rolle als Durchgangsstation für Proteinsekrete sind die Golgikörper in bestimmten Zelltypen für die Synthese von polysaccharidhaltigen Schleimstoffen verantwortlich, wie z.B. in den Becherzellen des Dünndarms. In Spermatiden wird das ebenfalls polysaccharidhaltige Acrosom, in höheren Pflanzen das Material der Mittellamelle (Pektine) vom Golgikörper gebildet. Während man in tierischen Zellen oft nur ein großes Golgifeld findet, liegen bei Pflanzen meist viele kleine Golgikörper (Dictyosomen) vor.

Zu den universell vorhandenen Organellen zählen die M i t o c h o n d r i e n als Orte der mit der Zellatmung verbundenen Synthese von energiereichem Adenosintriphosphat (ATP). Der cytoplasmatische Abbau von Kohlenhydraten, Fetten und von überschüssigen Aminosäuren führt zu einem gemeinsamen Zwischenprodukt aus zwei Kohlenstoffatomen, der aktivierten Essigsäure, die durch beide Membranen in die Mitochondrien transportiert und im Innern, der Matrix, in den Zitronensäurezyklus eingeschleust wird. Die Oxidation zu CO_2 und H_2O erfolgt stufenweise durch Multienzymkomplexe an der inneren Mitochondrienmembran unter gleichzeitiger Synthese von energiereichem ATP (oxidative Phosphorylierung). Die starke Einfaltung der inneren Membran in plattenartige Cristae oder, in besonderen Zelltypen, in Form verschlun-

gener Tubuli schafft zusätzliche Oberfläche für die membrangebundenen Multienzym-
komplexe. Gestielte, etwa 6 nm große Partikel, die sog. Elementarpartikel, enthalten
ATPase und katalysieren die Bildung von ATP aus ADP und anorganischem Phosphat
(Abb. 14).
Mitochondrien sind zur Selbstvermehrung durch Teilung (Autoreduplikation) befähigte
Organellen. Sie enthalten eine eigene wie bei Bakterien ringförmige und histonfreie
DNA, die allerdings nur wenige μm lang ist. Mit Hilfe eigener wiederum bakterienähn-
licher Ribosomen sind die Mitochondrien in der Lage, einen Teil ihrer Proteine selbst
aufzubauen. Die genetische Information für den größten Teil ihrer Proteine stammt
allerdings von der DNA des Zellkerns. Wie eng das Zusammenspiel beider Organellen
ist, zeigt das Beispiel der Cytochromoxidase, die als Endglied der Atmungskette zur
Bildung von Wasser führt. Von ihren sieben Polypeptidketten werden die vier kleineren
im Kern, die drei größeren im Mitochondrion selbst kodiert.
Eine besondere Gruppe von Zellorganellen stellen jene von einer einfachen Membran
umschlossenen Gebilde dar, die auf Grund ihres besonderen Enzymgehaltes nicht in
allen Zellen vorkommen. L y s o s o m e n (z.B. in der Leber, aber auch in bestimmten Pflanzenzellen) sind kleiner als Mitochondrien und enthalten saure Hydrolasen für
den Abbau von Proteinen, Nucleinsäuren etc. Als A u t o l y s o s o m e n können sie
z.B. degenerierende Mitochondrien aufnehmen und verdauen; als P h a g o l y s o -
s o m e n verschmelzen sie mit Phagocytosevakuolen und verdauen deren Inhalt. P e r -
o x i s o m e n enthalten neben anderen oxidierenden Enzymen die Katalase als charakteristischen Bestandteil. In manchen Pflanzenzellen liegt sie rein und in kristallinem
Zustand vor. Bei der Umwandlung von Speicherfett in Kohlenhydrat in keimenden
Samen spielt eine besondere Gruppe von Peroxisomen, die Glyoxisomen, eine Rolle.
In tierischen Zellen und zur Geißelbildung befähigten Zellen einiger Pflanzengruppen
liegen meist in Kernnähe die C e n t r i o l e. Sie bestehen aus neun Tripletts von
M i k r o t u b u l i. Insgesamt bilden die Tripletts einen Zylinder von ca. 0,2 μm
Durchmesser und meist 0,3 μm bis 0,5 μm Länge. Sie sind etwas schräg zum Mantel
des Zylinders angeordnet, und die A- und C-Mikrotubuli benachbarter Tripletts sind
untereinander verbunden. Centriole haben oft eine Doppelfunktion. Einmal können sie
zu Basalkörpern von Geißeln und Cilien werden (s. Abschn. 3.4), zum anderen fungieren
sie als Spindelpole bei der Mitose und Meiose und sind maßgeblich an der Organisation
der ebenfalls vorwiegend aus Mikrotubuli gebildeten Spindel beteiligt. Einzelheiten
über ihre Vermehrungsweise, insbesondere ob eine eigene replikative DNA vorhanden
ist, sind noch ungeklärt. In Frage kämen dafür das dichte Wandmaterial, in welches die
Tripletts eingebettet sind, oder die neun dichten „Satelliten", die gelegentlich in der
Umgebung des Centriols festgestellt worden sind. Sicher ist, daß sie sich nicht unter
Querteilung des Zylinders vermehren, denn die ersten sichtbaren Anzeichen einer Vermehrung, die Procentriole, stehen mit ihrer Längsachse stets senkrecht zum Muttercentriol. Auch nach Wachstum auf ihre volle Länge behalten sie diese Lagebeziehung
bei. In der Nähe des Interphasekerns und an den Spindelpolen findet man daher zwei
mehr oder weniger senkrecht zueinander stehende Centriole (Abb. 47). Mit Sicherheit
können Centriole aber auch d e n o v o entstehen, wenn kein präexistentes Centriol
vorhanden ist. Das ist z.B. bei Amöbenflagellaten der Fall, die unter bestimmten Um-

weltbedingungen innerhalb einer Stunde Geißeln bilden und fortschwimmen können, obwohl im Amöbenstadium kein Centriol oder Basalkörper elektronenmikroskopisch nachweisbar ist.

Abgesehen vom Fehlen der Centriole ergeben sich einige Besonderheiten in der Organisation von Pflanzenzellen unmittelbar aus der Tatsache, daß sie von einer schützenden Z e l l w a n d umgeben sind. So findet die Teilung nicht durch Einschnürung von außen wie bei tierischen Zellen statt, sondern von innen nach außen durch Fusion von Vesikeln (Phragmosomen) aus Golgikörpern, die insgesamt eine Z e l l p l a t t e bilden (s. Abschn. 2.1.2.1). Wo die Zellplatte sich nicht vollständig schließt, bleiben später von einem Schlauch aus endoplasmatischem Reticulum durchsetzte P l a s m o d e s m e n als cytoplasmatische Verbindungen bestehen. Die Phragmosomen enthalten bereits Protopektine, so daß nach ihrer Fusion schon die M i t t e l l a m e l l e als erste extrazelluläre Trennschicht vorliegt. Ihr wird zu beiden Seiten ausgeschiedene Zellulose aufgelagert. Die Richtung der Zellulosefibrillen ist durch die Ausrichtung cytoplasmatischer Mikrotubuli unmittelbar unter der Plasmamembran bestimmt.

Charakteristisch für Pflanzen, die über kein Exkretionssystem verfügen, sind die V a k u o l e n, in die Exkrete abgegeben und in denen Reservestoffe gespeichert werden können. Vakuolen sind durch eine etwa 6 nm dicke Membran, auch T o n o - p l a s t genannt, allseitig vom Cytoplasma getrennt. In wachsenden Meristemzellen sind sie klein und zahlreich. In großen differenzierten Zellen liegt oft nur eine einzige große Vakuole vor, die den größten Teil des Zellvolumens einnimmt.

Schließlich sind noch die P l a s t i d e n als kennzeichnende Organellen der Pflanzenzelle zu erwähnen. In grünen Pflanzenteilen handelt es sich um die C h l o r o p l a - s t e n als Orte der Photosynthese, in unterirdischen Teilen um die farblosen L e u - k o p l a s t e n und in Sonderfällen um die durch Carotinoide gelb bis rot gefärbten C h r o m o p l a s t e n. Alle Formen können aus P r o p l a s t i d e n meristematischer Gewebe entstehen. Wie Mitochondrien sind die Plastiden von zwei Membranen umgeben, deren innere sich einstülpen kann. Nach Abschnürung der eingestülpten Lamellen oder Tubuli kommt es zu flachen Säckchen, den T h y l a k o i d e n, die einzeln oder in Stapeln liegen. Ebenso wie Mitochondrien (und Bakterien) enthalten Plastiden ringförmige DNA und kleine Ribosomen. Sie sind ebenfalls zur Autoreduplikation fähig und synthetisieren einen Teil ihrer Proteine selbst.

Organismen mit der geschilderten komplexen Zellorganisation und einem durch die Kernhülle abgegrenzten Karyoplasma werden E u k a r y o n t e n genannt. Zu ihnen zählen die Protozoen, Algen, Pilze, die Pflanzen und die Tiere. Zu den P r o k a r y o n - t e n, denen ein abgegrenzter Zellkern fehlt, gehören die Bakterien und die Blaualgen (Cyanophyceen). Als Beispiel für die Organisationsstufe einer Prokaryontenzelle soll die Feinstruktur einer B a k t e r i e n z e l l e (Abb. 18) besprochen werden.

Die dünne und elastische Z e l l w a n d der Bakterien ist in komplexer Weise aus Proteinen, Polysacchariden und Lipiden aufgebaut. Ihre Festigkeit verdankt sie einer elektronendichten Schicht, dem aus vernetzten Glycoproteinen aufgebauten M u r e i n - Sacculus. Außerdem kann die Zellwand von einer Schleimschicht oder Kapsel aus Polysacchariden oder Polypeptiden umgeben sein. Von innen wird die Z e l l m e m -

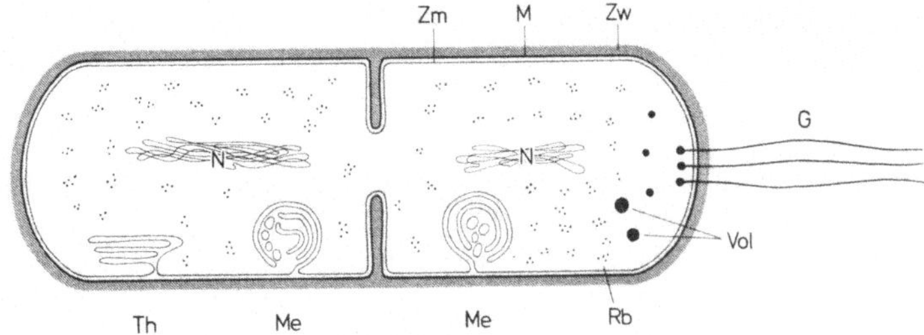

Abb. 18   Schema der Feinstruktur einer sich teilenden Bakterienzelle. N: Nucleoide,
Th: Thylakoide photoautotropher Formen, Me: Mesosomen, Rb: Ribosomen, Vol: Volutin, Polyphosphatgranula, G: Geißeln mit Basalkorn, Zm: Zellmembran, Zw: Zellwand mit
dem dichten Mureinsacculus als innerster Schicht.

b r a n durch den osmotischen Druck (s. Abschn. 2.1.1.3) dicht gegen die Zellwand
gepreßt. Die bakterielle Plasmamembran hat den gleichen elektronenmikroskopischen
Feinbau sowie eine ähnliche chemische Zusammensetzung aus Lipiden und Proteinen
wie bei Eukaryonten und wirkt auch hier als Permeabilitätsschranke. Zusätzlich sind
an oder in der Innenfläche der Membran noch die Enzyme der Atmungskette und der
oxidativen Phosphorylierung lokalisiert, die sich in den Mitochondrien der Eukaryonten an der Innenmembran und ihren Cristae befinden. Intrazelluläre Membransysteme
wie endoplasmatisches Reticulum und Golgikörper fehlen den Prokaryonten. Wo intrazelluläre Membranen überhaupt gefunden werden, handelt es sich meist um Einstülpungen der Plasmamembran wie bei den M e s o s o m e n und den chlorophyllhaltigen
T h y l a k o i d e n photoautotropher Formen. Ob die aus tubulären Einstülpungen
hervorgegangenen Mesosomen eine einheitliche Funktion erfüllen, ist noch unklar.
Vielfach wird wegen ihrer Beziehung sowohl zur Plasmamembran als auch zur DNA
eine Rolle bei der Replikation und der Zellteilung vermutet. Das Cytoplasma ist dicht
erfüllt von freien Ribosomen und enthält außerdem Reservestoffe (z.B. Glycogen und
Polyphosphatgranula, das sog. Volutin). Im Zentralbereich des Cytoplasmas ist ein im
allgemeinen etwas mehr als ein 1 mm langer ringförmiger und histonfreier DNA-Faden
zu einem „ N u c l e o i d " (Kernäquivalent) aufgeknäuelt. Bakterien können zwar
bewegliche G e i ß e l n besitzen, aber ihre Struktur ist eine völlig andere als bei Eukaryonten. Es handelt sich um verdrillte Subfibrillen, die insgesamt mit 10 nm bis 20 nm
Dicke dünner als ein einzelner Mikrotubulus sind. Ihr Protein, das Flagellin, ist aber
wie das Tubulin aus globulären Untereinheiten aufgebaut. Mikrotubuli scheinen den
Prokaryonten ganz zu fehlen.

Literatur

K o e c k e , H. U.: Allgemeine Biologie für Mediziner und Biologen. Stuttgart, New
York 1977
N o v i k o f f, A. B.; H o l t z m a n, E.: Cells and organelles. 2. Aufl., New York 1976
H i r s c h, G. C.; R u s k a, H.; S i t t e P. (Hrsg.): Grundlagen der Cytologie. Jena
1973
C z i h a k, G.; L a n g e r , H.; Z i e g l e r, H. (Hrsg.): Biologie. Berlin, Heidelberg,
New York 1978

2.1 Pflanzliche Zellen

△   ### 2.1.1 Epidermiszellen von Allium cepa

Einige Eigenschaften lebender Zellen lassen sich gut an diesem einfachen Objekt demonstrieren. Man teilt eine Zwiebel in Längsrichtung in 4 Sektoren, schneidet diese jeweils noch 1 bis 2 mal längs und entfernt die feste Basis, so daß sich die Schalen leicht voneinander trennen lassen. Auf der konkaven (matten) Blattoberseite schneidet man mit der Rasierklinge kleine Rechtecke aus und überträgt sie auf den Objektträger mit einem Tropfen Leitungswasser, so daß die Oberseite auch oben liegt. Die Beobachtung erfolgt am besten im Phasenkontrast, notfalls im Hellfeld mit etwas eingeengter Aperturblende.

▲   **2.1.1.1 Lichtmikroskopisch erkennbare Organellen** In der Übersicht erkennt man bei schwacher Vergrößerung die langgestreckten, oft spitz zulaufenden Epidermiszellen. Aneinander stoßende Zellwände sind von zahlreichen Öffnungen, den Tüpfeln, durchbrochen, die eine cytoplasmatische Verbindung zu den Nachbarzellen des Gewebeverbandes ermöglichen (vgl. Abschn. 2). Das hyaline Cytoplasma ist an seinen körnchenartigen Einschlüssen als dünner Wandbelag erkennbar, der sich an den zugespitzten Zellenden etwas anhäuft. Den größten Teil der Zelle nimmt die große mit wäßrigem „Zellsaft" gefüllte Vakuole ein. Der Kern, ebenfalls im cytoplasmatischen Wandbelag, erscheint im Hellfeld als durchsichtiges Bläschen, im Phasenkontrast einheitlich grau oder allenfalls fein granulär. Die Nucleolen, meist 2 pro Kern (vgl. Abschn. 4.2), erscheinen im Hellfeld stark lichtbrechend, im Phasenkontrast dunkler als das umgebende Kernplasma. Beides zusammen deutet darauf hin, daß ihre Brechzahl und damit ihre Dichte entsprechend höher ist (vgl. Abschn. 1.2.1).

Bei starker Vergrößerung erkennt man bald, daß die Partikel im Cytoplasma in 3 Gruppen einzuteilen sind. Die kleinsten Partikel sind am stärksten lichtbrechend und im Phasenkontrast am dunkelsten. Wegen ihrer Kugelform werden sie S p h a e r o s o - m e n genannt. Ihrer geringen Masse entsprechend zeigen sie eine lebhaft tanzende Brownsche Bewegung. Durch Untersuchungen an anderen Objekten ist nachgewiesen, daß Sphaerosomen fettaufbauende Enzyme enthalten und in ihrer Entwicklung daher immer fettreicher werden.

Als langgestreckte, deutlich größere und im Phasenkontrast hellere Gebilde erscheinen die M i t o c h o n d r i e n. Gelegentlich sind sie hantelförmig eingeschnürt oder scheinen infolge mehrerer Einschnürungen fast als aneinandergereihte Kugeln, wie auch schon vom rein Sprachlichen her eine klare Entscheidung über ihre Form nicht getroffen ist, denn ‚mitos‘ (gr.) bedeutet Faden und ‚chondros‘ Korn. Als Träger der Atmungsfermente lassen sie sich in der lebenden Zelle mit Janusgrün B darstellen, wenn man die Zwiebelstückchen 30 min in eine frisch angesetzte 0,002 % Lösung des Farbstoffes legt und anschließend die Epidermis abzieht. Die Spezifität der Färbung beruht vermutlich darauf, daß die Cytochromoxidase der Mitochondrien den Farbstoff in seiner oxidierten blaugrünen Form erhält, während er in allen übrigen Zellbereichen zu einer farblosen sog. Leukoverbindung reduziert wird.

Größere ovale Gebilde im Cytoplasma gehören zur Gruppe der Plastiden. Es handelt sich bei diesem Gewebe um die farblosen L e u k o p l a s t e n. Im Phasenkontrast erscheinen sie relativ dunkel, oft mit einem blasenartigen, hellen Einschluß an einem Ende. Sie sind erheblich seltener als die Sphaerosomen und Mitochondrien. ◗

▲ **2.1.1.2 Plasmaströmung** Die Fähigkeit, Bewegung hervorzubringen, scheint eine generelle Eigenschaft des lebenden Protoplasmas zu sein. Zu einer mikroskopisch leicht erkennbaren Massenströmung des Cytoplasmas kommt es z.B. bei Einzellern wie Paramecium, Schleimpilzen und großen Pflanzenzellen. Bei unserem Präparat setzt die Plasmaströmung ca. 15 min nach Abziehen der Epidermis ein.

Es sind insgesamt drei einander überlagernde Bewegungsphänomene erkennbar, nämlich die irreguläre B r o w n s c h e   M o l e k u l a r b e w e g u n g kleiner Partikel, die Massenströmung des Cytoplasmas und die ruckartige, sog. s a l t a t o r i s c h e B e w e g u n g von Einschlüssen. Die Massenströmung ist besonders gut an Plasmasträngen wahrzunehmen, die den Zellraum durchziehen. Einmal in Gang gekommen, läuft sie mehr oder minder gleichförmig ab und durchzieht die Zelle in bestimmten geschlossenen Bahnen, so daß man in solchen Fällen von Cyclose spricht. Anhand der meßbaren Zellgröße läßt sich ihre Geschwindigkeit mit der Stoppuhr bestimmen, wenn man auf die mitgeführten kleinen Partikel achtet. Sie ist natürlich temperaturabhängig und kann durch Erwärmen (Auflegen des Objektträgers auf die Hand) beschleunigt werden. Die saltatorische („hüpfende") Bewegung ist dadurch gekennzeichnet, daß ruhende Partikel plötzlich in Bewegung geraten, über eine kurze Strecke eine gleichförmige Geschwindigkeit beibehalten und ebenso unvermittelt wieder zum Stillstand kommen. Da sie weit verbreitet und unabhängig davon ist, ob eine Massenströmung des Cytoplasmas vorliegt, wird sie als ein Grundtyp zellulärer Bewegungserscheinungen angesehen. Bei gleichzeitiger Cyclose, wie bei unserem Objekt, äußert sie sich darin, daß individuelle Partikel hinter der Massenströmung zurückbleiben oder ihr sprunghaft vorauseilen. ■

Auf die möglichen Mechanismen dieser Bewegungserscheinungen wird im Zusammenhang einzugehen sein (s. Abschn. 3). Sie sind sicher im makromolekularen Bereich zu suchen, so daß die lichtmikroskopische Beobachtung allein nicht weiterführen kann. Aber schon das Phänomen eines saltatorischen Bewegungsablaufs deutet auf Substruktur hin. Sicher kommt z.B. den Sphaerosomen kein eigener Bewegungsapparat zu, den sie mal einschalten, mal abschalten können. Es ist wahrscheinlicher, daß ihre Bewegung letztlich auf kontraktilen Strukturelementen in ihrer unmittelbaren Umgebung beruht, welche an den Partikeln angreifen und sie bei ihrer geringen Masse auch befördern können. Natürlich ist überhaupt nicht auszuschließen, daß auch die Massenströmung nichts anderes ist als die Überlagerung saltatorischer Bewegungen strukturell nicht abgegrenzter, sehr kleiner Plasmabereiche.

▲ **2.1.1.3 Plasmolyse** Eine weitere Eigenschaft lebender Zellen, nämlich die hohe Permeabilität ihrer Membran für Wasser bei überaus geringer Durchlässigkeit für gelöste Stoffe („Semipermeabilität"), läßt sich ebenfalls mit einem einfachen Versuch an un-

serem Objekt demonstrieren. Entzieht man einer tierischen Zelle durch Übertragen in
ein hypertonisches Medium Wasser, so verliert sie so lange an Volumen, bis der osmotische Druck im Zellinneren gleich dem der umgebenden Lösung geworden ist. Bei der
Pflanzenzelle führt der osmotische Wasserverlust (hauptsächlich aus dem Flüssigkeitsraum der Vakuole) zu einem raschen Schrumpfen und teilweise zu einem Ablösen des
gesamten Zellinhaltes, des Protoplasten, von der Zellwand, zur sog. P l a s m o l y s e.

Um den Vorgang beobachten zu können stellen wir zuerst auf unser Epidermisprä-
parat ein, setzen dann 1 bis 2 Tropfen 1 M KNO$_3$ an einen Rand des Deckglases und
saugen am anderen Rand mit einem Streifen Filtrierpapier die Salzlösung in das Präparat. Kurz darauf setzt die Plasmolyse ein. Man erkennt bei etwas zugezogener Aperturblende, daß der Protoplast ruckartig von der Wand wegreißt. Das geschieht bei so
großen Zellen gleichzeitig an mehreren Stellen. Bei fortschreitendem Wasserentzug
kugeln sich die freien Enden der Protoplasten zunehmend ab und ihre zunächst kon-
kave Form wird konvex.

Das ruckartige Wegreißen deutet auf gute Wandhaftung des Protoplasten hin. Sie ist
offenbar unterschiedlich stark und kann im Verein mit den entgegengesetzt wirksamen
Kräften beim Schrumpfen in derart langgestreckten Zellen dazu führen, daß der Protoplast in zwei oder mehr Teile zerreißt, die sich abkugeln und keine Verbindung mehr
miteinander haben. Beim Zurückweichen des Protoplasten von der Wand wird das
Cytoplasma häufig zu dünnen Fäden ausgezogen, den sog. Hechtschen Fäden, die im
Phasenkontrast besonders gut erkennbar sind. Sie mögen z.T. darauf beruhen, daß
cytoplasmatische Verbindungen zu den Nachbarzellen durch die Tüpfel hindurch in
Form der sog. Plasmodesmen (vgl. Abschn. 2) bestehen.

Daß derart geschrumpfte Protoplasten nichts von ihrer Lebensfähigkeit eingebüßt
haben, erkennt man beim Durchsaugen von reinem Wasser durch das Präparat. Mit der
raschen Quellung des Protoplasten setzt die Deplasmolyse ein und sein Volumen
nimmt wieder zu. Vorher getrennte Protoplastenteile vereinigen sich dabei wieder und
schließlich füllt das Cytoplasma wiederum den gesamten Zellraum aus. Auch die Plasmaströmung setzt wieder ein.

Der Zyklus von Plasmolyse und Deplasmolyse kann ohne weiteres mehrfach wiederholt werden. Bleiben die Zellen für längere Zeit in einem Plasmolyticum, so nimmt
trotz unveränderter Außenlösung das Volumen des Protoplasten wieder zu. Diese
Beobachtung kann nur so erklärt werden, daß die Ionen im Außenmedium, wenn auch
langsam, in die Zelle eindringen können. Die Erhöhung des osmotischen Wertes innerhalb der Zelle führt zu einem erneuten Einstrom von Wasser und der Protoplast gewinnt
an Volumen. Die Schnelligkeit, mit der dieser Volumenanstieg erfolgt, ist ein Maß für
die Permeabilität der Zellmembran für die Ionen des Plasmolyticums. Die Zellmembran
ist also nicht im strengen Sinne semipermeabel, sondern sie verfügt über eine wenn
auch geringe Durchlässigkeit für gelöste Stoffe, die ja auch für den Erhalt von Stoff-
wechselvorgängen der Zelle zur Verfügung stehen müssen. ■ □

Für ein vertieftes Verständnis der Plasmolyse ist der Begriff des osmotischen Druckes
von Lösungen von zentraler Bedeutung. Er kann in einem sogenannten Osmometer
gemessen werden. Die Lösung, deren osmotischer Druck bestimmt werden soll, befindet

sich in einem Zylinder mit Steigrohr, der gegenüber dem umgebenden reinen Wasser durch eine ideal semipermeable Membran (Kunststoffolie) getrennt ist. Nur das Wasser, aber nicht der gelöste Stoff (z.B. Rohrzucker) kann die Membran passieren. Nehmen wir an, die Lösung im Innern bestünde zu 90 % aus Wasser, zu 10 % aus Zucker. Da die Wasserkonzentration außen 100 % beträgt, liegt ein Konzentrationsgefälle vor und Wassermoleküle diffundieren in die Innenlösung. Durch den Wassereinstrom wird die Lösung im Steigrohr hochsteigen, und zwar so lange, bis der zunehmende hydrostatische Druck dem weiteren Nettoeinstrom von Wasser eine Grenze setzt. Wir können also den sog. potentiellen osmotischen Druck in einem derartigen Osmometer meßbar machen, wobei eine Wassersäule von etwa 10 m Höhe einem Druck von 1 atm entspricht. Von einem potentiellen osmotischen Druck (π^*) sprechen wir deshalb, weil die Zellmembran keine ideal semipermeable Barriere darstellt. In der Natur ist der osmotische Druck $\pi < \pi^*$.

Bei systematischen Untersuchungen mit Lösungen verschiedener Konzentration stellte sich heraus, daß der potentielle osmotische Druck einer Lösung allein von der Anzahl der in der Volumeneinheit gelösten Moleküle und der Temperatur abhängt:

$$\pi^* = c\,RT$$

(π^* in at, T absolute Temp. in Kelvin, R Gaskonstante $= 0{,}082\ \ell$ at grad^{-1} mol^{-1}, c Konzentration in mol/ℓ). Die deutliche Beziehung zur allgemeinen Zustandsgleichung der Gase muß nicht verwundern, denn die gelösten Moleküle erfüllen den zur Verfügung stehenden Flüssigkeitsraum ebenso, wie die Moleküle eines idealen Gases das verfügbare Volumen ausfüllen. Gelöste Elektrolyte dagegen entsprechen in ihrem osmotischen Verhalten eher realen Gasen, denn es kommt zwischen den Ionen zu elektrischen Wechselwirkungen, welche die freie Beweglichkeit der Teilchen einschränken. Dem trägt der konzentrationsabhängige Aktivitätskoeffizient a Rechnung, so daß

$$\pi^* = a\,c\,R\,T$$

wird. Selbst für NaCl, das in Wasser vollständig in 2 Ionen dissoziiert, ist $a < 2$. Je stärker die Lösung verdünnt wird, desto mehr nähert sich a dem Idealwert 2.

Bei der Pflanzenzelle beruht das osmotische Verhalten im wesentlichen auf gelösten organischen und anorganischen Stoffen im Zellsaft der Vakuole. Die dünne äußere Plasmaschicht kann daher in erster Näherung als eine nahezu semipermeable Folie betrachtet werden. In reinem Wasser als umgebendem Medium ist der Vakuoleninhalt hypertonisch. Er nimmt Wasser auf und preßt das Cytoplasma mit einem bestimmten Druck (Turgor) gegen die Zellwand. Dem Turgor wirkt ein gleichgroßer Wanddruck entgegen. Bei Wassermangel kann der Turgor nicht aufrecht erhalten werden. Die Organe der Pflanze erschlaffen daher, die Pflanze „welkt".

▲ 2.1.2 Ultrastruktur einer pflanzlichen Meristemzelle

Elektronenmikroskopische Aufnahmen von Längsschnitten des Wurzelspitzenmeristems von Vicia faba werden bei ca. 30000-facher Vergrößerung untersucht.

Die Zellen aktiver Meristeme wie das der wachsenden Wurzelspitze sind durch hohe Zellteilungsraten gekennzeichnet. Man findet daher alle Stadien der Mitose und der

Zellteilung (vgl. Abschn. 4.2). An I n t e r p h a s e z e l l e n (Abb. 19) fällt der im Verhältnis zur Zellgröße riesige Z e l l k e r n auf. Er enthält feinfibrilläres Material und dichte Brocken auß H e t e r o c h r o m a t i n. Vergleichsweise groß ist auch der Nucleolus, der in günstigen Schnitten eine Gliederung in eine äußere granuläre (p a r s g r a n u l o s a) und eine innere fibrilläre Komponente (p a r s   f i b r o s a) erkennen läßt.

Histochemische Untersuchungen an geeigneten Objekten haben mehrfach gezeigt, daß die pars granulosa RNA und Protein, die pars fibrosa außerdem noch DNA enthält. Man nimmt aufgrund der bekannten Funktionen des Nucleolus an, daß in den ca. 20 nm großen Granula der Außenschicht die 45 S-Vorstufe der ribosomalen RNA des Cytoplasmas verpackt ist und daß die pars fibrosa die DNA des Nucleolusbildungsortes und die dort gerade transcribierte RNA darstellt. Über Herkunft und Art der Proteine in beiden Schichten lassen sich noch keine sicheren Aussagen machen.

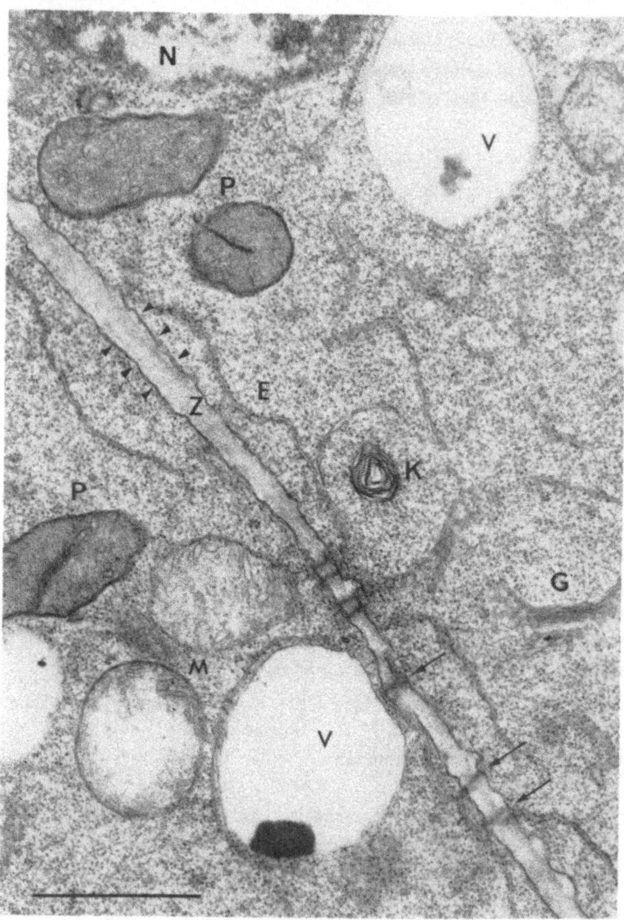

Abb. 19
Zwei aneinandergrenzende Zellen aus dem Wurzelspitzenmeristem von Vicia faba.
Z: Zellwand, außen umgrenzt von den Zellmembranen der Nachbarzellen (Pfeilköpfe).
N: Anschnitt des Kerns.
V: Vakuolen mit einem durch Wasserentzug beim Einbettungsvorgang ausgefällten dichten Inhalt.
P: Proplastiden,
M: Mitochondrien,
G: Kleiner Golgikörper (Dictyosom)
K: Myelinkörper.
Das Cytoplasma enthält zahlreiche freie Ribosomen und einige Cisternen von rauhem endoplasmatischem Reticulum (E).
Pfeile: Plasmodesmen, bei den beiden unteren mit Lamellen von endoplasmatischem Reticulum (s. Text).
Maßstab: 1 μm.

Den Kern umschließt eine Doppelmembran als K e r n h ü l l e. Sie ist an vielen
Stellen durch die sog. K e r n p o r e n von ca. 60 nm Durchmesser durchbrochen.
Sie sind nicht gleichmäßig über die Kernoberfläche verteilt und können verstreute
Porenfelder bilden. Die Kernporen erscheinen meist nicht offen, sondern von elek-
tronendichtem Material erfüllt. In vielen Fällen liegt dies sicher daran, daß der Durchmesser einer Pore etwa der Schnittdicke entspricht (Abb. 11). Ein solcher Schnitt enthält daher oft den dichten Rand der Pore und täuscht somit einen Verschluß vor.
Außerdem sind die Poren Durchgangsstation für die im Kern synthetisierte RNA, die
beim Durchtritt als dichtes Material erscheint. Ob die Zelle darüber hinaus über einen
echten Verschlußmechanismus verfügt, muß noch offenbleiben. Ebenso wenig ist
derzeit eine Aussage darüber möglich, ob die die Poren umgebenden octagonalen
A n n u l i, die nur in den seltenen streifenden Anschnitten der Kernoberfläche erkennbar werden, lediglich eine mechanische Festigung des Porenrandes darstellen, oder ob
sie Teil einer Maschinerie für den gerichteten RNA-Transport vom Kern in das Cytoplasma sind.

Das Strukturbild des Cytoplasmas einer wachsenden Meristemzelle ist bestimmt durch
zahllose freie Ribosomen. Das e n d o p l a s m a t i s c h e R e t i c u l u m tritt dem-
gegenüber in den Hintergrund. Es ist auf wenige langgestreckte Profile beschränkt, die
meist ebenfalls mit Ribosomen besetzt sind. Ferner finden wir im Cytoplasma zahlreiche relativ kleine V a k u o l e n. Sie sind von einer zarten ribosomenfreien Membran, dem T o n o p l a s t e n, umgrenzt und enthalten im Innern oft dichte Einschlüsse, die vermutlich auf Ausfällung von im Saftraum gelösten Stoffen bei der Fixierung
oder Entwässerung des Gewebes zurückzuführen sind. Seltener sind Anschnitte durch
die kleinen Membranstapel der D i c t y o s o m e n. Sie bestehen meist aus 4 bis 8
flachen Cisternen mit wulstartigen Aufblähungen an der Peripherie. In teilungsaktivem
Meristem wie der Wurzelspitze spielen sie eine besondere Rolle bei der Zellteilung und
der Bildung der Mittellamelle. Von den M i t o c h o n d r i e n sieht man meist rundliche Anschnitte mit heller Matrix, in welche unregelmäßig angeordnete und etwas auf-
geblähte Cristae ragen. Deutlich größer und mit dichter Matrix sind die ebenfalls von
einer Doppelmembran umgebenen P r o p l a s t i d e n. Ihr Inneres enthält nur wenige
flache Thylakoide, deren Gesamtdicke etwa der der äußeren Doppelmembran entspricht. In älteren Meristemzellen der Wurzel findet man häufig ovale Stärkeeinschlüsse.
Plastiden mit derartigen Ablagerungen von Reservestärke sind als A m y l o p l a s t e n
zu bezeichnen.

Nach außen wird die Zelle durch die Plasmamembran, auch P l a s m a l e m m a
genannt, abgegrenzt. Sie ist dicker und dichter kontrastiert als die cytoplasmatischen
Membranen. Die bei meristematischen Zellen noch dünne Zellwand sieht in den
Schnitten wie ein dichtes, aus vielen feinen Fibrillen zusammengesetztes Band aus.
Benachbarte Zellen sind durch Plasmodesmen miteinander verbunden. Hier gehen die
Zellmembranen beider Zellen ineinander über. Aus ihrer Feinstruktur und besonders
aus ihrer Bildungsweise bei der Zellteilung wird deutlich, daß sie im Zentrum noch
einen eng zusammengepreßten Schlauch aus glattem eR enthalten.

2.1.2.1 Teilung der Meristemzelle Bei der elektronenmikroskopischen Untersuchung von Ultradünnschnitten durch das Wurzelspitzenmeristem findet man außer den bereits beschriebenen Interphasezellen auch zahlreiche Teilungsstadien. Der gesamte Ablauf der Kernteilung oder M i t o s e wird in anderem Zusammenhang untersucht (vgl. Abschn. 4.2). Hier sei lediglich darauf verwiesen, daß die Chromosomenarme in der Metaphase in Längsrichtung der Zelle (und der Wurzel!) liegen und daß sie in der Anaphase bei unserem Objekt meist V-förmige Konfigurationen bilden. Vom Verteilungsapparat der Chromatiden, der Spindel, erkennen wir in derart dünnen Schnitten verhältnismäßig wenige längs angeschnittene M i k r o t u b u l i. Sie zeigen den Aufbau feiner zartwandiger Röhrchen von 20 bis 25 nm Gesamtdicke. Ganze Bündel derartiger Mikrotubuli erscheinen im Lichtmikroskop als sog. Spindelfasern. Mit etwas Geduld und Glück findet man Mikrotubuli, die in einer dichten Masse an einem Chromosom, dem K i n e t o c h o r, enden. Die Mehrzahl der Mikrotubuli aber ist ohne Beziehung zu einem Kinetochor und bildet die Hauptmasse des Spindelkörpers.

In der Telophase, wenn die Neubildung der Kernhülle begonnen hat oder vollendet ist, findet man in der Zellmitte zwischen den beiden Tochterkernen einen Plasmabereich, den P h r a g m o p l a s t e n, der frei von größeren Organellen ist und als Ansammlung von Vesikeln auffällt, die zur Z e l l p l a t t e verschmelzen (Abb. 20). Ihre Bildung schreitet von innen nach außen fort, so daß die Teilung der Pflanzenzelle zentrifugal erfolgt. Zwei Beobachtungen, die wir ohne weiteres an unserem Präparat machen können, sind nur mit einer Wanderung der Vesikel zur Zellplatte hin und mit ihrer Verschmelzung im Bereich der Zellplatte zu vereinbaren, nämlich die zunehmende Vesikelzahl in Richtung Zellmitte und ihre dort wachsende Größe aber abnehmende Zahl in späteren Teilungsstadien. Eingehende Untersuchungen an den verschiedensten Meristemen haben belegt, daß die Vesikel von den zahlreichen Dictyosomen des Golgi-Systems stammen und dort synthetisiertes P r o t o p e k t i n, die Grundsubstanz der M i t t e l l a m e l l e, enthalten. Bei der Verschmelzung der Vesikel in der Zellplatte wird dieses Material freigesetzt, so daß gleichzeitig mit der Bildung trennender Zellmembranen zwischen den entstehenden Tochterzellen eine elektronendichte Schicht erscheint, die mit der Umwandlung zu Pektinen die Mittellamelle darstellt.

Für den Transport der Vesikel von den Dictyosomen zur Zellplatte hin werden die in Frühstadien im Bereich des Phragmoplasten zahlreichen Mikrotubuli verantwortlich gemacht, die auch in anderen Systemen offenbar Transportfunktionen erfüllen. Die Verschmelzung der Vesikelmembranen unter Bildung der beiden Zellmembranen im Bereich der Zellplatte läßt Lücken offen, aus denen die späteren Plasmodesmen werden. Im Wurzelspitzenmeristem enthalten diese einen dünnen Schlauch von endoplasmatischem Reticulum, so daß die Annahme naheliegt, daß Plasmodesmen dort entstehen können, wo gerade solches eR liegt. Andererseits ist bei anderen Objekten nicht eR, sondern ein Mikrotubulus als Zentralstrang in Plasmodesmen nachgewiesen worden.

Nach Bildung der Mittellamelle werden beidseitig u.a. Vorstufen der Zellulosefibrillen ausgeschieden, die sich ihr auflagern und die weiche, noch dehnbare primäre Zellwand bilden. Nach dem Zellstreckungswachstum aufgelagerte Zellulose führt zur festen sekundären oder gar tertiären Zellwand. Im Plasmodesmenbereich können solche Verdickungen unterbleiben und damit zur Anlage von Tüpfelfeldern werden. ■

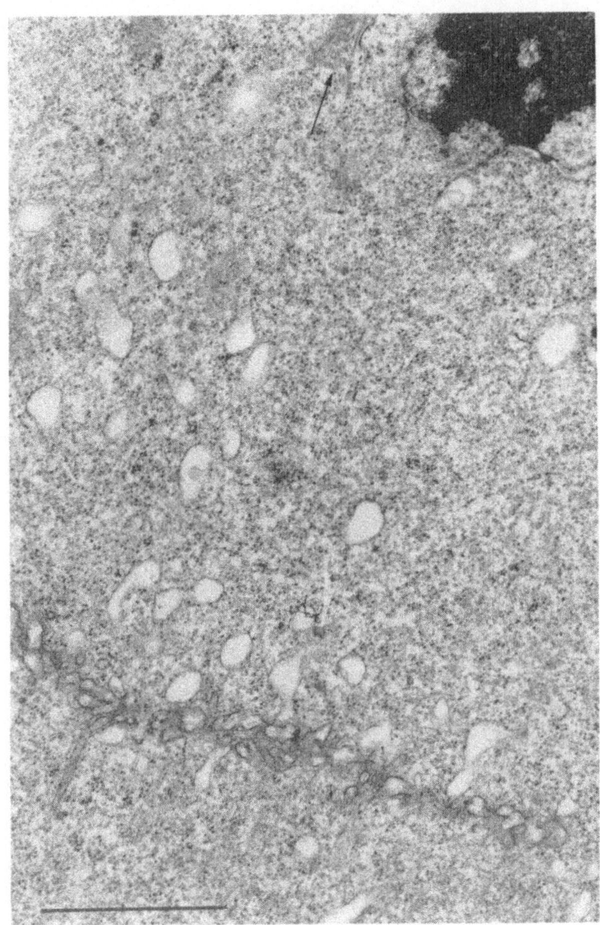

Abb. 20
Bildung der Zellplatte
(unten) aus Vesikeln
von den Golgikör-
pern (s. Text).
Oben rechts Teil
eines Zellkerns in
Telophase mit Neu-
bildung der Kern-
membran,
daneben ein Golgi-
körper (Pfeil).
Unterhalb der Zell-
platte und senk-
recht zu ihr verlauf-
fend Mikrotubuli.
Maßstab: 1 μm.

2.2 Tierische Zellen

△ 2.2.1 Darmepithel der Maus

▲ 2.2.1.1 Histologische Übersicht Als erstes Beispiel für die Struktur tierischer Zellen untersuchen wir Epithelzellen aus Querschnitten des Dünndarms der Maus. Einen histologischen Überblick verschafft die Azanfärbung nach Heidenhain, die Zellkerne rot, Bindegewebsfasern blau und Muskel orange bis rot färbt. Rotfärbungen (durch den sauren Farbstoff Azokarmin) sind bei dieser Methode indikativ für mehr oder minder basische Zellkomponenten. Bei den Kernen sind es wohl hauptsächlich die basischen Histone, im Muskel das Myosin, auf welchen die Färbung beruht.

Von außen nach innen unterscheiden wir mit dem starken Trockensystem die dünne bindegewebige Grenzschicht (Serosa), die quergeschnittene Längsmuskulatur und die mächtigere Schicht aus spindelförmigen Zellen der Ringmuskulatur, die hauptsächlich für die Darmperistaltik verantwortlich sind. Die nun folgende Bindegewebsschicht erstreckt sich einerseits in die zapfenförmigen Darmzotten (Villi) und bildet deren Grundgerüst, andererseits umschließt sie die Darmdrüsen an der Basis der Villi, die Lieberkühnschen Krypten, deren Ausführgang nur gelegentlich in der Schnittebene zu finden ist. In den Krypten findet man häufig Mitosen, da hier ständige Darmepithelzellen nachgebildet werden und nach oben rücken, während sie an der Spitze der Zotten einer ständigen Ablation unterworfen sind. Im Innern enthalten die Villi außer Bindegewebe ein dichtes Kapillarnetz, ein kleines Lymphgefäß und glatte Muskelzellen, die für rhythmische Kontraktionen der Darmzotten verantwortlich sind. Das Epithel der Zotten enthält im wesentlichen 2 Zelltypen, die schleimproduzierenden Becherzellen (je nach Differenzierungsgrad mehr oder weniger blau gefärbt) und die sehr viel zahlreicheren hochprismatischen Epithelzellen, welchen die Aufgabe der Resorption zufällt. Sie werden nun mit der Ölimmersion untersucht.

Gegen das Darmlumen hin werden die resorbierenden Epithelzellen durch einen streifig erscheinenden, im Azanpräparat graublauen „Bürstensaum" von ca. 0,5 μm Dicke begrenzt (Abb. 21 a). Es folgt eine noch näher zu identifizierende rötliche Schicht (b) von 0,3 μm Dicke und dann das mehr oder weniger grau gefärbte Cytoplasma sowie der mehr basal gelegene Zellkern mit brilliant rot gefärbten Chromatinbrocken (Heterochromatin). Die Färbeintensität des Cytoplasmas ist apikal vom Kern am größten, basal ist sie deutlich geringer. Lichtmikroskopisch erscheint das Cytoplasma gegen das bindegewebige Innere des Villus scharf durch eine „Basalmembran" abgegrenzt. ■

▲ **2.2.1.2 Alkalische Phosphatase** Man vergleiche nun bei derselben Vergrößerung das nach der Reaktion auf alkalische Phosphatase erhaltene lichtmikroskopische Bild. Unter

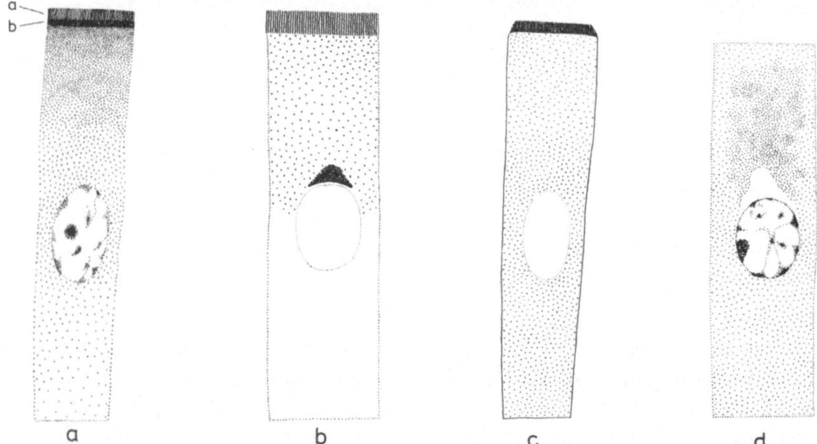

Abb. 21 Epithelzellen aus dem Dünndarm der Maus.
      a) Azanfärbung mit dem Bürstensaum (a) und dem Bereich des terminalen Netzes (b).
      b) alkalische Phosphatase. c) PJS-Reaktion auf Polysaccharide.
      d) Verteilung der Nucleinsäuren (Azur B, pH 4).

den angegebenen Versuchsbedingungen müßten die Kontrollen (Inkubation ohne Substrat bzw. mit Substrat nach Zerstörung des Enzyms durch Hitze) höchstens unspezifisch lokalisierte Niederschläge von Kobaltsulfid aufweisen. Schicht a, der Bürstensaum, enthält die höchste Konzentration an alkalischer Phosphatase. Darauf folgt die im Azanpräparat rötliche Schicht b als phosphatasefreie Region (Abb. 21). Im Bereich des Cytoplasmas ist eine apikal vom Kern gelegene Struktur am deutlichsten geschwärzt. Erst elektronenmikroskopische Aufnahmen lassen einen Schluß zu, um welches Organell der Zelle es sich handeln mag. Generell zeigt der apikal vom Kern gelegene Teil der Zelle die intensivste Reaktion. Der Kern selbst und der basale Zellanteil scheinen frei von alkalischer Phosphatase. ■

▲ **2.2.1.3 Polysaccharide** Als dritte Färbung wird nun die Reaktion auf Polysaccharid nach der PJS-Methode (s. Anhang) zum Vergleich herangezogen. Auch hier war die Kontrolle (keine Oxidation der OH-Gruppen des Polysaccharids zu reaktionsfähigen Aldehydgruppen) negativ, so daß Rotfärbung mit ziemlicher Sicherheit auf Anwesenheit von Polysaccharid hindeutet. Am intensivsten ist wieder der Bürstensaum gefärbt, die Kerne sind völlig ungefärbt und das Cytoplasma ist diffus rötlich. Wie bei der Azanfärbung erscheint die Basalmembran als scharfe Grenze.

Von den übrigen Zelltypen zeigen die Becherzellen eine besonders intensive Reaktion. Verdauung mit Diastase des Mundspeichels vor der Perjodsäurebehandlung zeigt keine Abnahme der Färbeintensität weder in den Becherzellen noch in den hochprismatischen Zellen des Darmepithels – ein deutlicher Hinweis, daß das mit Diastase abgebaute Glycogen keinen wesentlichen Anteil an der Polysaccharidfärbung beider Zelltypen hat. In der Tat ist bekannt, daß tierische Schleimstoffe (wie das Sekret der Becherzellen) nicht aus Glycogen, sondern aus für Diastase nicht angreifbaren Mucopolysacchariden bestehen. ■

▲ **2.2.1.4 Nucleinsäuren** Zur Darstellung der Verteilung der Nucleinsäuren in dem nun bereits gut bekannten Gewebe eignen sich basische Farbstoffe wie Azur-B-bromid („A^+Br^-"). Das positiv geladene Farbstoffkation geht dabei mit den negativ geladenen Phosphatgruppen der Nucleinsäure salzartige Bindungen ein. Aufgrund eines noch nicht völlig geklärten Mechanismus färbt sich mit hinreichend verdünnten Lösungen des an sich blauen Farbstoffs die RNA rötlich, die DNA grünlich, so daß eine differentielle Darstellung der Verteilung beider Nucleinsäuretypen möglich ist. Die Verschiebung des Absorptionsspektrums in den kurzwelligen Bereich, auf welcher die Rotfärbung beruht, wird als Metachromasie bezeichnet. Besonders intensiv ist sie bei den in diesem Gewebe nicht zu findenden sauren Mucopolysacchariden. Für die Grünfärbung, ein Ausdruck entgegengesetzter Verschiebung des Absorptionsbereiches, ist die Bezeichnung negative Metachromasie vorgeschlagen worden.

In den Epithelzellen färbt sich bei pH 4 das Cytoplasma rötlich, der Kern hellgrün. Der Bürstensaum ist ungefärbt. Daß die Färbung im Cytoplasma auf RNA beruht, ergibt sich durch Vergleich mit einem Präparat, das vor der Färbung mit dem spezifisch die Ribonucleinsäure verdauenden Enzym Ribonuclease (RNase) behandelt wurde. Wie die genaue Untersuchung mit Ölimmersion zeigt, ist die RNA nicht gleichmäßig im

Zellplasma verteilt. Stets ist der apikal vom Kern gelegene Anteil intensiver als der basale gefärbt. Ebenso erscheint häufig im apikalen Bereich in Kernnähe eine hellere Zone, deren Lage etwa der im Nachweis für alkalische Phosphatase (s. oben) geschwärzten Struktur entspricht. Auf die Ursachen dieser Färbeunterschiede wird bei der Betrachtung der zugehörigen elektronenmikroskopischen Aufnahmen zurückzukommen sein. Da bekanntlich außer dem Cytoplasma auch der Nucleolus, und zwar regelmäßig, RNA in hochkonzentrierter Form enthält, wäre eine rötliche Färbung auch dieser Organelle zu erwarten gewesen. Der Nucleolus ist aber allseitig von dichtem heterochromatischem Material des Nucleolusbildungsortes umschlossen und erscheint daher mehr oder weniger grün. Nur in den basalen Lieberkühnschen Krypten, als aktiv proliferierendes Gewebe das RNA-reichste im ganzen Präparat, sind die Nucleolen so groß, daß sie gelegentlich im Anschnitt die Zusammensetzung aus einer äußeren DNA-haltigen Schale und einem RNA-Zentrum erkennen lassen. ■

2.2.1.5 Färbung mit basischem Farbstoff in Abhängigkeit vom pH Daß positiv geladene, basische Farbstoffe an alle negativen Ladungsträger gebunden werden können ohne eigentliche Spezifität für Nucleinsäuren (obwohl sie diese natürlich stets mit anfärben), zeigt eine Färbereihe bei verschiedenen pH-Werten. Neben DNA und RNA sind ja auch die Proteine, mengenmäßig die vorherrschenden Makromoleküle der Zelle, durch die freien Karboxylgruppen von Aspargin- und Glutaminsäure Träger negativer Ladungen. Auch die OH-Gruppe des Tyrosins weist schwach saure Eigenschaften auf. In den besonderen Fällen der Phosphoproteine (z.B. Casein) sind es wiederum Phosphatgruppen, die basischen Farbstoff binden können. Gleichzeitig sind aber u.a. die basischen Seitengruppen ($-NH_2H^+$) der Aminosäuren wie Lysin und Arginin Träger positiver Ladung. Sie können natürlich nicht mit dem ebenfalls positiv geladenen basischen Farbstoff reagieren.

Stoffe, die sowohl positive als auch negative Ladungen tragen, heißen A m p h o l y t e. Ob ihre Lösung in Wasser sauer oder basisch reagiert, hängt von der relativen Anzahl beider Sorten Ladungsträger im Molekül und von deren Dissoziationskonstanten ab. Bei jedem pH-Wert, d.h. in Abhängigkeit von der vorhandenen Konzentration H^+ und OH^--Ionen, stellt sich daher am Protein ein Gleichgewichtszustand ein, der summarisch folgendermaßen charakterisiert werden kann:

$$(OH)^- + (Protein)^+ \rightleftharpoons Protein \rightleftharpoons (Protein)^- + H^+.$$

Zusatz von $(OH)^-$-Ionen drängt die Dissoziation der positiven Ladungsträger zurück und Zusatz von H^+ die der negativen Ladungsträger. Es muß daher einen pH-Wert geben, bei welchem die Anzahl freier negativer Ladungen an einem bestimmten Protein gleich der positiver Ladungen ist, d.h. die Nettoladung ist gleich Null. Dieser pH-Wert ist das isolektrische pH oder der i s o e l e k t r i s c h e P u n k t (IEP). Für die meisten Proteine ist er < 7, weil die Zahl bzw. Dissoziation der sauren Karboxylgruppen überwiegt. Ein Protein (allgemeiner: jede amphotere Substanz) ist also unterhalb ihres IEP positiv und oberhalb ihres IEP negativ geladen. Nur im zweiten Falle kann es sich nennenswert mit dem basischen, d.h. positiv geladenen Farbstoff („A^+Br^-") färben.

▲   Wir benutzen eine Färbereihe (pH 2 bis 8), um das Prinzip der Gewebefärbung mit basischen Farbstoffen zu demonstrieren und achten dabei besonders auf Kern, Cytoplasma und Bürstensaum der Epithelzellen sowie auf das myosinreiche Plasma der Ringmuskelzellen. Ein Parallelversuch mit RNase zeigt jeweils, welcher Anteil der Gesamtfärbung auf RNA beruht.

Die K e r n e sind in Kontrollen und RNase-behandelten Präparaten fast identisch gefärbt, da die DNA stets negative Ladungen durch ihre Phosphatgruppen trägt. Die Färbung wird natürlich mit wachsendem pH intensiver (zunehmende Dissoziation) und der Farbton wechselt von grünlich bei pH 2, wo überhaupt nur die Kerne erkennbare Mengen Farbstoff binden, über blau bis blauviolett (pH 5) zu einem Violetton (ab pH 7). Mit zunehmender Dichte der für die Farbstoffbindung zur Verfügung stehenden Ladungsträger verschiebt sich also das Absorptionsspektrum, eine unter den Begriff Metachromasie gehörende Erscheinung.

Das C y t o p l a s m a färbt sich mit zunehmender Intensität merklich erst ab pH 3, und zwar in einem rötlichen Farbton. Da nach RNase-Verdauung das Cytoplasma völlig farblos ist, muß die beobachtete Färbung auf RNA beruhen. Lediglich bei pH 8 kann im RNase behandelten Präparat eine schwach grünliche Färbung sichtbar werden, die auf beginnende Farbstoffbindungen durch Protein hinweist.

Deutlicher ist die RNase-resistente Färbung im B ü r s t e n s a u m, der sich ebenso wie in den Kontrollen ab pH 6 mit zunehmender Intensität grünlich färbt. Noch erheblich deutlicher ist die nicht auf RNA beruhende Plasmafärbung in den M u s k e l z e l l e n, die sich ganz schwach bei pH 6, aber schon deutlich und schließlich intensiv grün bei pH 7 und 8 färben. Tatsächlich wird für eines der sicher beteiligten Proteine, das Myosin, ein IEP von 6,2 bis 6,4 in der Literatur angegeben. Oberhalb dieses pH müßten also im Falle des Myosins hinreichend negative Ladungsträger im Ampholyten zur Farbstoffbindung zur Verfügung stehen. ∎

▲ **2.2.1.6 Feinstruktur der Darmepithelzellen** Anhand von schwach vergrößerten elektronenmikroskopischen Aufnahmen (vgl. Abb. 22) soll zunächst eine Korrelation mit den vorhergegangenen lichtmikroskopischen Befunden versucht werden. Der apikale, im Azanpräparat graublau und feinstreifig erscheinende Bürstensaum erweist sich als eine Schicht dicht gepackter, fingerförmiger Ausstülpungen der Zellgrenzfläche, sog. M i k r o v i l l i. Querschnitte (wie Abb. 23) ergeben eine Schätzung von $60/\mu m^2$ Man berechne unter Benutzung einfacher geometrischer Beziehungen (Länge und Durchmesser der Mikrovilli sind aus den Vergrößerungsangaben elektronenmikroskopischer Aufnahmen, die von ihnen bedeckte Zelloberfläche aus lichtmikroskopischen Messungen zu entnehmen), um welchen Faktor sich die resorbierende Oberfläche durch ihre Anwesenheit vergrößert. Das Prinzip der Oberflächenvergrößerung, sei es durch Ausstülpungen oder Einfaltungen der Zellmembran, letzteres im basalen Bereich von Epithelien, ist stets dann zu finden, wenn Teile der Zelloberfläche für die Massenaufnahme von Stoffen spezialisiert sind (z.B. resorbierende Epithelien von Nierenkanälchen, Malpighische Gefäße der Insekten etc.).

Man nimmt an, daß die ebenfalls im Bereich der Mikrovilli lokalisierte alkalische Phosphatase (s. oben) einen Bestandteil der Zellmembran darstellt. Sie bildet offenbar ein Funktionselement des Transportsystems durch Membranen, denn sie ist in keiner Zell-

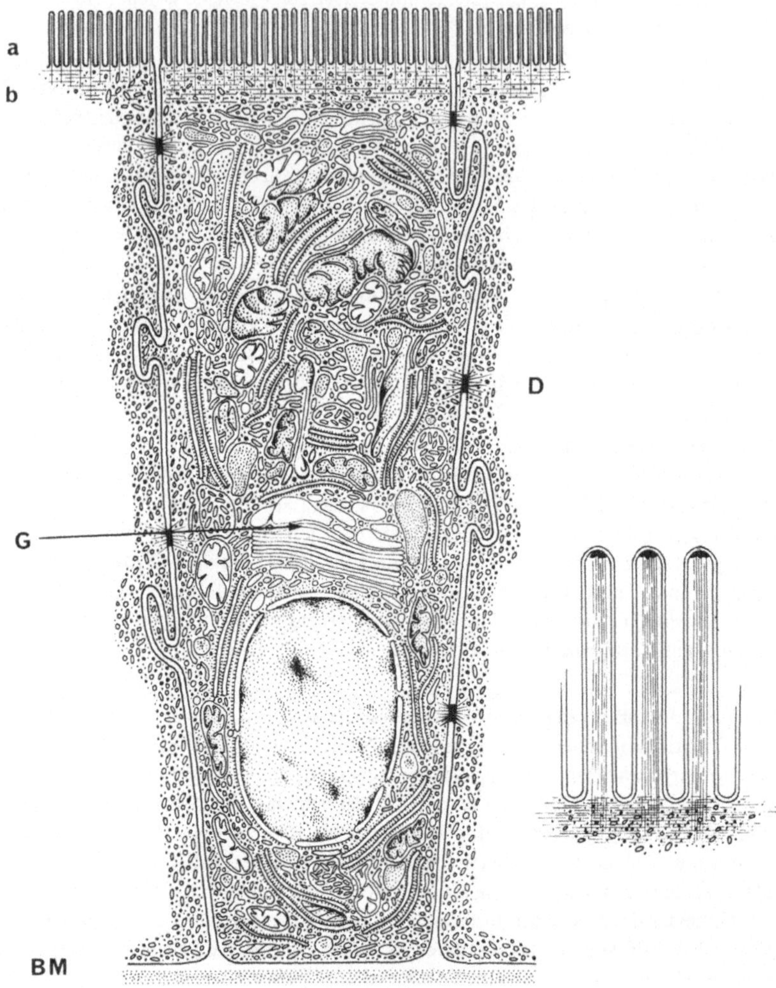

Abb. 22 Feinstruktur der Darmepithelzelle.
Schicht a: Bürstensaum aus Mikrovilli,
Schicht b: terminales Netz.
G: Golgifeld, D: Desmosomen, BM: Basalmembran.
Rechts: Mikrovilli mit dichten Kappen aus α-Actinin und einem zentralen Bündel aus
Actinfilamenten, die sich bis ins terminale Netz erstrecken. Zahlreiche kleine Vesikel in
diesem Bereich.

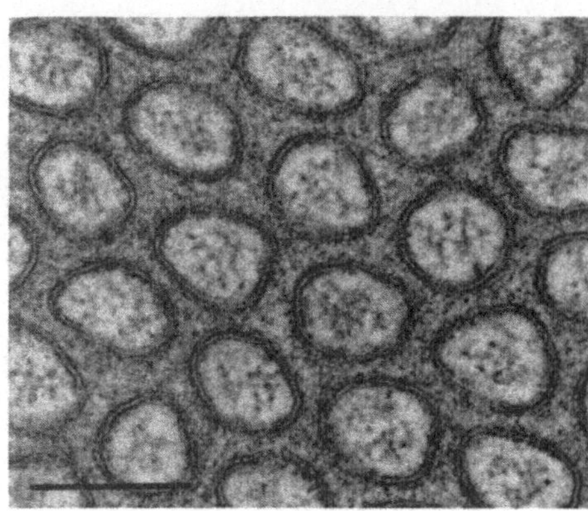

Abb. 23
Querschnitt durch die Mikrovilli
eines Darmepithels.
Actinfilamente im Querschnitt,
dreischichtiger Membranbau mit dichter
Glykokalyx außen.
Maßstab: 0,2 µm.

struktur so hoch konzentriert vorhanden wie in Bürstensäumen resorbierender Zellen.
Ihr natürliches Substrat ist nicht das im Experiment verwendete Glycerophosphat,
sondern wohl eher ein Zuckerphosphat. Die im Bereich der Mikrovilli besonders intensive PJS-Reaktion (s. oben) beruht nach kombinierten elektronenmikroskopischen
und histochemischen Untersuchungen auf einer feinfaserigen Protein-Polysaccharid-
schicht, die in der Zellmembran verankert ist und die Mikrovilli außen überzieht. Sie
ist demnach als eine funktionsspezifisch ausgebildete G l y k o k a l y x anzusehen,
die besonders in Querschnitten (Abb. 23) deutlich wird. Bei hinreichender Auflösung
ist hier auch das dreischichtige Bauschema einer „Elementarmembran" gut erkennbar,
denn die enzymreichen Membranen sind in den Mikrovilli dicker als sonst.

Querschnitte zeigen im Zentrum der Mikrovilli eine dichte Packung von ca. 6 nm dicken
M i k r o f i l a m e n t e n aus Actin. Derartige Mikrofilamente bilden zusammen mit
Myosinfilamenten den eigentlichen kontraktilen Apparat des Muskels und inserieren
dort mit entgegengesetzter Polarität an beiden Enden der Z-Scheiben. In Mikrovilli,
die pulsierende Bewegungen ausführen, gehen die Actinfilamente von einer dichten
Kappe an der Spitze aus und ziehen von da in einsinniger Polarität als Bündel in den
apikalen, von Organellen freien Zellbereich, wo sie zusammen mit parallel zur Oberfläche verlaufenden anderen Mikrofilamenten das t e r m i n a l e N e t z bilden.
Durch Immunofluoreszenz ist nachgewiesen, daß die dichte Kappe aus α-Actinin, dem
gleichen Protein wie in den Z-Scheiben, besteht. Im Unterschied zum Muskel enthalten
die Mikrovilli jedoch kein Myosin. Die Krafterzeugung mag hier mit fadenartigen
Verbindungen zwischen dem Filamentbündel und der Membran zusammenhängen.

Die Dicke des terminalen Netzes (0,5 µm) entspricht etwa der im Azanpräparat rot
gefärbten Schicht b. Stets kommt es an der Basis der Mikrovilli auch zur Abschnürung
von P i n o c y t o s e bläschen, die daher ebenfalls im Bereich des terminalen Netzes
zu finden sind (Abb. 17). Sie sind von den zartwandigen Vesikeln des in der Nähe
gelegenen agranulären eR leicht zu unterscheiden, da sie noch den typischen drei-
schichtigen Bau der Zellmembran erkennen lassen.

Besondere Verbindungsstrukturen der Zellmembranen sind in erster Linie dafür verantwortlich, daß sich die einzelnen Zellen zu einem festen Gewebeverband zusammen-

schließen. Zunächst ist dies die z o n u l a   o c c l u d e n s, im Lichtmikroskopischen
als Schlußleiste bekannt (Abb. 17). Nach einer leichten Einsenkung stoßen hier die
äußeren elektronendichten Schichten benachbarter Zellmembranen aufeinander, so
daß kein Interzellularspalt bleibt. Das hat zur Folge, daß für den Stofftransport durch
das Epithel nur der Weg durch den Zellkörper selbst zur Verfügung steht, was vermutlich gleichzeitig eine höhere Selektivität ermöglicht. Da die zonula occludens in allen
Anschnitten der Epithelzellen stets als erste Abschlußstruktur zu finden ist, muß sie
den gesamten apikalen Zellbereich als geschlossenes Band umgeben. Basalwärts folgt
die z o n u l a   a d h a e r e n s, wo die benachbarten Zellmembranen wieder auseinan-
derweichen (Abb. 17). Die Haftung wird hier offenbar durch Interzellularsubstanz
unterstützt. Der inneren Schicht der Membran ist hier elektronendichtes Material ange-
lagert. Weiter basal finden sich scheibenförmige D e s m o s o m e n mit noch dichterem
Interzellularmaterial und sehr markanten Verdichtungen an den cytoplasmatischen
Grenzflächen, in denen feine T o n o f i l a m e n t e münden. Über die gesamte Kon-
taktfläche angrenzender Zellen ist das Interzellularmaterial vorwiegend senkrecht zur
Fläche angeordnet und erscheint daher in den Schnitten leicht gestreift. Im apikalen
Bereich sind die Zellmembranen überdies stark gefaltet, wodurch die Größe der Kon-
taktfläche noch erhöht wird.

Im gesamten Cytoplasma vom terminalen Netz bis zur Basalmembran, auf welcher das
Epithel ruht, sind ohne besondere lokale Anhäufung große Mitochondrien zu finden.
Das endoplasmatische Reticulum besteht aus glatten Vesikeln (im Apikalbereich gehäuft) und flachen, mit Ribosomen besetzten Zisternen, dem „rauhen eR", das bei diesem Zelltyp relativ schwach ausgebildet ist (vgl. Abb. 39). Häufig liegen die Zisternen
mit ihren Ribosomen in unmittelbarer Nähe von Mitochondrien. Daneben gibt es
zahlreiche freie Ribosomen, meist in kleinen Gruppen (Polysomen). Insgesamt ist die
Ribosomendichte im apikal vom Kern gelegenen Zellteil größer als im basalen, was sich
auch in der Intensität der lichtmikroskopischen RNA-Färbung widerspiegelt (s. oben).
Unmittelbar apikal vom Kern liegt auch das einzige, relativ große Golgifeld (Abb. 22).
In gleicher Lage war im enzymhistochemischen Versuch (s. oben) die alkalische Phosphatase konzentriert. Da das Vorkommen von alkalischer (statt saurer) Phosphatase
im Golgi-Bereich eine Ausnahme darstellt, liegt die Vermutung eines Zusammenhan-
ges mit der hohen Konzentration dieses Enzyms in den Mikrovilli nahe. So könnte,
wie bei anderen Systemen nachgewiesen worden ist, das Enzymprotein von den
Zisternen des „rauhen eR" über den Golgiapparat zum Mikrovillibereich transportiert
werden. Die beobachtete schwache Phosphatase-Aktivität im gesamten apikalen
Cytoplasma würde durchaus für diese Hypothese sprechen. Ob die mit dichtem Inhalts-
stoff gefüllten Vesikel vom Golgi abgepacktes Enzym auf dem Transportwege darstellen, muß offenbleiben. □ ■

△   **2.2.2 Leber der Maus**

▲   **2.2.2.1 Nachweis von Glycogen** Nach Fixierung in Alkohol-Eisessig (3:1; 1 Stunde)
werden 7 μm dicke Paraffinschnitte hergestellt, von denen drei Reihen von Dauer-

präparaten anzufertigen sind. Die erste Reihe wird ohne jede Vorbehandlung nach
der PJS-Methode gefärbt und soll die Verteilung aller reaktionsfähigen Polysaccharide
wiedergeben. Bei der zweiten Reihe wird vor der Färbung mit Mundspeichel inkubiert,
dessen Amylase das Glycogen abbaut. So läßt sich durch Vergleich mit den Präparaten
der ersten Reihe das Glycogen lokalisieren. In der dritten Reihe unterbleibt lediglich
die Oxidation in Perjodsäure vor der Färbung mit dem Schiffschen Reagens. Da letzteres auf Aldehydgruppen anspricht, zeigt die fehlende Färbung an, daß keine präexistierenden Aldehydgruppen im Gewebe vorlagen. Das läßt den Schluß zu, daß die Aldehydgruppen erst durch Oxidation mit der Perjodsäure entstanden sind. Oxidierbar sind
1,2 Diglykole aus Polysacchariden, so daß bei ungefärbten Kontrollen eine positive
PJS-Reaktion als Nachweis von Polysacchariden gilt. Es wird geraten, die Kontrollen
kurz mit Hämalaun anzufärben, damit auf das Präparat im Mikroskop überhaupt
fokussiert werden kann. Hämalaun färbt die Kerne blaugrau.

Die Präparate der ersten Reihe färben sich im gesamten Cytoplasma intensiv rot.
Gelegentlich sind Anhäufungen in offenbar granulärer Form zu erkennen. Eine leicht
rötliche Anfärbung im Kernbereich mag auf einer dünnen Cytoplasmaschicht beruhen,
die sich über oder unter dem Kern in der Schichtdicke des Schnittes befindet.

Bei den Präparaten der zweiten Reihe (Vorbehandlung mit Amylase) ist schon makro-
skopisch eine wesentlich geringere Anfärbung der Schnitte zu erkennen. Im Mikroskop
erscheint das Cytoplasma fast farblos. Die Masse der in den Präparaten der ersten
Reihe gefärbten Substanz muß daher Glycogen sein. Durch die nun fehlende intensive
Plasmafärbung treten die Bereiche um so deutlicher hervor, die andere Polysaccharide
enthalten. Die Wandlungen der Leberkapillaren (Sinusoide) enthalten relativ viel
Polysaccharid, so daß ihr sternförmiger Verlauf zur Zentralvene jedes Leberläppchens
in den amylasebehandelten Schnitten besonders deutlich hervortritt.

Wir untersuchen nun nochmals die Präparate der ersten Serie und achten besonders
bei relativ schwacher Vergrößerung auf die Verteilung des Glycogens. Sie erscheint
häufig polar in den einzelnen Zellen, und zwar stets an der Zellinnenfläche angehäuft,
die von der äußeren Begrenzung des Schnittes n a c h   i n n e n weist. Es handelt
sich hier um Fixierungsartefakte, die sog. Glycogenflucht. Beim allseitigen Eindringen
des Fixiermittels in das Gewebestück verbleibt das Glycogen zunächst in der zurück-
weichenden wäßrigen Phase und schlägt sich schließlich vor der Zellmembran nieder.
Das Phänomen der Glycogenflucht weist nachdrücklich auf eine mögliche Fehlerquelle der Histotopochemie, des ortsgetreuen Nachweises chemischer Substanzen im
Gewebe, durch Diffusion der Substanz selbst oder des Reaktionsproduktes hin. In
besonders kritischen Fällen fixiert man deshalb durch Gefriertrocknung, d.h. ohne
Anwendung chemischer Fixiermittel. ■

▲ **2.2.2.2 Feinstruktur der Leberparenchymzelle** In dem rundlichen bis elliptischen
Z e l l k e r n (Abb. 24) kann man nach der konventionellen Doppelfixierung mit
Glutaraldehyd und Osmiumsäure in Ultradünnschnitten das dichte Heterochromatin,
das fein verteilte Euchromatin und den Nucleolus unterscheiden. Das Heterochromatin ist meist randständig und zwischen den Kernporen angeordnet. Das fein verteilte
und metabolisch aktive Euchromatin erfüllt den gesamten Kernraum. Im Nucleolus

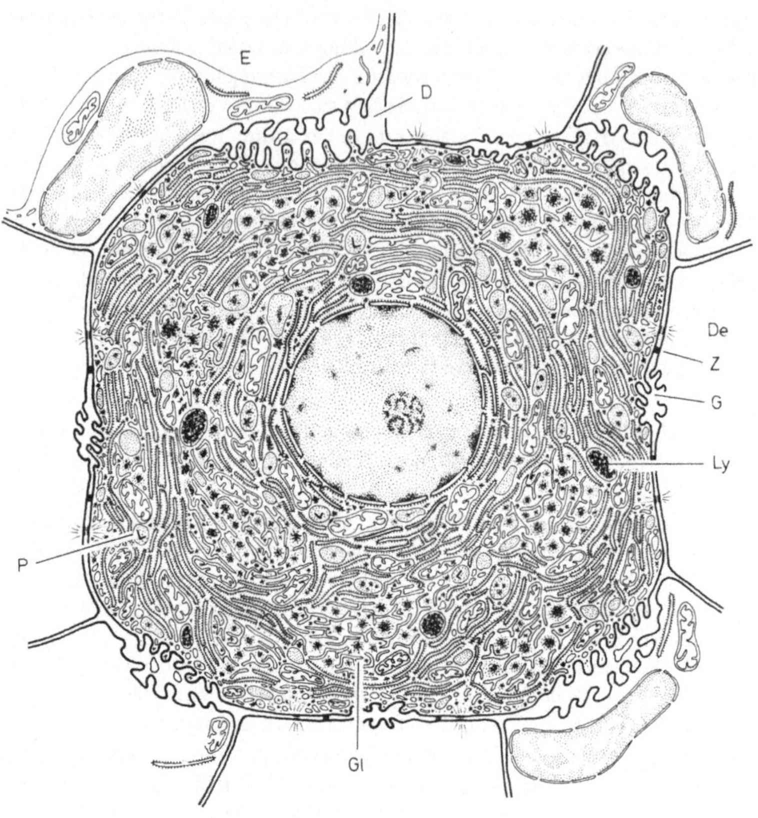

Abb. 24   Feinstruktur der Leberparenchymzelle.
Im Zentrum der Kern mit Nucleolus und Nucleolonema. Zahlreiche Mitochondrien,
Lysosomen (Ly) und Peroxisomen (P). Das agranuläre endoplasmatische Reticulum in
Inseln, die Glycogen (Gl) enthalten. E: Endothelzellen, D: Dissescher Raum, G: Gallen-
kapillare, Z: zonula occludens, De: Desmosomen.

der Leberzelle sind die 15 bis 20 nm großen Granula, die Proteine und eine Vorstufe
der ribosomalen RNA enthalten, oft zu einem lockeren, fadenartigen Gebilde aufge-
reiht, dem N u c l e o l o n e m a. Die strukturelle Grundlage für das fadenartige Aussehen bilden wahrscheinlich die vielfach hintereinander angeordneten repetitiven
Sequenzen der rDNA des Nucleolenbildungsortes. Eine deutliche Gliederung in eine
innere pars fibrosa, die neugebildete rRNA, Protein und DNA enthält, und eine äußere
pars granulosa fehlt hier. Offenbar wird die neugebildete rRNA sofort zusammen mit
Protein zu ribosomenähnlichen Partikeln „verpackt".

Die äußere Begrenzung des Kerns bildet wie immer die doppelschichtige, von Poren
durchsetzte Kernhülle. Sie ist außen dicht mit Ribosomen besetzt und zeigt gelegentlich Verbindungen des 20 bis 50 nm breiten perinucleären Raums mit dem Innern der
flachen Cisternen des rauhen endoplasmatischen Reticulums. Wegen dieser Verbindungen und des Ribosomenbesatzes sieht man auch die Kernhülle als die innerste Schicht
des eR an. Annuli, die octagonalen Randverstärkungen der Poren, sieht man nur in
gelegentlichen Tangentialschnitten des Kerns.
Die M i t o c h o n d r i e n sind in der Leberzelle vom verbreiteten Crista-Typ. Die
Cristae verlaufen überwiegend senkrecht zur Längsachse der Mitochondrien. Nur bei
den selten zu beobachtenden Teilungsstadien trennen sie ein Mitochondrion vollständig in zwei Teile (Bildmitte). Die Matrix zwischen den Cristae ist relativ dicht und enthält u.a. Ribosomen, die etwas kleiner als die des rauhen eR sind und auch in ihrem
Sedimentationsverhalten eher bakteriellen Ribosomen gleichen, sowie die ebenso wie
bei den Bakterien histonfreie ringförmige DNA von etwa 5 μm Konturlänge, die allerdings nur in gespreitetem Material darstellbar ist. Häufig findet man in der Matrix auch
sehr dichte runde Partikel, vermutlich Polyphosphatspeicher für die ATP-Synthese.
Quantitative Untersuchungen (Morphometrie an Ultradünnschnitten) haben ergeben,
daß eine Leberzelle etwa 2500 Mitochondrien enthält. Dieser Reichtum an Mitochondrien ist ein Anzeichen für die hohe Stoffwechselaktivität der Leberzellen.
Neben den flachen Cisternen des rauhen eR findet man stets auch ganze Areale mit
glattem eR, ein Anzeichen, daß die Leberzelle nicht so einseitig für die Proteinsynthese spezialisiert ist wie die Speicheldrüse von Chironomus (s. Abschn. 5.2.4). Es
handelt sich um ein besonders zartwandiges, labyrinthartiges System von sich ver-
zweigenden Schläuchen, zwischen denen dunkle Glycogenpartikel angehäuft sind.
Man unterscheidet die kleinen β-Partikel von 15 bis 30 nm Durchmesser und die größeren aus rosettenartig angeordneten β-Partikeln aufgebauten α-Partikel. Besonders
letztere haben ein so charakteristisches Aussehen, daß das Elektronenmikroskop
zum Nachweis von Glycogen herangezogen werden kann. Bei sehr geringen Glyco-
genkonzentrationen ist dieser Nachweis erheblich empfindlicher als jede bioche-
mische Analyse. Die Häufung des Glycogens in räumlich getrennten Arealen mit
glattem eR führt dazu, daß auch lichtmikroskopisch in Paraffinschnitten die Glycogen-
verteilung granulär erscheint. Über die Rolle des glatten eR bei der Synthese oder
Ablagerung von Glycogen ist nichts Näheres bekannt. An den Außenflächen der Areale
geht übrigens das rauhe eR in das glatte über, so daß eine mögliche Entstehung des
letzteren aus ersterem zu erwägen ist.
Statt eines einzigen großen Golgifeldes enthält eine Leberzelle mehrere kleine Golgi-
apparate aus flach übereinander geschichteten Lamellen. Es ist etwas Suchen in den
Schnitten erforderlich, um diese Organellen zu identifizieren. Häufig findet man in
ihrer Nähe auch primäre L y s o s o m e n von etwa 1 μm Größe mit mäßig dichtem
Inhalt. Sekundäre Lysosomen können jedoch überall im Cytoplasma liegen. Wie die
primären Lysosomen sind sie von einer einfachen Membran umschlossen. Sie sind
aber größer und haben einen unregelmäßig geformten, überaus elektronendichten Inhalt.
Sie entstehen durch Verschmelzung der primären Lysosomen mit defekten Organellen
wie eR und Mitochondrien, die durch saure Hydrolasen abgebaut und dem Stoffwech-

sel der Zelle wieder bereitgestellt werden. Die nur etwa halb so großen P e r o x i - s o m e n oder „microbodies" sind ebenfalls von einer einfachen Membran umschlossen. Ihr feingranulärer Inhalt kann sich zu kristallinen Einschlüssen verdichten. Peroxisomen enthalten verschiedene oxidierende Enzyme, darunter die Katalase und im Falle der Leber die Uricase, welche Harnsäure, das Endprodukt des Purinstoffwechsels, zu Allantoin abbaut.

Die Leber ist als sehr stoffwechselaktives Organ stark durchblutet. Bis an die Zellen heran führen die Leberkapillaren oder Sinusoide. In der Abbildung sind die E n d o - t h e l z e l l e n (E) mit ihren Kernen eingezeichnet. Sowohl die Endothelzelle als auch die Leberparenchymzelle entsenden mikrovilliartige Fortsätze in den sog. D i s - s e s c h e n R a u m. Durch die Oberflächenvergrößerung wird der Stoffaustausch zwischen Blut und Leberzelle gefördert. Zwischen aneinanderstoßenden Leberzellen findet man die G a l l e n k a p i l l a r e n als interzellulären, ebenfalls von Mikrovilli erfüllten Spalt, in den das Gallensekret abgegeben und in Ausführgängen gesammelt wird. Eine Vermischung von Galle und Blut ist dadurch verhindert, daß die Gallenkapillare an beiden Seiten durch je eine zona occludens (Z) verschlossen ist. Weiter nach außen schließen sich Desmosomen (D) an. ■ □

Literatur
D e R o b e r t i s, E. D. P.; S a e z, F. A.; D e R o b e r t i s, E M. F.: Cell Biology. Philadelphia, London, Toronto 1975
G u n n i n g, B. E. S.; S t e e r, M. W.: Biologie der Pflanzenzelle. Ein Bildatlas. Stuttgart 1977
L e h m a n n, H.; S c h u l z, D.: Die Pflanzenzelle. Stuttgart 1976
S i t t e, P.: Bau und Feinbau der Pflanzenzelle. Jena 1965
W e l s c h, U.; S t o r c h, V.: Einführung in die Cytologie und Histologie der Tiere. Stuttgart 1977

2.2.3 Endocytose

Bei der zellulären Stoffaufnahme ist zu unterscheiden zwischen dem Prinzip des aktiven bzw. passiven Transports und der Endocytose. Beim zuerst genannten Phänomen, das Penetrationsprozesse gelöster Moleküle durch die Plasmamembran betrifft, spielt neben Diffusionsvorgängen wie im Falle lipidunlöslicher Substanzen auch der energieabhängige Transport über hypothetische „Träger-Moleküle" („carrier") eine Rolle. Der zweite Fall, die sog. Endocytose, die uns hier allein beschäftigen soll, ist häufig direkter mikroskopischer Beobachtung zugänglich. Die Aufnahme von Teilen der Plasmamembran mit adhaerierendem Material ins Zellinnere wurde bereits von Metchnikoff Ende des 19. Jahrhunderts als Phagocytose beschrieben. Diese Vorgänge können auch mit bescheidener apparativer Ausrüstung unter Praktikumsbedingungen verfolgt werden. In einigen Lehrbüchern wird Phagocytose als Aufnahme lichtmikroskopisch sichtbarer Partikel definiert und von der Pinocytose mehr oder minder streng unterschieden. Letztere wird dann als Aufnahme von Partikeln sublichtmikroskopischer Größenordnung und von Lösungen charakterisiert.

Zellbiologisch gesehen sind diese Unterscheidungen etwas willkürlich. Inzwischen steht nämlich fest, daß in beiden Fällen Substanzen durch Abschnürung von Teilen der Zelloberfläche ins Cytoplasma gelangen, nachdem Makromoleküle von bestimmten Bereichen der Plasmamembran selektiv absorbiert wurden. Da es demnach zweifelhaft ist, ob zwischen Phagocytose und Pinocytose grundsätzliche Unterschiede bestehen, hat Novikoff für alle derartigen Phänomene den Begriff E n d o c y t o s e vorgeschlagen. Die entgegengesetzt gerichteten Ausscheidungsprozesse der Zelle hingegen werden heute entsprechend als E x o c y t o s e bezeichnet.

Endocytoseprozesse weisen, etwas schematisch betrachtet, zweierlei Aspekte auf:

1. Stimulation der Zelloberfläche durch Bindung von Fremdsubstanzen auf bestimmten Arealen der Plasmamembran und

2. als Antwort auf eine adäquate Stimulation eine Einfaltung der entsprechenden Membranbezirke und Abschnürung in Form von Vesikeln ins Zellinnere, wo dann eine Vakuolisation stattfindet.

Ob die Interaktion zwischen Fremdsubstanz und Zelloberfläche, die als Reiz für die Auslösung des Endocytoseprozesses sorgt, als chemisch spezifisch und daher für diese Art der zellulären Stoffaufnahme als Voraussetzung anzusehen ist, muß sich noch erweisen.

Endocytose kann entweder wie bei Gewebekulturzellen oder Amöben an der gesamten Zelloberfläche stattfinden oder ist wie bei Flagellaten und Ciliaten auf bestimmte Membranbezirke beschränkt, die dann als Mundregionen bezeichnet werden. Man nimmt heute an, daß der Bindungsort für Endocytose stimulierende Substanzen ein mucöser Belag darstellt, der als Teil der gesamten Glykokalyx zu betrachten ist (vgl. Abb. 16). Dieser dürfte im wesentlichen aus sauren Polysacchariden bestehen, denen hier auch Ionenaustauscher-Eigenschaften zugeschrieben werden. Verschiedene Zelltypen erfordern vermutlich auch jeweils spezifische Endocytoseinduktoren. Versuche zur Pinocytoseauslösung mit verschiedensten Stoffen haben ergeben, daß für die Bindung einer bestimmten Testsubstanz an den mucösen Belag deren jeweilige elektrische Ladung von Bedeutung sein kann. So hängt die Bindung und damit die Auslöserwirkung von Proteinen, Farbstoffen, Salzen o.ä. wesentlich vom pH der Lösung ab. Elektrisch neutrale Substanzen ergeben nämlich keine vergleichbaren Effekte.

Wie neuere Forschungen auf diesem Gebiet bereits erkennen lassen, spielen daneben aber auch noch andere Reaktionen eine Rolle. Beladungsversuche der Membran mit bestimmten Markierungsmolekülen beweisen, daß die Menge adsorbierten Materials dabei erstaunlich hoch sein kann. Solche „Markierer" erreichen in der Licht- und Elektronenmikroskopie zunehmende Bedeutung. Für lichtmikroskopische Zwecke kommen hier hauptsächlich mit Fluorochromen wie FITC (Fluoreszeinisothiocyanat) konjugierte Proteine in Frage, während das eisenhaltige Ferritin oder das aus Meerrettich isolierbare Enzym Peroxidase nach Substratinkubation zur elektronenmikroskopischen Lokalisation Verwendung finden.

Für lichtmikroskopische Markierungsversuche eignen sich besonders Amöben der Art Chaos chaos oder Amoeba proteus, da sie extrem große Vesikel und Vakuolen bilden. Der Cu-haltige Farbstoff Alcianblau oder auch das Enzym Peroxidase wird von diesen

Zellen endocytotisch gut aufgenommen. Peroxidase-aktive Orte z.B. lassen sich nach Fixation und anschließender Substratinkubation bei entsprechender Nachbehandlung licht- und elektronenmikroskopisch genau lokalisieren.

Wie solche Markierungsversuche demonstrieren, sind pinocytotische Membraninvaginationen in morphologischer wie in physiologischer Hinsicht sehr transitorische Bildungen. Bei Amoeba proteus z.B. sind sie durchschnittlich nur ungefähr 2 Minuten lang nachweisbar. Fütterungsversuche mit FITC-markiertem Serumalbumin zeigen außerdem, daß endocytotische Vorgänge nur eine gewisse Zeit andauern: Hungernde Amöben, denen Pinocytose-auslösende Substanzen verabreicht werden, haben nach ca. 25 Minuten einen Sättigungsgrad erreicht, der zur Beendigung des Endocytosezyklus führt. Bei Amöben ebenso wie bei vielen anderen Rhizopoden ist für die Dauer eines Endocytosezyklus die zur Verfügung stehende Plasmamembranfläche der begrenzende Faktor. Bei kontinuierlicher Abschnürung von Pinocytosevesikeln kann hier ungefähr die Hälfte des verfügbaren Membranareals aufgebraucht werden, bis es zum Abbruch eines Zyklus kommt. Diese recht beachtlichen Leistungen werden von einigen anderen Protozoen, so z.B. von einigen Nahrungsspezialisten unter den Ciliaten, sogar noch übertroffen. Beim Blaualgen-phagocytierenden Pseudomicrothorax dubius und vor allem auch bei vielen Suktorien sind die Membranreserven anscheinend so groß, daß die peritrophische Membran kontinuierlich ersetzt wird. Unter Kulturbedingungen können Suktorien sich jedenfalls buchstäblich „zu Tode fressen". Die meisten anderen Zellen haben jedoch einen Endocytosezyklus von bestimmter Dauer und benötigen zwischen den einzelnen Zyklen eine artspezifisch verschieden lange Erholungsphase. Während dieser Pause durchläuft die Zelle eine Abfolge verschiedener Regenerationsphasen, wozu u.a. auch die Wiederherstellung der Plasmamembran gehört.

Während der Endocytose findet eine allmähliche Akkumulation des stimulierenden Materials statt, wobei in Amöben die Konzentration innerhalb der Vakuolen auf das Zehnfache des ursprünglichen Wertes im Außenmedium ansteigen kann. Der Anteil des aufgenommenen Serumalbumins z.B. kann bis zu 40 % der Zelltrockenmasse ausmachen, während die dabei gleichzeitig aufgenommene Flüssigkeit nur ca. 2 % darstellt. Diese Eigenschaft von Zelloberflächen, spezifisch Stoffe aus Lösungen adsorptiv anzureichern und durch Abschnürung ins Cytoplasma zu befördern, ist sicherlich (wenn auch häufig in etwas bescheidenerem Umfange) eine ganz allgemein verbreitete zelluläre Funktion.

Bei Endocytoseprozessen, die auf eine „Mundregion" wie z.B. bei Ciliaten beschränkt sind, wurde festgestellt, daß die stimulierbare Membranregion in dem angrenzenden Cortexbereich fest verankert ist, so daß sie immer eine fixierte Position in der Zelle besitzt. Durch die Cyclose des Plasmas wird das von einem Derivat der Membran umschlossene Material als Nahrungsvakuole durch die Zelle transportiert und dabei abgebaut. Ebenso wie der Inhalt der Nahrungsvakuolen, der bis zur Ausscheidung unverdaulicher Reste gegen das Cytoplasma abgeschlossen bleibt, verhalten sich auch autophagische Vakuolen, wo einzelne Zellorganellen oder ganze Plasmabereiche schon im Frühstadium durch Membranen gegen den Rest des Plasmas abgesondert werden.

△ Versuche zur Endocytose

Versuchsmaterial. Die folgenden Experimente können mit Hungerkulturen
von Amoeba proteus, Chaos chaos bzw. Paramecium- oder Tetrahymena-Arten durchgeführt werden.

Versuchsmedium. 0,1 mM $CaCl_2$ · 2 H_2O, 1 mM KCl, 1 mM Tris-HCl (pH
7,2) als künstliche Süßwasserlösung.

▲ Farbstofflösungen zur Endocytosestimulation.
1. Alcianblau 8 GS (Chroma, Schmidt & Co., Stuttgart; E. Gurr, London): 0,1 g Alcianblau 8 GS in 100 ml künstl. Süßwasserlösung lösen und im Verhältnis 1:1 mit dem
Amöben-Medium auf dem Objektträger mischen.

2. Trypanblau-Congorot (Chroma, Schmidt & Co., Stuttgart): 1,1 g des Farbstoffs
in 100 ml künstl. Süßwasser lösen und ebenfalls im Verhältnis 1:1 mit der Amöben-
kultur auf dem Objektträger mischen.

In beiden Präparaten muß die sofort einsetzende Endocytose unmittelbar nach dem
Auflegen des Deckglases im Hellfeld oder besser noch im Phasenkontrast mit dem
stärksten Trockensystem beobachtet werden. In beiden Fällen können Anzahl und
Größe der Farbstoffvakuolen innerhalb eines bestimmten Zeitraums registriert werden.

Mit Alcianblau wird in leicht saurem Milieu (vorher Süßwasserlösung auf pH 6,0 einstellen) der Mucopolysaccharidbelag der Plasmamembran deutlich sichtbar. Nach
Zusatz einiger Tropfen einer Lösung aus 1 mM KCl, 1 mM Tris-HCl, 2 mM EGTA
(pH 5,5) am Deckglasrand, die mit einem Filtrierpapierstreifen vorsichtig durchgesaugt werden, löst die Polysaccharidschicht sich ab. Im Phasenkontrast wird die
Ablösung des Mucobelags auch ohne vorherige Färbung sichtbar. ■

▲ Stimulation der Endocytose mit Proteinen.
3. Fluorchromierte Proteine (Miles Ltd., Frankfurt/M.) wie FITC-markiertes γ-Globu-
lin, das vorher von nicht gebundenem Farbstoff durch Schütteln mit lyophilisiertem
Leberpulver befreit wurde, können nach Immersion der Zellen in einer Verdünnung
von 1 mg/ml mit dem Erregerfilter BG 12 im Fluoreszenzmikroskop lokalisiert werden. Steht eine Fluoreszenzmeßeinrichtung zur Verfügung, kann gleichzeitig auf einfache Weise durch zeitliche Serierung der Endocytosevorgang quantifiziert werden.

4. Peroxidase (SERVA, Heidelberg) wird ebenfalls in einer Verdünnung von 1 mg/ml
Kulturmedium einer Hungerkultur von Amoebus proteus 20 Minuten lang angeboten.
Danach werden die Zellen bei geringer Umdrehungszahl mit der Tischzentrifuge angereichert und im Eisbad mit 2,5 % Glutaraldehyd oder 4 % Formaldehyd in 0,15 M
Sörensen-Phosphatpuffer (pH 7,3) 5 Minuten fixiert und zweimal mit Puffer gewaschen. Im Anschluß erfolgt die Inkubation im Substratmedium, die nicht länger als
10 Minuten dauern soll. Das Substratmedium, das nicht älter als 1 Stunde sein darf
und erst unmittelbar vor Gebrauch angesetzt werden soll, besteht aus 5 mg Diamino-
benzidin (Vorsicht! DAB ist höchst giftig!) gelöst in 10 ml 0,05 M Tris-HCl (pH = 7,6)
und frisch hergestelltem 1 %igem Wasserstoffperoxid. Nach gründlichem Auswaschen
(3 × 5 Minuten in Aqua bidest.) bildet sich bei Übertragung in 1 % OsO_4 (gelöst in
0,05 M s-Collidin, 5 % Saccharose) nach ca. 60 Minuten am Ort der Peroxidaseaktivität
ein elektronendichter Komplex. Dieser osmiphile Komplex ist meist bereits lichtmi-

kroskopisch in Endocytosevesikeln und innerhalb größerer Vakuolen nach konventioneller Einbettung in Semidünnschnitten auszumachen. Bei schwächerer Markierung muß die Lokalisation elektronenoptisch an Ultradünnschnitten erfolgen. ■ □

Literatur

H o l t e r, H.: Physiologie der Pinocytose bei Amöben; in: W o h l f a r t h - B o t t e r - m a n n, K. E. (Hrsg.), Sekretion und Exkretion. Berlin (1965), 119–143
W i t t e k i n d, D.: Pinocytose. Naturwiss. **50** (1963), 270–277.

2.2.4 Intrazellulärer Abbau

Bald nach ihrem Übertritt ins Cytoplasma machen die endocytotischen Vesikel einige bemerkenswerte Veränderungen durch. Am auffälligsten ist zunächst die Ablösung des mucösen Belags von den Vesikelmembranen, so daß Mucosesubstanzen zusammen mit den absorbierten Materalien elektronenmikroskopisch frei im Lumen nachweisbar sind. Auch zerfallen bereits in frühem Stadium die Endocytosevesikel in eine Vielzahl kleinerer Vesikel, was das rasche Eindringen der schon jetzt nachweisbaren Verdauungsenyzme sicherlich begünstigt. Allerdings verschwindet ihre relativ einheitliche Größe rasch wieder, da die mit Enzymen bereits voll beladenen Vesikel aufgrund ihrer Fusionstendenz zu größeren Vakuolen zusammentreten. Das Fusionieren wird durch die Cytoplasmaströmung noch beschleunigt, da kleinere Vakuolen dadurch häufiger in engen Kontakt geraten. Der erste Schritt im Verdauungszyklus endocytotisch aufgenommener Stoffe ist also zunächst die enzymatische Anreicherung der eben abgeschnürten Vesikel, wobei ihre Membran offenbar als Akzeptor für die Hydrolasen dient. Die Verdauung des Vesikelinhalts beginnt also bereits unmittelbar nach dem Eintritt ins Cytoplasma.

Mit dem Eindringen hydrolytischer Enzyme wird gleichzeitig jedoch die Vakuolenmembran auch zunehmend durchlässiger für den entgegengerichteten Durchtritt der Abbauprodukte ins Plasma. In unmittelbarer Umgebung der Nahrungsvakuolen sind in diesem Stadium oft Ansammlungen elektronendichter, membranumschlossener Grana zu beobachten, die manchmal im Begriffe sind, mit der Vakuolenmembran zu verschmelzen oder gerade ihren Inhalt in eine Vakuole entleeren. Diese Grana, die man als L y s o s o m e n bezeichnet, sind besonders reich an Hydrolasen aller Art. Aus zahlreichen Untersuchungen sind inzwischen über 30 verschiedene saure lysosomale Hydrolasen bekanntgeworden. Offensichtlich sind aber die in morphologischer Hinsicht ziemlich einheitlichen Lysosomen ihrer enzymatischen Ausstattung nach doch recht verschieden, denn nie konnten alle Enzyme zusammen nachgewiesen werden. Beinahe regelmäßig vertreten sind saure Phosphatasen, verschiedene Proteasen, Nucleasen, Glucosidasen und Lipasen. Cytochemisch gut nachweisbar sind allerdings nur saure Phosphatasen und noch manche Glucosidasen.

Ein besonderes Problem stellt momentan noch die Inaktivierung bzw. Aktivierung der lysosomalen Enzyme dar. Es gibt einige Hinweise dafür, daß der Lysosomenmembran dabei eine große Bedeutung zukommt.

Lysosomen oder lysosomenartige Grana treten besonders in einigen stoffwechselphysiologisch hochaktiven Geweben oder Zellen konzentriert auf, wie etwa in Epithelzellen des Dünndarms, im Leber- und Nierengewebe oder auch in Gewebekulturzellen, bei vielen Protisten sowie in manchen Pflanzengeweben.

Für die Synthese lysosomaler Enzyme ist offenbar der allgemeine Ernährungszustand der Zelle von erheblicher Bedeutung. Bei Gewebekulturen wurde nämlich in vielen Fällen beobachtet, daß in frischem Nährmedium die Lysosomenzahl sprunghaft ansteigt. Die Konzentrierung der Enzyme beginnt wohl unfern ihrer Syntheseorte in den Zisternen des glatten endoplasmatischen Reticulums. Mit Sicherheit ist bei diesem Vorgang jedoch der Golgi-Apparat beteiligt: Kleine vesikuläre Einschlüsse treten von dort aus zu sog. „jungen Lysosomen" zusammen. Bei cytochemischen Phosphatasenachweisen z.B. hat man mit verschiedenen positiv reagierenden Grana zu rechnen, die alle charakteristische Lysosomenmerkmale aufweisen. Wegen der hochdynamischen Veränderungen, denen stoffwechselaktive Gewebe ständig unterworfen sind, ist es entsprechend schwer, sie alle auseinanderzuhalten. Man unterscheidet Protolysosomen, die den frühen „Speichergrana" entsprechen. Telolysosomen, die mit den sog. Phagosomen, den Verschmelzungsprodukten aus Nahrungsvakuolen und Protolysosomen, gleichzusetzen sind, und schließlich noch Autolysosomen, die sich hin und wieder aus Teilbereichen des Cytoplasmas und aus Lysosomen spontan bilden können. Als Extrusionskörper der Zelle mit positiver Phosphatasereaktion kommen noch Exkrementvakuolen („residual bodies") in Frage, die ein Akkumulat nicht weiter verwertbarer Substanzen darstellen. Die Tatsache, daß etliche lysosomale Enzyme die schonende Fixierung mit einigen Aldehyden gut überstehen, versetzt uns in die Lage, einige brauchbare cytochemische Lokalisationsreaktionen durchzuführen. Für die meisten mitochondrialen Enzyme hingegen gelingt dies auf so einfache Weise nicht ohne weiteres. Obwohl die meisten Enzymnachweise heute mit biochemischen Methoden an fraktionierten Zellhomogenaten durchgeführt werden, kommt den cytochemischen Enzymnachweisen in Verbindung mit den anderen Methoden immer noch große Bedeutung zu. Ihre Hauptvorteile liegen oft in der größeren Empfindlichkeit und vor allem in der Möglichkeit, die Orte von Enzymaktivitäten in situ darstellen zu können. Andererseits sind die Artefaktmöglichkeiten bei der cytochemischen Technik, wie Zerstörung der Enzyme oder noch häufiger Verlagerungen (Dislokationen) nicht gering, weshalb sorgfältige Kontrollen (Inaktivierung des Enzyms durch Inhibitoren, substratfreie Inkubation etc.) unerläßlich sind. Im Prinzip beruhen die cytochemischen Enzymnachweise praktisch immer darauf, daß ein spezifisches Substrat zugegeben wird, wonach die Spaltprodukte möglichst in unlöslicher Form am Orte der Enzymwirkung niedergeschlagen werden.

▲ 2.2.4.1 Gomori-Reaktion zum Nachweis saurer Phosphatasen durch Bleisulfidfällung

Bei dieser Nachweistechnik, die auf der Fällung freigesetzter Phosphationen in unlöslicher Form durch ein geeignetes Kation beruht, muß ein einigermaßen physiologisches Phosphatsubstrat angeboten werden. Sichtbar gemacht wird dann das Fällungsprodukt in Form von Bleisulfid.

A r b e i t s g a n g. (1) Im Falle von Geweben Gefrierschnitte anfertigen und auf Eiweiß-Glycerin-beschichtete Objektträger auftragen. Fixierung im Anschluß in 4 %

Neutralformol (Formaldehyd frisch aus Paraformaldehyd hergestellt durch Erhitzen auf ca. 70° von 0,5 g Paraformaldehyd in 12,5 ml 0,1 M Pipes Puffer) oder in eiskaltem Aceton. Protozoen können im Zentrifugenglas fixiert und wie folgt weiterbehandelt werden:

(2) Formaldehyd gründlich auswaschen (2 Minuten).

(3) Inkubation in Substratmedium (Zusammensetzung): a) β-Glycerophosphat-Natriumsalz · 5 H_2O, 40 mM = 6 ml, b) Tris-Maleat-Puffer, pH 5, 0,2 M = 6 ml, c) Aqua bidest. = 6 ml, d) Bleinitrat 0,2 % = 20 ml) für 30 Minuten bei 37° C.

(4) Auswaschen mit Aqua bidest. und 1 Minute in 2 %ige Essigsäure einstellen.

(5) Abermals waschen und für 2 Minuten in eine 2 %ige frisch hergestellte (!) Ammoniumsulfidlösung einstellen. `

(6) Auswaschen, dehydrieren und in Einschlußmittel bringen.

R e s u l t a t: Orte von Enzymaktivität sind braun bis schwarz gefärbt. ■

▲ **2.2.4.2 Nachweis der N-Acetyl-β-Glucosaminidase mit Naphtol AS-BI N-Acetyl-β-Glucosaminid als Substrat**

(1) Fixierung der Objekte in 2 % frischem Formaldehyd (Herstellung s. oben), gelöst in hypertonischem (5 % Saccharose) 0,15 M Phosphatpuffer.

(2) Präparate bei 0° C zweimal mit Äthanol behandeln.

(3) Kurz mit Aqua bidest. abspülen.

(4) Bei 37° C 15 bis 30 Minuten lang in Lösung inkubieren.

(5) Präparate zweimal mit Aqua bidest. auswaschen und anschließend einbetten.

R e s u l t a t: Orte von Enzymaktivität sind leuchtend rot gefärbt.

H e r s t e l l u n g v o n S t a m m l ö s u n g e n.
Lösung A: 1 g Pararosanilin HCl in 20 ml Aqua bidest. lösen und unter gelindem Erwärmen 5 ml HCl conc. zugeben; nach dem Abkühlen filtrieren.
Lösung B: 4 % Natriumnitrit (im Kühlschrank aufbewahren).

H e r s t e l l u n g d e s I n k u b a t i o n s m e d i u m s.
Lösung C: Hexazoniumpararosanilin durch Mischen von je 0,3 ml Pararosanilin mit einer 4 %igen Natriumnitritlösung herstellen. Danach 3 mg Naphtol As-BI N-Acetyl-β-Glucosaminid in 0,5 ml Äthylenglykolmonomethyläther lösen und 5 ml 0,1 M Citratpuffer (pH 5,2) zufügen. Unmittelbar danach gibt man 0,6 ml Hexazoniumpararosanilin zu und stellt den pH-Wert mit 1 N NaOH auf 5 ein. Anschließend verdünne man mit Aqua bidest. auf 10 ml. Im Anschluß daran filtriere man. ■ □

Literatur

G o m o r i, G.: An improved histochemical technique for acid phosphatase. Stain Technol. **25** (1950) 81–85

M ü l l e r, M.; R ö h l i c h, P.; T o t h, J. and T ö r ö, I.: Fine structure and enzymic activity of protozoan food vacuoles. In: De Renk, A. V. S., Cameron, M. P. (Ed.): CIBA Foundation Symp. on Lysosomes. Churchill, London (1963)

3 Zelluläre Bewegungserscheinungen

Bewegungsphänomene sind schon auf zellulärem Niveau so weit verbreitet und so vielgestaltig, daß man sie ohne weiteres jener Auflistung verschiedener Charakteristika hinzufügen kann, die man belebten Systemen im allgemeinen beilegt, wenn „Leben" definiert werden soll.

Außer der gerichteten Kontraktion von Muskelzellen — zweifellos das spektakulärste aber auch spezialisierteste zelluläre Bewegungsphänomen — kommen Bewegungserscheinungen bei Zellen noch in einer weitaus größeren Variabilität vor. Dazu gehören so verschiedenartige Phänomene wie der propellerartige Antrieb durch eine Bakteriengeißel, die Vibrationsbewegungen der Blaualge Oscillatoria, eine Vielzahl protoplasmatischer „Strömungsphänomene" wie z.B. die Pendelströmung von Physarum, die Zyklose des Cytoplasmas bei der Wasserpflanze Elodea oder der Alge Nitella und intrazelluläre Organellenverlagerungen (z.B. von Chloroplasten und Mitochondrien), die sich manchmal als „saltatorisch" beschreiben lassen. Dazu kommen noch die verschiedenen Formen der hochgeordneten Chromosomenbewegung während der Zellteilung und schließlich auch der verbreitete Antrieb durch Cilien oder Flagellen. Diese Aufzählung soll nur wenige Beispiele aus der großen Zahl mechanochemischer Transduktionsprozesse wiedergeben, die in der Natur vorkommen.

So verschiedenartig uns diese Phänomene zunächst auch erscheinen mögen, spricht doch manches dafür, daß die zugrundeliegenden molekularen Mechanismen, bei denen chemische Energie in Bewegung umgesetzt wird, prinzipiell nicht unähnlich sind. Abgesehen von den eigenartigen Calcium-abhängigen, schnell verlaufenden Kontraktionen der S t i e l s p a s m o n e m e etlicher sessiler peritricher Ciliaten (Vorticella und Zoothamnium-Arten), ist offenbar für die meisten vorhin erwähnten Triebkraft erzeugenden Mechanismen die Abhängigkeit von ATP als direkter Energiequelle typisch. Dies gilt sogar bereits für einen so einfachen Bewegungsablauf wie die Kontraktion des Phagenstiels, dessen Mechanismus allerdings noch nicht bekannt ist.

Die ATP-Abhängigkeit vieler Bewegungsabläufe ist an das Vorhandensein von Proteinen gebunden, die ATPase-Aktivität aufweisen. Nicht selten zeigen letztere in Abhängigkeit von der ATP-Konzentration Viskositätsänderungen, wie sie in vitro auch für isolierte kontraktile Muskelproteine typisch sind. Dieses ATP-Bedürfnis mechanochemisch aktiver Proteine ist nach unserem derzeitigen Wissensstand für zwei verschiedene motile Systeme typisch:

1. Für solche; die auf einer reversiblen Interaktion fibrilärer Proteine beruhen und die sich nach dem Gleitprinzip der Actin- und Myosinfilamente des Muskels verkürzen können und

2. für solche, die auf Wechselwirkungen zwischen dem sauren Protein T u b u l i n (Mikrotubuli) und einer zweiten ärmchen- bzw. brückenartigen Komponente beruhen, die bisher nur im Falle von Cilien- und Flagellensystemen als ATPase charakterisierbar war und heute als D y n e i n bezeichnet wird.

Inzwischen hat sich in vielen Fällen tatsächlich bestätigt, daß die kontraktilen Proteine des Cytoplasmas weitgehend mit dem schon lange bekannten A c t o m y o s i n der Muskelzelle identisch sind. Es läßt sich sogar sagen, daß Actin und Myosin wie Tubulin ubiquitäre Bestandteile von Zellen sind, denn in allen daraufhin untersuchten Eukaryontenzellen waren sie bisher auch nachweisbar. Das globuläre Actin von ca. 5 nm Durchmesser, das in seiner monomeren Form als G-Actin bezeichnet wird, hat ein Molekulargewicht von 45000 und kann sich durch Längsaggregation zu einem Filament, dem F-Actin, aufbauen. Es macht ca. 10 bis 20 % des Gesamtzellproteins aus, während das Myosin, das in seiner monomeren Form ein Molekulargewicht von 500000 aufweist, am Gesamtzellprotein in allen nichtmuskulären Zellen meist einen bescheideneren Anteil hat. Wie das Aktin kann es zu größeren fibrillären Aggregaten von allerdings wechselndem Durchmesser zusammentreten. Das Myosinmolekül hat einen ausgesprochen polaren Aufbau in einen Kopf- und einen Schwanzteil, wobei dem Kopfteil, der eine reversible Affinität zum Actin zeigt, ATPase-Eigenschaften zugesprochen werden.

Bei den meisten nichtmuskulären motilen Zellsystemen hat sich nach genauer mikroskopischer Analyse allerdings herausgestellt, daß hier die Bewegungsabläufe im Vergleich zur Kontraktion einer Muskelzelle, die ja im Prinzip nur auf einer reversiblen linearen Verschiebung der Myofilamente beruht, unvergleichlich viel komplexer sind. Es handelt sich hier ja u.a. darum, daß bei allen hochdynamischen Formveränderungen auch noch die komplexe Ultrastruktur der Zelle erhalten bleibt. Bereits beim Vergleich der Protoplasmaströmungen verschiedener Pflanzenzellen wird uns klar, daß diese keinem einfachen Grundschema folgen (vgl. Abb. 25). Neben dem in Epidermis-

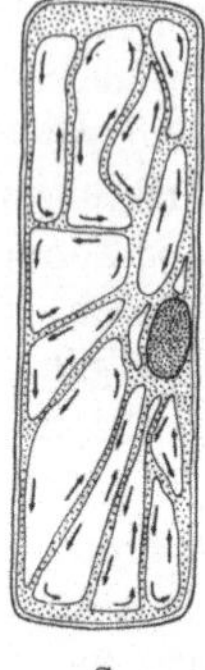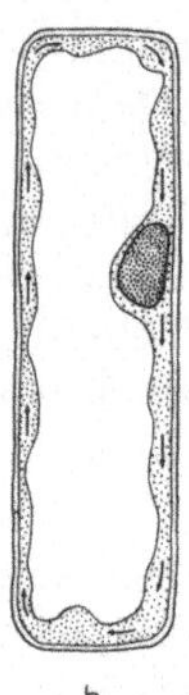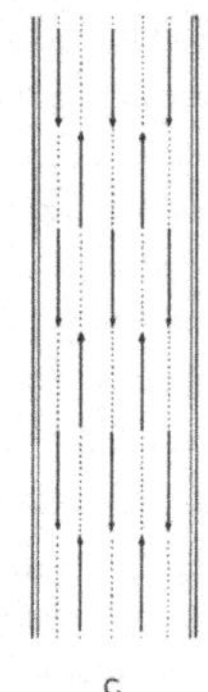

Abb. 25
Typen von Plasmaströmungen in Pflanzenzellen.
a) Zirkulationsströmung
b) Rotationsströmung
c) Mehrbahnströmung.

zellen höherer Pflanzen weit verbreiteten Typ der Zirkulationsströmung, wo vom wandständigen Cytoplasmabelag aus feine und feinste Plasmafäden den Saftraum anastomosierend im Gegenstrom durchziehen, finden wir in anderen Fällen (z.B. bei Elodea) eine einsinnige Rotation des wandständigen Plasmabelags oder in anderen Fällen Fontänenströmungen, Mehrbahnströmungen etc. Noch nicht einmal die verschiedenen Formen der amöboiden Bewegung lassen sich ohne weiteres miteinander vergleichen, denn die komplexen Bewegungsabläufe von Riesenamöben der Chaos/Proteus-Gruppe ähneln nur sehr bedingt denen kleiner Erdamöben oder gar gewisser embryonaler Zellen bei morphogenetischen Prozessen. Sicher ist bisher nur, daß bei vielen motilen Systemen ein Kontraktions- Relaxations-Zyklus vorliegt, der an die reversible Interaktion von Actin und Myosin der Muskelzellen erinnert.

Im Gegensatz zur Muskelmaschine sind jedoch die kontraktilen Proteine nur zu einem geringen Umfange in ihrer polymeren, filamentösen Form nachweisbar. Über die Bedingungen der Aggregation aus mono- oder oligomeren Untereinheiten und die Regulation der Kontraktion im Sinne eines Gleitfasersystems analog zum Muskel ist gegenwärtig noch keine abschließende Aussage zu machen. In einigen experimentell besser untersuchten Fällen, wie z.B. bei Amoeba proteus oder dem Schleimpilz Physarum, gibt es Hinweise auf die Bedeutung der Ca^{++}-Ionen für die Steuerung der Kontraktionszyklen.

Kontrovers waren und sind auch immer noch die Meinungen über die Verteilung der kontraktilen Proteine. Verschiedene Modelle wurden in den vergangenen Jahrzehnten für die amöboide Bewegung entwickelt, die einmal mehr das granuläre Endoplasma, dann wieder das hyaline Ektoplasma als Ort der Triebkraftentwicklung favorisierten. Gegenwärtig sprechen etliche experimentelle Befunde und elektronenmikroskopische Beobachtungen mehr für das Ektoplasma als Sitz des kontraktilen Systems, wobei der Grenzregion zwischen Ekto- und Endoplasma als Umwandlungszone des Sol/Gelzustandes eine besondere Bedeutung beigemessen wird. Der Plasmamembran könnte in diesem Falle bei der Verankerung der kontraktilen Filamente des Ektoplasmas eine ähnliche Rolle zufallen wie den Z-Scheibenproteinen des Muskels. In einigen Fällen (vgl. Abschn. 2.2 1.6 und Abschn. 2.2.1.7) jedenfalls konnte eine enge Assoziation von actinartigen Filamenten und der Plasmamembran nachgewiesen werden.

Inwieweit bei der zu beobachtenden Partikelströmung am Plasmalemma der Axopodien vieler Heliozoen oder auf den netzförmig ausgebreiteten Filopodien der Foraminiferen ebenfalls Membran-adhaerierende Mikrofilamente beteiligt sind, ist noch ungewiß. In den zuletzt genannten Beispielen wurde auch schon das Mikrotubulisystem dieser Zellappendices sowie neuerdings sogar die Eigenbeweglichkeit des Plasmalemmas als mögliche Ursache der Partikelbewegung angesehen.

Manchmal kann man in Zellen Mikrotubuliansammlungen finden, die über brückenartige Verbindungen zu teilweise komplizierten Mustern angeordnet sind (z.B. Axostyle von Flagellaten), die den Gedanken an ein Triebkraft erzeugendes System nahelegen. Wie bereits erwähnt, konnte aber bisher nur bei dem Mikrotubuli/Dynein-System der Cilien und Flagellen mit großer Deutlichkeit wahrscheinlich gemacht werden, daß es sich dabei um einen mechanochemischen Transduktionsprozeß handelt. Ob es sich bei morphologisch vergleichbaren Brückenstrukturen ebenfalls um mechanochemisch aktive Proteine handelt oder ob diese in anderen Fällen eher stabilisierende Funktionen erfüllen, muß die Zukunft zeigen. Schon die morphologische Verschiedenwertigkeit einzelner Brücken- und Ärmchentypen mahnt jedenfalls zur Vorsicht.

Das Cilium ist trotz einiger Abweichungen von der bekannten 9+2-Feinstruktur in allen eukaryontischen Zellen vom Protozoon zum Menschen von einem bemerkenswert konstanten Bauschema bis hin zu allen Abmessungen (Abb. 26). Die im Querschnitt den äußeren Kranz bildenden, aus A- und B-Tubuli zusammengesetzten Dubletts unterscheiden sich von den zentralen Tubuli nicht in der Zahl der Untereinheiten (Protofilamente), sondern durch eine Asymmetrie, die durch die paarigen, etwas ungleich langen Ärmchen zustande kommt. Wie zu vermuten ist, wurden viele experimentelle

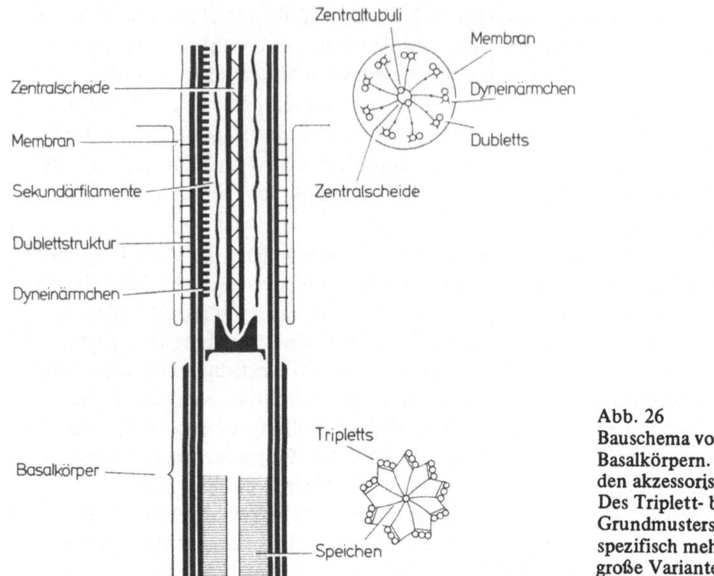

Abb. 26
Bauschema von Cilien und Basalkörpern. Besonders bei den akzessorischen Strukturen Des Triplett- bzw. 9+2 Grundmusters, können artspezifisch mehr oder minder große Varianten vorkommen.

Arbeiten am Cilienschlag durch Analogien zur Muskelkontraktion angeregt. Hauptsächlich den Pionierarbeiten Hofmann-Berlings und Gibbons' ist es zu verdanken, daß wir heute über die Mechanik der Cilienbewegung recht genaue Vorstellungen haben. Glycerin-extrahierte Flagellen können in Gegenwart von ATP noch rhythmische Schlagbewegungen ausführen. Daß dasselbe Experiment auch an isolierten Cilien oder Flagellen funktioniert, zeigt auch, daß diese Schlagbewegungen nicht passiver sondern aktiver Natur sind. Schließlich gelang noch der Nachweis, daß die ATPase-Aktivität mit den Ärmchenstrukturen der Subfibrille A assoziiert ist, die ca. 8 % des gesamten Cilienproteins ausmachen. Da demembranierte, mit Detergentien behandelte Flagellen ebenfalls noch nach ATP-Zugabe Bewegungen durchführen, war klar, daß der Antriebsmechanismus der Cilien im Axonem selbst zu suchen und ATP die unmittelbare Energiequelle ist. Die Frequenz des Cilienschlags zeigt dabei eine deutliche Abhängigkeit von der ATP-Konzentration, während die Amplitude des Schlags gleichzeitig abnimmt. Im Dunkelfeldmikroskop läßt sich bei einer gewissen ATP-Konzentration an demembranierten Axonemen sogar demonstrieren, daß die Dynein-Ärmchen mit ziemlicher Sicherheit für das longitudinale Auseinandergleiten verantwortlich sind.

Die Vielfalt an Bewegungsformen ist bei Cilien wie Flagellen ziemlich groß. Bei typischen Spermienbewegungen beispielsweise verlaufen Kontraktionswellen von der Basis bis zur Spitze, was zu einer sinusförmigen Wellenbewegung führt, während die Einzelcilien eines Cilienepithels eher eine peitschenförmige Bewegung ausführen. Im Verband schlagen sie außerdem in koordinierten Wellen, so daß etliche stets in der Abschlag- andere dagegen in der Erholungsphase sind. Diese Koordination im Verband erfolgt meist so, daß in Reihen hintereinander stehende Cilien nacheinander

(metachron) schlagen. Solche m e t a c h r o n e n Wellen erinnern an ein Kornfeld,
über das der Wind streicht. Über das Zustandekommen der Metachronie herrscht noch
keine vollständige Klarheit, doch spielt sehr wahrscheinlich eine hydrodynamische
Wechselwirkung (Kopplung) der spontanaktiven Cilien dabei eine wichtige Rolle.
Ciliaten sind überdies in der Lage, die Richtung des effektiven Schlages ihrer Cilien
und damit die Richtung der metachronen Wellen auf Umweltreize umzukehren und
rückwärts zu schwimmen. Seltener als der metachrone ist der s y n c h r o n e Schlagmodus, der zu einer ruckartigen Bewegung wie beim Rudern führt.

Literatur

A l l e n, R. D.; K a m i y a, N.: Primitive motile systems in cell biology. New York,
London 1964

B a r d e l e, C. F.: Mikrotubuli. Verh. Anat. Ges. 72 (1978) 179—191

P o l l a r d, T. D.; W e i h i n g, R. R.: Actin and myosin and cell movement. C. R. C.
Critical Rev. Biochem. 2 (1974), 1—65

S l e i g h, M. A.: Cilia and flagella. New York 1974.

3.1 Bewegungen des Protoplasmas in Pflanzenzellen

Das in starre Zellwände eingeschlossene Protoplasma pflanzlicher Zellen kann eine
lebhafte Strömung oder C y c l o s e zeigen, die z.T. autonom erfolgt, aber auch
durch Außenreize unverkennbar beeinflußt werden kann. Beeinflussende Außenreize
sind z.B. Verwundung oder, aus unbekannten Gründen, die L-Form der Aminosäure
Histidin. In den folgenden Versuchen soll die Geschwindigkeit dieser Bewegungen anhand der mitgeführten kleinen Partikel mit dem Okularmikrometer oder unter Bezug-
nahme auf den bekannten Durchmesser des Gesichtsfeldes (vgl. Abschn. 1.1.4.1) bestimmt bzw. geschätzt werden. Sie ist abhängig vom Objekt und den Außenbedingun-
gen (z.B. Temperatur) und liegt häufig im Bereich von 0,2 bis 0,6 mm/Minute. Man
unterscheidet die R o t a t i o n s s t r ö m u n g, bei welcher sich ein dünner protoplasmatischer Wandbelag in einsinnig kreisender Bewegung befindet, von der Z i r -
k u l a t i o n s s t r ö m u n g, wo die Strömungsrichtung in den die Zelle durchzie-
henden Plasmafäden wechselnd ist (Abb. 25).

3.1.1 Zirkulationsströmung des Protoplasmas

M a t e r i a l. Frische, im Öffnen begriffene Blüten von Tradescantia virginiana bzw.
Haare von jungen Sprossen verschiedener Kürbisarten (Cucurbita spec.) oder im Winter
auch Zwiebeln von Allium cepa (am besten der Sorte Braunschweiger Rote).

Tradescantia blüht vom Frühjahr bis in den Spätherbst. Mit der Pinzette entnimmt
man dem Blütengrund ein Büschel der langen violetten Staubfadenhaare und überträgt
sie in einen Tropfen Paraffinöl oder Wasser auf dem Objektträger. Störende Luftblasen

kann man leicht durch kurzes und vorsichtiges Evakuieren mit einer Gummiglocke an einer Wasserstrahlpumpe beseitigen.

Die Staubfadenhaare werden aus einer einzigen Reihe zylindrischer Zellen aufgebaut, die von einem dünnen cytoplasmatischen Wandbelag ausgekleidet sind. Der violett gefärbte Saftraum wird von vielen dünnen und dicken Plasmasträngen durchzogen, die sich häufig am Zellkern vereinigen. Bemerkenswert ist, daß sowohl Strömungsgeschwindigkeit wie Strömungsrichtung innerhalb der Zelle nicht gleich sind und außerdem die Plasmabahnen selbst ihre Lage dauernd verändern. Zur Dokumentation dieser Verhältnisse wählt man am besten die Mikrophotographie, indem man bei gleichbleibender Fokuseinstellung in 5 bis 10 Minuten Abständen knipst.

Bei Verwendung von Zwiebelschuppen verfährt man nach der in Abschn. 2.1.1 angegebenen Präparationsanleitung. Die bei der Zirkulationsströmung des Cytoplasmas mehr oder minder rasch mitgeführten Organellen identifiziere man nach Abschn. 2.1.1.1 und unterscheide die Bewegungserscheinungen nach Abschn. 2.1.1.2. Die Massenströmung des Cytoplasmas zeigt ganz ähnliche Verhältnisse wie in den Staubfadenhaaren von Tradescantia oder den Sproßhaaren von Cucurbita. Um zu demonstrieren, daß die Plasmabewegungen unabhängig von den Nachbarzellen und auch vom Kontakt mit der Zellwand sind, gibt man langsam eine hypertonische Saccharoselösung zu und beobachtet die Strömung während der frühen Plasmolyse (vgl. Abschn. 2.1.1.3). Da die Plasmaströmung erst einige Zeit nach Abziehen der Epidermis in Gang kommt, könnte der Wundreiz hier eine wesentliche Rolle spielen. Aufgrund der bekannten strömungsfördernden Wirkung des Histidins nimmt man an, daß bei Verwundung freigesetzte Spuren dieser Aminosäure für die Bewegungsauslösung verantwortlich sein mögen. ■

▲ **3.1.2 Rotationsströmung des Protoplasmas**

M a t e r i a l. Vallisneria spiralis oder Elodea canadensis. Funaria hygrometrica oder Mnium hornum.

Junge Blätter von V. spiralis oder gigantea in etwa 4 cm lange Stücke schneiden, einen Schnitt in der Nähe des Mittelnervs parallel zur Blattfläche führen und mit der Epidermisseite nach unten in einen Wassertropfen übertragen. In den Mesophyllzellen tritt meist schon nach kurzer Zeit eine lebhafte Strömung auf, die durch intensive Belichtung oder Übertragung des Objektes in 0,01 M L-Histidinlösung noch drastisch gesteigert werden kann. Einfacher noch ist die Beobachtung bei Elodea durchzuführen, da jüngere abgezupfte Blättchen so durchscheinend sind, daß auf eine Präparation ganz verzichtet werden kann.

Am besten zeichnet man einige Zellen im Verband und gibt die Strömungsrichtung in benachbarten Zellen durch Pfeile an. Im Gegensatz zu Allium oder Tradescantia kreist hier das Protoplasma in einer Richtung, wobei Zellkern und Plastiden mitrotieren. Allerdings gibt es indifferente Bereiche, wo die Strömung ganz fehlt. So ist ein dünner Wandbelag aus Ektoplasma in Ruhe, während das Endoplasma mit den Organellen an ihm vorbeiströmt. An der Grenzfläche beider Schichten kommt es daher zu einer Scherung. Experimentelle Untersuchungen an den großen Internodialzellen der Alge Nitella deuten darauf hin, daß die treibende Kraft für die Bewegung in dieser Scherungszone zu suchen ist und haben zur Aufstellung eines Gleitfasermodells der Plasmaströmung geführt.

Um den Einfluß der Plasmabewegung auf die Plastidenverteilung zu untersuchen, wählt man die einschichtigen, durchscheinenden Blättchen der Moose Funaria oder Mnium aus, die vor der Beobachtung einige Zeit diffusem Licht ausgesetzt wurden. Die großen linsenförmigen Chloroplasten, die zu Beginn der mikroskopischen Beobachtung an den dem Betrachter zugewandten Zellflächen ausgebreitet waren, nehmen bei stärkerer Belichtung (Öffnen der Kondensorblende!) eine randständige Stellung, parallel zum Lichteinfall ein. Während bei der Schwachlichtstellung maximale Lichtabsorption gewährleistet ist, wird die Strahlungsabsorption bei der randständigen Anordnung stark verringert. Das für die Einstellungsänderung verantwortliche Rezeptormolekül ist offenbar nicht das Chlorophyll selbst, sondern vermutlich Riboflavin. Eine derartige gerichtete Ortsbewegung unter dem Einfluß von Außenfaktoren wird als T a x i s, in diesem Falle P h o t o t a x i s, bezeichnet. Ihr Mechanismus ist noch ungeklärt. ■ □

▲ 3.2 Amöboide Bewegung

M a t e r i a l. Amoeba proteus, Chaos chaos, Physarum polycephalum.

L ö s u n g e n. I. Glycerinmedium: 50 % Glycerin, 10 % Dimethylsulfoxid (DMSO), 0,01 M Tris-HCl, 0,05 M HCl, 5 mM EDTA, pH 7,0. II. Kontraktionsmedium: 20 % Glycerin, 0,01 M Tris-HCl, 0,05 M KCl, 0,05 M $CaCl_2$ · 2 H_2O, 0,5 M $MgCl_2$ · 6 H_2O, 0,5 mM ATP. III. Erschlaffungsmedium: Zusammensetzung wie Lösung II, jedoch ohne Ca-Ionen und mit 1 mM ATP.

Drei Tage im Hungerzustand gehaltene Amöben werden durch niedrigtourige Zentrifugation in spitzkonischen Zentrifugenröhrchen angereichert und das Kulturmedium danach bis zur Röhrchenspitze abgesaugt. Den Rest des Kulturmediums mit den Amöben gibt man in ein Blockschälchen, das dann möglichst vollständig abgesaugt wird. Die Amöben werden daraufhin mit dem Glycerinisierungsmedium bedeckt und über Nacht im Eisschrank bei + 10° C extrahiert. Die Amöbenmodelle überträgt man auf Objektträger und bedeckt sie sorgfältig mit einem Deckglas (mit Plastilinfüßchen). Unter mikroskopischer Kontrolle wird mit einer Präpariernadel das Deckglas angedrückt, bis das Amöbenmodell fest liegt. Der Austausch des Glycerinmediums gegen das Kontraktionsmedium geschieht unter Vermeidung heftiger Strömungen mittels eines Filtrierpapierstreifens. Vor dem Austausch der Medien sollte der Umriß des Modells photographisch registriert werden; ebenso nach erfolgtem Austausch in festen Abständen während 10 Minuten. Durch Umfahren der Konturen mit einem Planimeter oder durch Ausschneiden und Wiegen der Figuren können die jeweiligen Kontraktionsstadien direkt miteinander verglichen werden. Durch Auswaschen des Kontraktionsmediums ist am selben Präparat mit der Lösung III auch wieder der Relaxationszu-

stand herzustellen. Man beobachte während der Inkubation in Lösung I im Phasen-
oder Interferenzkontrast auch die Reaktionen des Endoplasmas.

Zur Untersuchung endoplasmatischer Strömungserscheinungen ist der Schleimpilz
Physarum besonders gut geeignet. Physarum wächst auf Rundfiltern, die mit synthe-
tischem Nährmedium (vgl. Anhang) getränkt sind, oder ganz einfach auf Agarplatten
mit einigen Haferflocken als fächerförmiges, plasmodiales Adernetzwerk.

Die Bewegung der Schleimpilzfront in eine bestimmte Richtung kommt durch eine
Verlagerung der Plasmamassen in die betreffende Wanderungsrichtung zustande. Für
Physarum ist eine periodische Richtungsumkehr der Endoplasmaströmung charakte-
ristisch. Man nennt diese Form der Plasmabewegung daher „P e n d e l s t r ö m u n g.
Schon bei schwacher Vergrößerung ist zu erkennen, daß die Adern aus einer gelartigen,
stationären Schicht, dem sog. Ektoplasmaschlauch, und dem flüssigen, in dauernder
Bewegung befindlichen Endoplasma aufgebaut sind.

Ohne daß die Adern Schaden nehmen, lassen sich aus solch einem netzförmig aufgebauten Verband einzelne Aderschläuche herausschneiden. Man wähle eine möglichst
dünne Ader aus und warte einige Minuten, bis die Strömungsbewegung wieder eingesetzt hat, und bestimme dann die Periodizität der Plasmaumkehr.

Durch Verfolgung besonders markanter Plasmaeinschlüsse über eine gewisse Ader-
strecke soll versucht werden, die Strömungsgeschwindigkeit mittels einer Stoppuhr
zu bestimmen. An senkrecht über einen dünnen Glasstab vor einer graduierten Plexi-
glasscheibe aufgehängten Aderstücken sind longitudinale Längenänderungen zu regi-
strieren. Können dabei auch gewisse Periodizitäten ermittelt werden, und welche
Folgerungen sind gegebenenfalls daraus zu ziehen?

Man beobachte mit Hilfe eines Okularmikrometers ebenso Durchmesseränderungen
entlang eines dünnen Aderstückes. Wie verhält sich in dieser Hinsicht insbesondere die
Zone der Strömungsumkehr?

Zur Untersuchung des Problems, ob kontraktile Proteine hinsichtlich ihres Polymeri-
sationszustandes in verschiedenen ephemeren Zustandsformen existieren können,
eignen sich besonders gut Plasmatropfen, die aus einer verletzten Ader austreten.
Durch eine Nadelstichverletzung quillt, bedingt durch den hohen hydrostatischen
Überdruck innerhalb des Ektoplasmaschlauches, niedrigviskoses Endoplasma nach
außen. Der anfänglich flüssige Tropfen nimmt nach einiger Zeit die gelartige Konsi-
stenz des Ektoplasmas an. Mit einer mikromanipulierten, dünn ausgezogenen Glas-
kanüle läßt sich dieser Übergang zur Gelkonsistenz durch vorsichtiges Einstechen in
verschieden alte Plasmatropfen leicht demonstrieren. Dieselben Dienste leisten aber
auch Druckversuche mit einer stumpfen Glasnadel auf einen Tropfen in bestimmten
Zeitabständen.

Dieses Beispiel ist geeignet, auch für andere Systeme modellhaft die Endo-/Ekto-
plasma-Transformation vorzuführen. Die Zeit, die bis zur Annahme der Gelkonsistenz
verstreicht, könnte außerdem als Anhaltspunkt für die Dauer dieser Transformation
unter in situ Bedingungen dienen. Mit Tropfenspreitpräparaten kann auch der elektronenmikroskopische Nachweis geführt werden, daß mit zunehmendem Tropfenalter
eine Zunahme an F-Actin festzustellen ist. ■

▲ 3.3 Bewegung der Stielspasmoneme peritricher Ciliaten

M a t e r i a l. Vorticella spec. oder Carchesium spec.

L ö s u n g e n. 50 % Glycerin, 0,1 M Tris-HCl, 2 mM EDTA (pH 7,2)
Künstliche Süßwasserlösung: 0,1 mM $CaCl_2$, 1 mM KCl, 1 mM Tris-HCl (pH 7,2).
Künstl. Süßwasser + 2 mM $CaCl_2$ + 4 mM ATP.
Künstl. Süßwasser + 2 mM EDTA + 4 mM ATP mit Salyrgan (0,1 g/100 ml).

Dicht mit Vorticella oder Carchesium bewachsene Deckgläschen werden 12 Stunden
vor Kursbeginn in gepufferte Glycerinlösung eingelegt und bis zur Verwendung im
Kühlschrank aufbewahrt.

Zunächst werden die Kontraktionsbewegungen der Stiele an Lebendpräparaten untersucht. Auf Erschütterungsreize oder auch spontan treten blitzschnelle Kontraktionen
auf. Der Aufbau des Stiels aus einer elastischen äußeren Hülle und einem im Lumen
verlaufenden Fibrillensystem – Spasmonem genannt – ist auch im Phasenkontrast gut
zu erkennen. Wegen der asymmetrischen Verankerung des Spasmonems kommt es bei
den Kontraktionen zu einer spiraligen Aufrollung des Stiels. Die Kontraktionen verlaufen erheblich schneller als beim Muskel und liegen im Bereich von 4 msec. Die
Streckbewegungen hingegen, die auf der Eigenelastizität des organischen Stielmaterials
beruhen, geschehen wesentlich langsamer und dauern Sekunden.

Glycerinisierten Ciliaten – meist bleibt nur der Stiel erhalten – wird nun unter dem
umgedrehten Deckglas eine Süßwasserlösung mit 4 mM ATP und 2 mM $CaCl_2$ zugesetzt, wobei wie üblich mittels eines Filterpapierstreifens die Medien ausgetauscht
werden. Nach vollständigem Ersatz des Glycerinmediums erfolgt meist eine Serie
der vorhin beschriebenen rasch verlaufenden Kontraktionen. Allerdings besteht kein
Unterschied in der Reaktion, wenn wir anstatt der soeben benutzten Lösung eine solche mit dem ATPase-Gift Salyrgan verwenden. Auch bei einer Süßwasserlösung, die
kein ATP, wohl aber 2 mM Ca^{++}-Ionen enthält, reagieren die Stiele immer noch mit
Kontraktionen. Zur Kontraktionsauslösung genügt allein bereits die Infiltration der
Modelle mit normalem künstlichen Süßwasser, das genug Calcium enthält. Nur eine
Lösung, die 2 mM EDTA enthält, ist imstande, Kontraktionen zu verhindern. Stiele,
die sich bereits im kontrahierten Zustand befinden, relaxieren in diesem Medium allmählich. ■

Der Chelatbildner EDTA bindet zweiwertige Ionen und entfernt so das Ca^{++} aus der
Lösung. Der Kontraktionszyklus der Stielspasmoneme kann daher allein durch Veränderung der Ca^{++}-Konzentration gesteuert werden. Im Gegensatz zu allen anderen
bekannten kontraktilen Systemen ist ATP nicht als unmittelbarer Energielieferant beteiligt. Allerdings mag die Ca^{++}-Verschiebung innerhalb der lebenden Zelle von ATP
abhängig sein.

Das aus Proteinen bestehende Stielmaterial ist im ausgestreckten Zustand in Längsrichtung doppelbrechend, im kontrahierten jedoch nicht. Elektronenoptische Untersuchungen zeigten feinfibrilläres Material im Stiel. Die im Polarisationsmikroskop erkenn-

bare Doppelbrechung ist vermutlich auf die gerichtete Anordnung dieser Fibrillen zurückzuführen. Wie könnte das Verschwinden der Doppelbrechung bei der Kontraktion gedeutet werden?

Literatur
W e i s - F o g h, T.; A m o s, W. B.: Evidence for a new mechanism of cell motility. Nature **236** (1972) 301—304

▲ **3.4 Cilienbewegung**

M a t e r i a l. Cilien des Kiemenepithels von Mytilus edulis. Bullenspermien und Spermien von Psammechinus miliaris.

R e a g e n t i e n   u n d   L ö s u n g e n: Ammoniumhydroxid (25 %), 10^{-2} M $CaCl_2$/Seewasser, 10^{-2} M EDTA/Seewasser, 10^{-3} M Coffein/Seewasser, 10^{-3} M ATP/Seewasser mit 5 % DMSO(Dimethylsulfoxid), 0,1 g Salyrgan/100 ml Seewasser mit 5 % DMSO, 0,15 g Germanin/Seewasser mit 5 % DMSO, 0,1 M Cystein/Seewasser.

Seefrischen Miesmuscheln wird der Schließmuskel durchtrennt und in den demontierten Schalenhälften mittels einer Schere die Kiemen abgetrennt, die dann in sauberes Seewasser übertragen werden, wo sie bis zur Weiterverwendung verbleiben. Die gelblich gefärbten Kiemen liegen blattförmig dem die Schaleninnenseite auskleidenden Mantel-

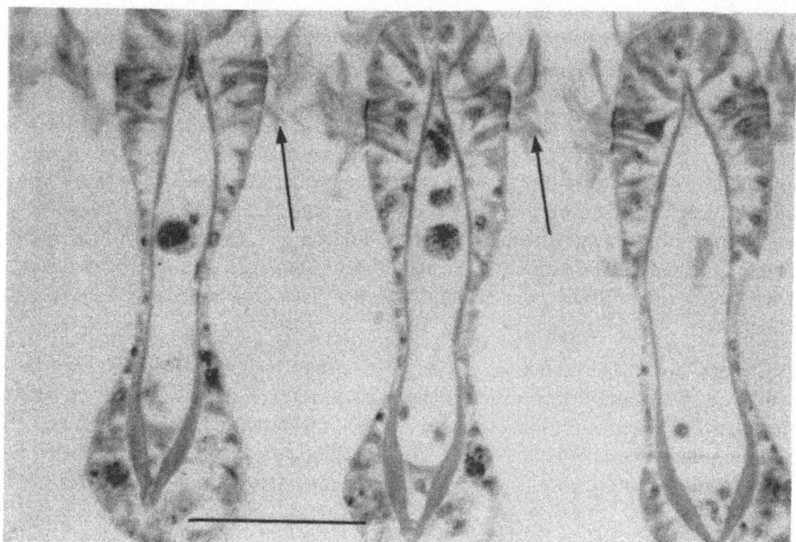

Abb. 27 Kiemenepithel von Mytilus edulis. Flimmerepithel im Querschnitt nach Azanfärbung. Die Cilien sind durch Pfeile markiert. Im lakunenartigen Innenraum sind Blutzellen angeschnitten. Maßstab: 100 μm.

epithel an. Ihr Bau erinnert etwas an einen Heizkörper, denn viele mit Cilien besetzte, rippenförmige Lamellen liegen dicht gestapelt hintereinander (s. Abb. 27). Das Cilienepithel dieser Kiemenlamellen sorgt in sehr effektiver Weise für den Atemwasserstrom und arbeitet dabei gleichzeitig als Nahrungsfilter. Das Flimmerepithel der Kiemen ist ein gutes Beispiel für hochkoordinierte Schlagabfolgen, reguliert durch Modulationen des Membranpotentials über den Epithelzellen. Hierbei spielen intrazelluläre Ionenkonzentrationen und deren Veränderungen durch die Barriere der Plasmamembran hindurch eine zentrale Rolle.

Aus einem Kiemenblatt wird ein kleines Stück herausgeschnitten und auf einen Objektträger übertragen, wo die normale Arbeitsweise des Flimmerepithels im Phasenkontrast untersucht wird. Es sollen Skizzen vom Schlagmodus angefertigt werden. Ein anderes kleines Kiemenstück wird daraufhin für kurze Zeit (30 bis 60 s) in eine NH_3-gesättigte Atmosphäre übertragen. Der Objektträger bleibt derweil uneingedeckt. Die NH_3-gesättigte Atmosphäre wird durch Zugabe einiger Tropfen NH_4OH (conc.) auf ein angefeuchtetes Rundfilter auf dem Boden einer Petrischale hergestellt. Anschließend überzeuge man sich davon, daß der Cilienschlag noch andauert. Gegebenenfalls wiederhole man das Experiment mit kürzeren Inkubationszeiten in der Gasatmosphäre. Ammoniumionen diffundieren sehr rasch ins Zellinnere und denaturieren dabei die Plasmamembranen, was den Zusammenbruch des Membranpotentials zur Folge hat. Für eine gewisse Zeit schlagen die Cilien, wenn auch in veränderter Weise, noch weiter. Wie steht es jetzt um die Koordination der Bewegung, und welchem Schlagmodus ähnelt der Cilienschlag nun? Man skizziere und mache Notizen von den Beobachtungen.

Zu einem frischen Präparat gebe man an den Rand des Deckglases einige Tropfen der EDTA/Seewasserlösung, die mit einem Filtrierpapierstreifen durchgesaugt wird. Ist der Austausch komplett, dauert es noch einige Zeit, bis eine sichtbare Wirkung eintritt. Bald darauf wird dasselbe Präparat auf die gleiche Weise einer Seewasserlösung mit 10^{-2} M Ca^{++} ausgesetzt, damit die EDTA-Wirkung schneller als mit normalem Seewasser wieder aufgehoben wird (EDTA wirkt als Chelator für zweiwertige Kationen).

Die essentielle Bedeutung divalenter Kationen, insbesondere des Ca^{++}, wird noch unterstrichen durch die Wirkung einer 10^{-3} M Coffeinlösung auf die Cilienschlagfrequenz, womit man unmittelbar nach der Ca-Applikation das Kiemenpräparat infiltriert. Dem Coffein wird allgemein die Eigenschaft zugesprochen, intrazellulär gespeichertes Ca^{++} freizusetzen. Eine Beeinflussung der Cilienschlagfrequenz ist auch durch externe ATP-Zufuhr möglich: Man setze einem frischen Präparat 10^{-4} M ATP-Lösung zu, die zur besseren Permeabilisierung der Membranen DMSO enthält. Nach kurzer Zeit verabreiche man eine 10^{-3} M ATP-Lösung. In beiden Fällen soll darauf geachtet werden, ob eine Steigerung der Schlagfrequenz eintritt und ob der aktive Schlag selbst sich ändert. Höhere ATP-Konzentrationen als 10^{-4} setzen den Bewegungswiderstand der Cilien stark herab. Eine eventuell erhöhte Schlagfrequenz ist also nicht unbedingt im Sinne einer höheren ATP-Spaltung während des Betriebs zu interpretieren.

Schließlich sei noch die Wirkung von Salyrgan als einem Vertreter der mit SH-Gruppen reagierenden ATPase-Gifte und von Germanin als Vertreter der die ATP-Spaltung gleichfalls hemmenden Polysulfosäuren untersucht.

Hemmwirkungen des Cilienschlags durch Salyrgan treten erst allmählich ein, sind aber dann meist vollständig und geben einen Hinweis auf die essentielle Bedeutung der ATPase Dynein für die Cilienbewegung. Eine 0,1 M Cysteinlösung hebt die blockierende Wirkung des Salyrgans wieder vollständig auf. Wie ist dabei die entgiftende Wirkung des Cysteins zu erklären?

Auch Germanin hat ähnliche Effekte wie Salyrgan, ist aber bei verschiedenen Ciliensystemen sehr unterschiedlich stark wirksam. Wie Salyrgan kann auch Germanin wieder ausgewaschen werden. Durch Zugabe einer 10^{-3} M ATP-Lösung wird hier der Cilienschlag wieder voll reaktiviert.

Für die Giftversuche sind jeweils frische Präparate anzufertigen, und bei den Inkubationen ist auf den vollständigen Austausch der Medien zu achten. Insbesondere beim Umgang mit Salyrgan ist Vorsicht geboten.

An Spermienmodellen, z.B. von Seeigel- oder Bullenspermien (letztere sind ganzjährig zu beziehen von Besamungsstationen), läßt sich die reaktivierende Wirkung von ATP besonders gut demonstrieren: Mit 0,04 % Triton X-100 extrahierte und demembranisierte Spermien sind in Gegenwart von 10^{-4} M ATP und 10^{-5} M Mg^{++} in 0,1 M Tris-HCl Puffer bei pH 7,0 vollständig reaktivierbar, nicht jedoch bei simultaner Behandlung der Spermienmodelle mit Salyrgan (0,1 g/100 ml, 0,1 M Tris-HCl). ∎

Literatur

A i e l l o, E.,   S l e i g h, M. A.: The metachronal wave of lateral cilia of Mytilus edulis. J. Cell Biol. **54** (1972) 493–506.

3.5 Die Regeneration von Cilien

Durch Rosenbaums Arbeiten ist bekannt, daß einzellige, begeißelte Algen wie Chlamydomonas oder Ochromonas ihre Flagellen unter bestimmten Bedingungen resorbieren und deren Proteine dann abermals zum Aufbau von Flagellen benutzen können. Bei Chlamydomonas gelang es auf einfache Weise, ganze Zellpopulationen zu deflagellieren und die Bedingungen der Flagellenregeneration genau zu untersuchen.

Es zeigte sich, daß solche deflagellierten Zellen in ganz kurzer Zeit synchron ihre Geißeln regenerieren. Hauptsächlich Inhibitorversuche mit Cycloheximid und Colchicin haben zur Hypothese von einem präexistierenden „ T u b u l i n - p o o l " geführt, der für die rasche Flagellenregeneration verantwortlich sein soll.

Aber auch in zahlreichen anderen Fällen mußte man ein solches Proteindepot voraussetzen. So ist etwa in der Embryogenese von Drosophila die Rate der Zellteilungen so hoch, daß man die Geschwindigkeit der Teilungsfolgen nur verstehen kann, wenn man ein Depot an Tubulin für den Aufbau der zahlreichen Spindelapparate annimmt: Der Zellzyklus in der frühen Embryogenese beträgt hier bei Drosophila nur 10 Minuten, und in dieser Zeit muß der Mitoseapparat in rascher Folge multipliziert werden.

Noch eindrucksvoller ist vielleicht die Umwandlung einiger sessiler Heliozoen in hunderte begeißelter Schwärmer innerhalb weniger Minuten. Beispiele dieser Art lassen sich noch in beinahe beliebiger Zahl anführen, und in der Tat weisen sie alle das Tubulin als hochdynamisches Protein aus, das auf Abruf gewissermaßen eine Art „Feuerwehrfunktion" erfüllt und deshalb „auf Vorrat" in der Zelle bereitgestellt ist.

Allerdings gemahnt das Beispiel von Naegleria — einem Amoeboflagellaten — etwas zur Vorsicht vor allzu weitgehender Verallgemeinerung in dieser Hinsicht. Bei Naegleria stellt das Flagellentubulin nur einen kleinen Teil des gesamten Tubulinvorrats der Zelle dar. Die beiden Flagellen repräsentieren nur etwa 0,15 % des Gesamtzellproteins, woran der Anteil des Tubulins aber immerhin 12 % ausmacht. Dieser Tubulinvorrat wird nun interessanterweise auch während der Differenzierung zum Flagellaten überhaupt nicht verändert. Man ging deshalb der Frage nach, ob in diesem Falle ähnlich wie bei Chlamydomonas das Flagellentubulin ebenfalls aus dem Depot der Zelle genommen wird oder ob hier de novo Synthese vorliegt. Aufgrund immunologischer Untersuchungen kam man dann zu dem Schluß, daß mindestens 70 % des Flagellentubulins aus einer de novo Synthese stammen müssen. Wie hieraus folgt, kann das Depot also nicht unbesehen für alle Regenerationsleistungen verantwortlich gemacht werden.

▲ Inzwischen ist es möglich geworden, bei so vergleichsweise empfindlichen Zellen wie Tetrahymena die Cilien so schonend zu entfernen, daß die Zellen ihre Vitalität nicht einbüßen. Die Synthese und das „self assembly" der Tubulinuntereinheiten während der Regeneration soll daher bei Tetrahymena unter verschiedenen Temperaturbedingungen und unter Zuhilfenahme verschiedener Inhibitoren bekannter Wirkung untersucht werden.

M a t e r i a l. Jeweils zwei 100 ml Kulturen von Tetrahymena pyriformis (Stamm GL) in einem 500 ml Erlenmeyerkolben in 1 % Proteose Pepton bei 27° C zu einer Zelldichte von 5×10^5 Zellen/ml heranwachsen lassen und eine weitere 100 ml Kultur, die anstatt bei 27° C bei 17° C auf gleiche Dichte gekommen ist.

5 Erlenmeyerkölbchen mit je 20 ml sterilem Nährmedium,

3 Erlenmeyerkölbchen mit 180 ml sterilem Nährmedium,

1 100 ml Kölbchen mit 15 ml Nährmedium plus 10 μg/ml Cycloheximid,

1 100 ml Kölbchen mit 15 ml Nährmedium plus 2 μg/ml Colchicin,

1 100 ml Kölbchen mit 15 ml Nährmedium als Kontrolle.

Alle 3 Kölbchen sind tunlichst mit verschiedenen Farbmarken zu versehen!

10 ml Stammlösung 25 mM Nupercain (Ciba-Geigy, Wehr/Baden).

Ca. 10 sterile 50 ml Zentrifugengläser (konisch), graduierte 1 ml Pipetten und 20 ml Spritzen sowie etliche sterile Pasteurpipetten.

2 Wasserbäder mit Kryostat und 1 Hämocytometer (Zählkammer).

C i l i e n a b l ö s u n g. Die Zellen werden bei 1500 Umdrehungen/Minute (= 500 g) 5 Minuten lang angereichert und in 10 ml des Restmediums resuspendiert. Danach gebe man 0,5 ml der 25 mM Nupercain-Stammlösung unter ständigem Schütteln zu.

Je nach verwendetem Stamm kann die Menge erforderlicher Nupercainlösung eine gewisse Variation nötig machen. Wenn die Kultur öfters (2 bis 3 ×) mit einer Spritze aufgezogen und kräftig wieder ausgestoßen wird, gehen die Cilien innerhab von 5 Minuten meist vollständig ab. Man überzeuge sich im Phasenkontrast, daß die Kultur weitgehend immobilisiert ist und die Cilien abgelöst sind. Im Anschluß daran gebe man 20 ml einer vorbereiteten frischen Nährlösung hinzu und zentrifugiere wiederum bei 1500 U/Minute ab. Nach Resuspension der Pille in 180 ml frischem Medium gehen schließlich auch noch die eventuell verbliebenen restlichen Cilien ab.

In hartnäckigen Fällen soll anstatt in 20 ml frischem Nährmedium in 0,25 M Saccharose, 0,01 mM Tris-HCl, 1 mM $CaCl_2$ (pH 6,5) resuspendiert werden.

Die Cilienablösung führe man sowohl für eine Kultur durch, die bei 27° C regeneriert als auch für eine weitere, die bei 17° C regeneriert. In 10 Minuten-Abständen werden von jeder Kultur jeweils gleiche Volumina entnommen und der Prozentsatz beweglicher Zellen bestimmt bzw. die Regenerationsrate der Cilien beobachtet. Vor jeder Entnahme muß die Kultur vorsichtig aufgeschüttelt werden, da die immobilen Zellen sich absetzen.

Eine weitere Kultur mit frisch deciliierten Zellen benutze man für die vorbereiteten Inhibitorversuchslösungen. Man pipettiere je 5 ml des Resuspendats in die Kölbchen mit den Inhibitorlösungen bzw. der Kontrolle, mische kurz aber gründlich durch und stelle sie in das 27° C-Bad. Auch hier werden in 10 Minuten-Abständen Kontrollen vorgenommen.

Die Ergebnisse können in Form einer Graphik dargestellt werden, wobei der Prozentsatz motiler Zellen gegen die Zeit aufzutragen ist (jeweils für 17° und für 27° C Wuchstemperatur). Ebenso ist die Auswertung der Inhibitorversuche durchzuführen.

Kann ein Einfluß der Temperatur auf die Regenerationsrate festgestellt werden und wenn ja, wie ist dies zu erklären?

Was sagen die Inhibitorversuche aus?

Sprechen die Ergebnisse eher für einen Tubulinvorrat oder für eine de novo Tubulinsynthese?

Können Unterschiede in der Länge der Cilien festgestellt werden im Vergleich zu den Ausgangskulturen oder den Kontrollen?

Man achte auf die Regenerationsgeschwindigkeit von Oralcilien und den Cilien des Zellkörpers und auch darauf, ob diese simultan regenerieren. ■

Literatur

R o s e n b a u m, J. L.; C h i l d, F. M.: Flagellar regeneration in protozoan flagellates. J. Cell Biol. 34 (1967) 345

R o s e n b a u m, J. L.; C a r l s o n, K.: Cilia regeneration in Tetrahymena and its inhibition by colchicine. J. Cell Biol. **40** (1968) 415

R o s e n b a u m, J. L.; M o u l d e r, J. E.; R i n g o, D. L.: Flagellar elongation and shortening in Chlamydomonas. The use of cycloheximide and colchicine to study the synthesis and assembly of flagellar proteins. J. Cell Biol. **41** (1969) 600

4 Zellzyklus

Als Zellzyklus bezeichnet man die Periode von einer Zellteilung zur nächsten. Er
schließt nicht nur die mikroskopisch leicht erkennbaren Vorgänge der Kern- und Zellteilung, sondern auch alle biochemischen Veränderungen ein, die den Lebenszyklus
sich ständig vermehrender Zellen charakterisieren und die größtenteils noch unbekannt
sind. Für die übliche Grobeinteilung der I n t e r p h a s e, des Zeitraums zwischen
zwei Mitosen, stützt man sich auf eine relativ leicht bestimmbare Größe, nämlich den
DNA-Gehalt (Abb. 28) und nennt den Abschnitt vor Beginn der DNA-Synthese
(S-Phase) G_1 (engl.: „gap") und den Abschnitt danach G_2. In der G_2-Phase ist der
DNA-Gehalt des Kerns bereits verdoppelt, obwohl dies erst in der Prophase der folgenden Mitose (M) durch die Verdoppelung der Verteilungseinheit der Chromosomen,
der Chromatiden, zum Ausdruck kommt. Zellen eines diploiden Organismus, die
jeweils zwei vollständige Chromosomensätze enthalten, haben daher in G_2 die DNA-
Menge 4c, wobei c die in den haploiden Geschlechtszellen (vgl. Abschn. 6) enthaltene
Menge ist. In der G_1-Phase ist demnach die DNA-Menge 2 c, und in der S-Phase steigt
sie durch Überlagerung der nicht in allen Chromosomen und Chromosomenabschnit-
ten gleichzeitig ablaufenden Synthese ungefähr linear auf 4 c an.

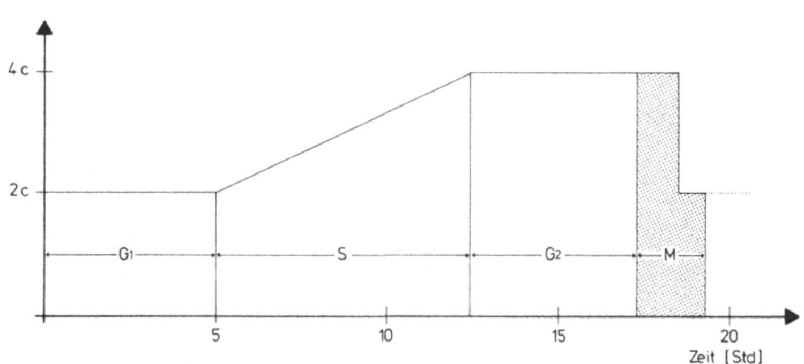

Abb. 28   Zellzyklus im Wurzelspitzenmeristem von Vicia faba.

Die Gesamtdauer des Zellzyklus und seiner einzelnen Phasen variiert von Art zu Art.
Während bei der wachsenden Wurzelspitze der Pferdebohne Vicia faba (Abb. 28) die
S-Phase knapp 40 % des Zyklus einnimmt, beansprucht sie bei Tradescantia mehr als
60 %. Dabei ergibt sich beim Vergleich keine durchgehende Beziehung zwischen
S-Dauer und Menge der zu replizierenden DNA. Bei Drosophila dauert die S-Phase
in den Speicheldrüsen der Larve 8 bis 14 Stunden und in den Furchungskernen im Ei
weniger als 10 Minuten. Da die Replikationsgeschwindigkeit bei allen bisher untersuchten Eukaryonten in der gleichen Größenordnung von ca. 0,5 μm bis 2,5 μm DNA-
Länge pro Minute liegt, ist die unterschiedliche Dauer der S-Phase wesentlich dadurch
bedingt, daß die Replikation an mehr oder weniger zahlreichen Stellen gleichzeitig

beginnt. Bei Drosophila muß die Anzahl dieser Anfangsstellen, auch Replicons genannt, im Ei ca. 60 mal so groß sein wie in der Speicheldrüse. Entsprechend kurz ist der gesamte Zellzyklus im Ei.

Dies ist nur ein Beispiel dafür, daß der Zellzyklus durch Umwelteinflüsse auf die Zelle gesteuert werden kann. Vor allem die G_1-Phase unterliegt solchen Steuerungen. Je nach der Art des Gewebes kann eine Zelle unterschiedlich lange in G_1 verharren oder überhaupt nicht mehr in eine S-Phase eintreten, die schließlich zur Kern- und Zellteilung führt, wie dies bei differenzierten Gewebezellen der Fall sein kann. Die Kontrolle über das Teilungsverhalten der Zellen muß auf der Ebene des Organismus, seiner Organe und seiner Gewebe erfolgen, damit ein koordiniertes Wachstum des Ganzen überhaupt möglich wird. Das Problem der Zellzykluskontrolle und der Hemmwirkungen gegen ungeregelte Zellteilungen ist daher ein wichtiges Forschungsgebiet der Biologie und der Medizin.

Im Lebenszyklus einer Zelle sind die aufeinander folgenden Ereignisse der Synthese der chromosomalen DNA und Proteine, die Bereitstellung teilungsnotwendiger Stoffe in G_2, die prophasische Chromosomenkondensation sowie die Bildung des Spindelapparates und die Trennung der Chromatiden normalerweise kausal miteinander verkoppelt. Im Zusammenhang mit der Zelldifferenzierung kann diese Ereigniskette aber an verschiedenen Stellen unterbrochen werden und zu einer Reihe von cytologischen Phänomenen führen (Tab. 1), die an geeigneten Objekten untersucht werden sollen.

Tab. 1

	Trennung der Chromatiden	Kondensation	Spindelbildung	Kernteilung	Zellteilung	
Replikation der Chromosomen	+	+	+	+	+	Tochterzellen durch Mitose
	+	+	+	+	−	Mehrkernige Zellen, Plasmodien
	+	−	−	+	+	„Amitose" des Makronucleus von Ciliaten
	+	±	−	−	−	Polyploidie durch Endomitose
	−	−	−	−	−	Polytänie
Mehrfachreplikation von Chromosomen-Abschnitten	−	(−)	−	−	−	Amplifikation

Literatur

G r u n d m a n n, E.: Der mitotische Zellzyklus. In: Handbuch der allgemeinen Pathologie, zweiter Band, zweiter Teil: Der Zellkern I. Berlin, Heidelberg, New York 1971

J e t e r, J. R.; C a m e r o n, I. L.; P a d i l l a, G. M.; Z i m m e r m a n n, A. M. (Hrsg.): Cell Cycle Regulation. New York, San Francisco, London 1978

M i t c h i s o n, J. M., The Biology of the Cell Cycle. London 1971

4.1 Synchronisation der Zellteilung durch Hitzeschockserien bei Tetrahymena pyriformis

Um die Abfolge aller Ereignisse im Laufe einer Zellgeneration zu studieren, die letztlich wieder zur Teilung führen, kann bei vielen Zellen wohl definierter Zyklusphase auf bewährte cytologische Techniken zurückgegriffen werden. Jedoch machen manchmal auch quantitative Untersuchungen Versuche mit größeren Mengen einheitlichen Zellmaterials erforderlich.

Während die Nachkommenschaft einer einzelnen Teilungszelle zwar über einen gewissen Zeitraum hinweg noch eine Art natürlicher Synchronität besitzen kann, verliert sich diese im allgemeinen jedoch schon nach wenigen Generationenfolgen rasch wieder. Die Kultur wird dann zunehmend asynchron. Eine exponentiell wachsende Zellpopulation, wie z.B. eine tierische oder pflanzliche Gewebekultur, ist also weitgehend nicht mehr phasengleich und eignet sich infolgedessen nicht mehr für in vitro Untersuchungen des Zellzyklus. Beim Durchmustern solcher Kulturen wird uns vielmehr erst bewußt, wie klein der Prozentsatz an Teilungszellen wirklich ist. Der Mitoseindex, d.h. das Verhältnis der Zahl der Teilungszellen zur Gesamtzellzahl, ist im Normalfall also stets ziemlich niedrig.

Die günstigsten Voraussetzungen für in vitro Untersuchungen des Zellzyklus böten daher vielkernige Organismen, die wie Myxomyceten (Schleimpilze) über eine natürliche Synchronität verfügen. Myxomyceten der Gattung Physarum besitzen in einer riesigen gemeinsamen Plasmamasse — einem sog. Plasmodium — etliche tausend Zellkerne. In Schüttelkulturen wachsen diese Pilze als einkernige Mikroplasmodien, die nach dem Aussäen auf Agar-Platten vielkernige Makroplasmodien bilden, deren Zellkerne sich schon nach kurzer Zeit völlig synchron zu teilen beginnen.

Da man gern möglichst verschiedenartige zelluläre Systeme vergleichen möchte, die Palette natürlicher Möglichkeiten jedoch rasch erschöpft ist, hat man mit Erfolg auch experimentell Zyklussynchronisationen an verschiedensten Objekten versucht. Ein beachtliches Maß an Synchronität kann so mit gewissen Gewebekulturzellen oder mit manchen Protozoen unter axenischen Kulturbedingungen erzielt werden, wenn diese einer speziellen Vorbehandlung unterzogen wurden. Prinzipiell geht man dabei so vor, daß die Zellen auf einer besonders sensitiven Zyklusphase blockiert werden, indem man ihnen entweder eine bestimmte essentielle Komponente des Zellstoffwechsels entzieht oder spezifische Inhibitoren anbietet. Tierische Gewebekulturzellen z.B., die während ihres ungefähr eintägigen Zyklus eine 5- bis 6-stündige S-Phase durchlaufen, können durch spezifische DNA-Syntheseinhibitoren in diesem Stadium akkumuliert werden, da letztere natürlich auf Zellen, die gerade keine DNA synthetisieren, wirkungslos bleiben, so daß sie ihren Zyklus bis zum Eintritt der S-Phase ungestört durchlaufen. Sie sind auf diese Weise gewissermaßen chemisch synchronisiert und, wenn der Block aufgehoben wird, treten sie auch alle gleichzeitig in die S-Phase ein.

Eine andere Methode der Synchronisationsbehandlung wurde mit großem Erfolg an Massenkulturen des kleinen Ciliaten Tetrahymena pyriformis erprobt, die sich wegen ihrer relativ problemlosen Handhabung und vor allem wegen der für einen Eukaryonten kurzen Zyklusdauer von nur 3 Stunden auch für Praktikumszwecke empfiehlt.

Man hält die Kultur hierbei durch multiple Hitzeschocks von 34° C, unterbrochen von
28° C-Intervallen, auf einer besonders Temperatur-sensitiven Stufe des Zyklus. Optimal
ist eine Serie von sechs 34° C-Schocks von jeweils einer halben Stunde Dauer, unterbrochen von ebenfalls halbstündigen Intervallen bei 28° C im alternierenden Wechsel.
Nach der letzten Schockbehandlung bei 34° C verbleibt die Kultur im 28° C-Bad, wo
sich unter diesen Bedingungen nach ca. 80 Minuten ein hoher Prozentsatz der Zellen
in Teilung befindet (Abb. 29). Zählungen zu Beginn und am Ende einer Synchronbehandlung zeigen, daß der Mitoseindex während der Behandlung ständig abnimmt
und die Zellzahl/ml praktisch unverändert bleibt (Abb. 29). Im einzelnen sind die
Vorgänge während der Synchronbehandlung, wo es zu einer Art physiologischer Interferenz kommt, ziemlich komplex und noch nicht völlig verstanden. Sicher erscheint
bisher, daß während der Hitzeschocks die einzelnen Zellen zwar dennoch etliche DNA-
Replikations-Zyklen durchlaufen, jedoch werden offenbar assembly-Prozesse einiger
Proteine blockiert, die normalerweise gegen Zyklusende Strukturen liefern, die erst
kurz vor der Teilung komplettiert werden, wie die Spindeläquivalente und das komplexe
System der Infraciliatur und des Oralapparates. Pellicula-Differenzierungen, insbesondere
die Bildung der Oralanlagen, stehen auf eine noch nicht annähernd geklärte Weise mit
der Teilung bzw. mit der Teilungsauslösung selbst in ursächlichem Zusammenhang.

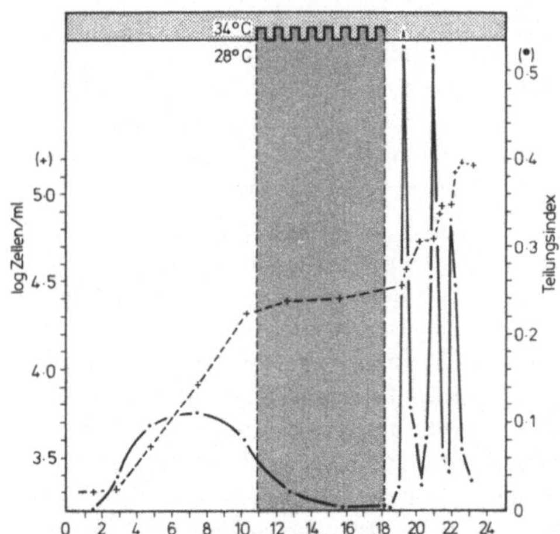

Abb. 29
Zelldichte (Kreuze) und
Teilungsindex (schwarze Punkte)
einer Tetrahymena-Kultur vor,
während und nach einer Serie
von 34° C-Hitzeschocks.
Nach Scherbaum und Zeuthen.

Da es sich bei den Ciliaten um recht spezialisierte Protozoen handelt, die nicht gerade
dem Idealtypus einer Zelle entsprechen, soll im folgenden kurz auf ihre zelluläre Organisation und einige cytologische Charakteristika eingegangen werden.

▲ **4.1.1 Zelluläre Organisation und Kernverhältnisse bei Ciliaten**

Ciliaten weisen im wesentlichen zwei cytologische Besonderheiten auf, die sie charakteristisch von anderen Zellen unterscheiden. Die erste und gleichzeitig charakteristisch-
ste Besonderheit ist ihr sog. Kerndualismus, der sich bereits morphologisch in auffal-

lender Weise manifestiert. Während die meisten Zellen bekanntlich diploide Kerne besitzen, die sich mitotisch unter Ausbildung einer Spindelfigur teilen, haben Ciliaten wie Tetrahymena hingegen zwei verschiedene Kerntypen: 1. die Mikronuclei, die ziemlich klein und diploid sind und sich mitotisch teilen, und 2. die Makronuclei, die meist recht groß und hochpolyploid sind und die sich auf eine Weise teilen, die mit einer normalen Mitose nicht ohne weiteres zu vergleichen ist.

Der Mikronucleus stellt einen generativen Kern dar, der wohl ausschließlich bei der geschlechtlichen Fortpflanzung in Funktion tritt, die bei Ciliaten als Konjugation oder Autogamie (Selbstung) abläuft. Wie das Beispiel des Stammes GL von Tetrahymena lehrt, der seinen Mikronucleus verloren hat, spielt dieser bei stoffwechsel-physiologischen Vorgängen keine Rolle. Der Stamm GL kann sich zwar ungehindert vegetativ vermehren, jedoch nicht mehr konjugieren. Man hat solche Stämme daher auch schon als „genetisch tot" bezeichnet.

Der Makronucleus hingegen, der während der Konjugation zugrundegeht und später aus einem Mikronucleus wieder hervorgeht, ist für alle stoffwechselphysiologischen Vorgänge verantwortlich. Die Teilung selbst, die manchmal als Amitose bezeichnet wird, ist zwar insgesamt noch ziemlich undurchsichtig, doch spielen hier wie bei jeder Kernteilung Mikrotubuli eine wichtige Rolle. Über die genetische Organisation des Makronucleus, die sich inzwischen als viel komplexer als zunächst angenommen erwiesen hat, ist erst in den letzten Jahren etwas mehr Klarheit gewonnen worden.

Die zweite Besonderheit der Ciliaten ist der Besitz eines Systems von Oberflächenstrukturen, die als Pellicula-Differenzierungen eine z.T. weitgehende Autonomie besitzen und die im Dienste der Nahrungsaufnahme und der Fortbewegung der Zelle bzw. von Formveränderungen stehen. Die Oberflächenstruktur unseres Ciliaten besteht vorwiegend aus einem regelmäßigen Muster von Cilienreihen, die als Cilienmeridiane oder Kinetiden bezeichnet werden und das sog. lokomotorische System bilden. Damit in Verbindung stehen subpelliculäre Basalkörper und Fibrillenbänder, die nach Silbernitrat- oder Protargol-Färbungen lichtmikroskopisch darstellbar sind (Abb. 30). Da sog. Silberlinienpräparate von Zellen aus der exponentiellen Wachstumsphase und aus synchronisierten Kulturen wichtige Informationen geben hinsichtlich des Differenzierungsgrades dieser Pellicula-Strukturen, wird auf eine im Anhang dargestellte, für Tetrahymena erprobte einfache Versilberungstechnik hingewiesen. In solchen Präparaten erkennt man den longitudinalen Verlauf der Kinetiden vom anterioren Zellapex zum posterioren Zellende. Eine Ausnahme bilden lediglich zwei Meridiane, die im oralen Bereich enden (anteriores Ende). Der Oralapparat besitzt ein eigenes Ciliensystem, das sich u.a. schon auf Grund der Länge seiner Cilien und seines Schlagmodus von der übrigen Ciliatur deutlich unterscheidet. Am rechten Rande des Oralapparates liegt die sog. undulierende Membran, die aus einer einzigen Reihe eng beieinander stehender, miteinander verschmolzener Cilien besteht. Innerhalb der tassenförmigen Vertiefung liegen noch drei weitere Membranellenbänder, die ihrerseits jeweils aus drei Cilienreihen bestehen und in koordinierter Weise so schlagen, daß Nahrungspartikel durch den trichterförmigen Cytopharynx zum Cytostom (Zellmund) getrieben werden. Dort bilden sich Nahrungsvakuolen, die nach Anfärbung mit Kongorot während ihrer

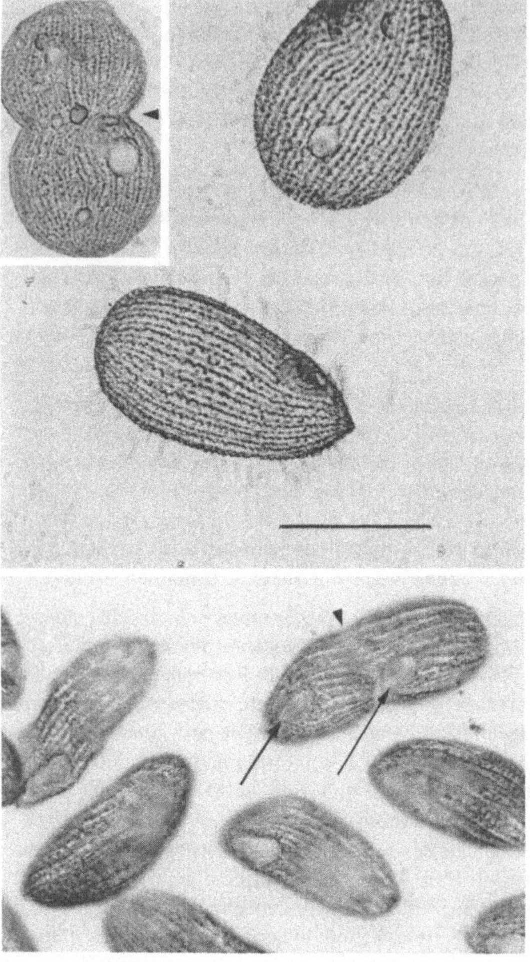

Abb. 30
Silberlinienpräparate von
Tetrahymena (vgl. S. 163).
Die Pfeilköpfe weisen
auf die Teilungsfurche,
die bei Ciliaten immer quer
zur Zellängsachse angelegt wird.
Die Oralbereiche bei der
Teilungszelle des unteren Bildes
sind durch Pfeile markiert.
Maßstab: 50 μm

Verdauungswanderung bis zur Ausscheidung am Cytoproct (Zellafter) nahe dem posterioren Zellpol leicht verfolgt werden können.

Außer den Kinetiden, dem Oralapparat und dem Cytoproct sind noch zwei Poren als permanente Pellicula-Differenzierungen anzusprechen. Sie stehen zusammen mit der pulsierenden Vakuole im Dienste der Osmoregulation. Temporär wird während der Entleerung der Vakuole durch Öffnung einer Membran zwischen ihnen eine Verbindung hergestellt.

Außer der DNA-Replikation, die im Makronukleus etwa in der Mitte des dreistündigen Zyklus stattfindet, muß Tetrahymena neben dem normalen Zellwachstum auch noch

die Verdoppelung der erwähnten Oberflächenstrukturen durchführen. Beide Tochterzellen müssen ja bei der Teilung, die bei den Ciliaten immer transvers erfolgt (Abb. 30),
jeweils einen vollständigen Satz des Ciliensystems mitbekommen. Da nach diesem
Teilungsmodus die anteriore Tochterzelle das alte Cytostom erhält und das posteriore
Teilungsprodukt das alte Cytoproct und die kontraktile Vakuole, muß jede Hälfte die
jeweils fehlenden Strukturen schon vor der Teilung neu anlegen. Die Anlage des Oralapparates, die sich im Bereich der ersten beiden am Cytostom endenden Cilienmeridiane ungefähr auf der Höhe des Zelläquators lokalisieren läßt, gelangt bei der Teilung
an den vorderen Pol der Tochterzelle. An Silberlinienpräparaten kann dies im Detail
gut verfolgt werden. ■

▲ **4.1.2 Synchronisationsversuch**

Die Wirkung der Hitzeschock-Serien auf die logarithmisch wachsende Kultur soll sich
in einer erheblichen Synchronisationsrate äußern und wird durch Bestimmung des
Mitoseindex sowie durch Messung der Zellgröße im Behandlungszeitraum ermittelt.
Weiterhin soll mit dem Synchronisationsversuch zumindest näherungsweise festgestellt
werden, zu welchem Zeitpunkt in Bezug auf die Teilung die Synthese von RNA und
von Proteinen bei Tetrahymena zu erfolgen hätte, damit es zum Abschluß eines regulären Zyklus kommen kann. Auch die Frage, welches Protein für die Teilung selbst eine
wesentliche Rolle spielt, wäre zu beantworten.

Diese zuletzt angesprochenen Probleme können auf etwas vereinfachte Weise durch die
Applikation verschiedener spezifischer Inhibitoren der Beantwortung nähergebracht
werden. So blockiert z.B. Aktinomycin D bei Eukaryonten die Synthese von mRNA
an der DNA-Matrize, d.h. die Transkription, während ein anderes Antibiotikum,
Cycloheximid (Aktidion), die Proteinsynthese, also die Translation, verhindert. Pflanzliche Alkaloide wie Vinblastin (aus tropischen Immergrünarten) oder das bekanntere
Colchicin der Herbstzeitlosen schließlich, inhibieren zwar keinen bestimmten Syntheseschritt im Zellstoffwechsel, verhindern dafür aber den assembly-Prozeß des Tubulins
durch ihre Bindung an seine dimeren Untereinheiten, so daß es nicht zur Ausbildung
der für einen regulären Mitoseablauf notwendigen Mikrotubuli kommt.

Durch die Zugabe spezifischer Inhibitoren dieser Art, die in festen Abständen nach der
Hitzebehandlung zu mehreren Subkulturen erfolgt, läßt sich, wenn zu einem bestimmten Zeitpunkt eine Teilungshemmung verursacht wird, die Aussage machen, daß eben
zu diesem Zeitpunkt oder später der entsprechend gehemmte Syntheseschritt für die
Durchführung der Teilung noch erforderlich war. Wird die Teilung hingegen nicht
beeinflußt, kann umgekehrt natürlich gefolgert werden, daß die betreffende Syntheseleistung nicht mehr erforderlich, also bereits abgeschlossen war. Eine Kontrollkultur,
der anstatt eines Inhibitors jeweils eine entsprechende Menge Aqua bidest. zugegeben
wurde, dient der Bestimmung der Synchronisationsrate durch Auszählen der Teilungszellen auf einer bestimmten Gesichtsfeldfläche.

Erforderliche Materialien.

2 Ultrathermostaten (Wasserbäder), eingestellt auf 34° C und 28° C,

1 großes Wasserbad (Köttermann), eingestellt auf 28° C,

4 Reagenzglas-Ständer mit jeweils 4 Reagenzgläsern, die zweckmäßigerweise verschiedenfarbig markiert sind, z.B. mit Farbringen aus waschfester Farbe, versehen mit Zeitmarken (15, 30, 45, 60 min).

2 bis 4 1 ml Vollpipetten,

1 automatische 100 μl-Pipette (Eppendorf) oder 16 0,1 ml-Pipetten mit Peleus-Ball,

ca. 20 Pasteur-Pipetten mit Gummihütchen,

ca. 100 Objektträger und Deckgläser,

4 verschiedenfarbige Filzschreiber — passend zur Farbmarkierung der Reagenzgläser,

1 Flasche Neutral-Formol (5 %) mit dünn ausgezogener Pasteur-Pipette,

3 Inhibitor-Stammlösungen: Actinomycin D 200 μg/ml, Cycloheximid 100 μg/ml, Colchicin 15 mg/ml und

Aqua bidest. als Kontrolle.

Alle Stammlösungen sollten wiederum verschiedene Farbmarkierungen bekommen.

1 Fläschchen mit 50 % Glycerin.

Nährmedium: 1 % Proteose-Pepton(DIFCO); 0,25 % Hefeextrakt (DIFCO); 0,01 % Dextrin, autoklaviert bei 1 atü für 15 min.

Phasenkontrast-Mikroskope: 10- und 40-fach vergrößernde Objektive,

Objektmikrometer und Meßokular.

Vorbereitung und Durchführung des Versuchs. 12 bis 15 Stunden vor der Synchronisation werden ca. 60 ml steriles Proteose-Pepton-Nährmedium in einem 1-Ltr-Erlenmeyerkolben beimpft, so daß sich zu Beginn des Versuchs die Kultur noch in der exponentiellen Wachstumsphase befindet. Danach wird synchronisiert: 6 × 30 min bei 34° C, unterbrochen von jeweils 30-min-Intervallen bei 28° C. Von der möglichst exakten Einhaltung dieser Zeiten (Uhrzeit notieren!) hängt die erfolgreiche Synchronisation ab.

Während der Behandlung sollen in zuvor festgelegten Abständen der Kultur Stichproben entnommen werden, die auf vorbereiteten Objektträgern mit einem kleinen Tropfen Neutralformol fixiert werden. Man läßt diese lufttrocknen und deckt sie entweder zusammen mit den späteren Proben aus den Inhibitorversuchen ein oder wertet sofort aus. Es sollten Längenmessungen der Zellen und eine Zählung der Teilungszellen durchgeführt werden. Aus den Ergebnissen läßt sich eine Graphik der Mitosehäufigkeit gegen die Zeit der Hitzeschock-Behandlung erstellen. Die Längenmessungen, die mit einem kalibrierten Meßokular vorgenommen werden, können in Form eines Histogramms wiedergegeben werden. Während der Synchronbehandlung sollen Silberpräparate beobachtet oder solche selbst hergestellt werden, und zwar von Zellen aus der exponentiell wachsenden Kultur und von solchen, die aus der Hitzeschock-Behandlung stammen. Unmittelbar nachdem die Kultur vom letzten Hitzeschock in das 28° C-Wasserbad zurückgesetzt wurde, wird die Zeit notiert und von der Synchronkultur die 16 markierten Kulturröhrchen der Gruppe mit jeweils 1-ml-Portionen beschickt. Jeweils 15, 30, 45 und 60 Minuten nach Beendigung der Synchronisationsbehandlung werden parallel 4 Kulturröhrchen mit je 0,1 ml der Inhibitoren und des Aqua bidest. als Kontrolle beschickt. Es sollte dabei beachtet werden, daß das volle Quantum der Drogen in die Subkulturen gelangt und durch Schütteln für eine gleichmäßige Verteilung gesorgt ist.

60 Minuten nach Beendigung der Hitzeschock-Behandlung werden zum letzten Male die Inhibitoren zugesetzt und unmittelbar danach die ersten Stichproben entnommen und auf vorbereiteten, verschiedenfarbig beschrifteten Objektträgern mit einem kleinen Tropfen Formol fixiert. Diese Stichproben sollen dann in 5- oder 10-Minuten-Intervallen 90 Minuten lang gemacht werden. Man läßt diese Präparate trocknen und deckt sie zur Auswertung in Glycerin ein. Im Phasenkontrast können dann die Teilungsstadien pro Gesichtsfeld ausgezählt und nach dem in Abb. 31 wiedergegebenen Schema tabellarisch zusammengestellt werden. ■ □

Inhibitoren		Zugabe nach ESB	Entnahme					
			60'	70'	80'	90'	100'	110'
Kontrolle	gelb	15'						
		30'						
		45'						
		60'						
Hemmstoff	grün	15'						
		30'						
		45'						
		60'						
Hemmstoff	blau	15'						
		30'						
		45'						
		60'						
Hemmstoff	rot	15'						
		30'						
		45'						
		60'						

Abb. 31
Vorschlag für ein Darstellungsschema
der Ergebnisse aus dem
Synchronisationsversuch.

Literatur

C e r r o n i, R. E.; Z e u t h e n, E.: Inhibition of macronuclear synthesis and of cell division in synchronized Tetrahymena. Exp. Cell Res. **26** (1962) 604

Z e u t h e n, E.: The temperature induced division synchrony in Tetrahymena. In: Z e u t h e n, E. (Ed.): Synchrony in cell division and growth. New York (1964) 99−158

Z e u t h e n, E.; S c h e r b a u m, O.: Synchronous divisions in mass cultures of the ciliate protozoon Tetrahymena pyriformis, as induced by temperature changes. In: K i t c h i n g, I. H. (Ed.): Recent developments in cell physiology. London (1954) 141−156

4.2 Mitose

In der P r o p h a s e der Kernteilung oder Mitose machen die Chromosomen einen Formwechsel durch, welcher von der feinfädigen Funktionsform der Interphase zur kompakten Transportform führt. Sie kommt dadurch zustande, daß sich die prinzipielle Baueinheit jeder Chromatide, das C h r o m o n e m a, helixartig aufschraubt und auffaltet. Dadurch werden die Chromosomen verkürzt und dicker und ihre Spaltung in Chromatiden wird immer deutlicher sichtbar. Lediglich das Centromer, im kompakten Chromosom als Einschnürung erkennbar, bleibt bis zur Anaphase ungeteilt.

An ihm bilden sich an entgegengesetzten Flächen meist scheibenförmige K i n e t o - c h o r e von 0,3 μm bis 0,5 μm Durchmesser aus, an denen von der Prometaphase an Bündel von M i k r o t u b u l i inserieren. Sie sind für die Metakinese, die Wanderung der Chromosomen zur Spindel, und für die spätere Anaphasebewegung von Bedeutung.

Mikrotubuli sind röhrchenartige Strukturen von ca. 25 nm Durchmesser und ca. 5 nm Wandstärke. Die Wand ist aus Untereinheiten, den P r o t o m e r e n, zusammengesetzt, die in Längsrichtung P r o t o f i l a m e n t e bilden (Abb. 32). Auf den Tubulusquerschnitt kommen 13 solcher Protofilamente. Die Protomeren sind ihrerseits Heterodimere aus α- und β-Tubulin mit einem Molekulargewicht von ca. 53000. Hinzu kommen noch weniger bekannte hochmolekulare Proteine, die vielleicht der Außenfläche anhaften und für den hellen Halo verantwortlich sind, der in Querschnitten von Mikrotubuli meist zu sehen ist.

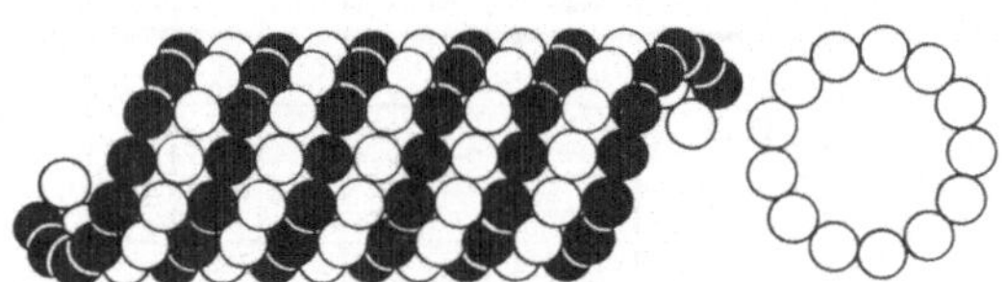

Abb. 32   Strukturmodell eines Mikrotubulus.
Die monomeren Untereinheiten (Protomere: α + β Tubulin)
der Dimere sind dunkel bzw. hell dargestellt.

Die Protomeren des gereinigten, isolierten Tubulins können in vitro aggregieren und Mikrotubuli bilden. Schneller und bei niedrigeren Konzentrationen von Tubulin erfolgt die Reaggregation, wenn die Lösung Organisationszentren enthält. Als solche wirken Bruchstücke von Mikrotubuli oder Protofilamenten ebenso wie die Kinetochore isolierter Metaphasechromosomen. Man nimmt an, daß in der Zelle die C e n t r i o l e derartige Organisationszentren sind, denn es kommt bei überzähligen Centriolen zu mehrpoligen Spindeln. Bei höheren Pflanzen übernehmen die sog. Polkappenbereiche im Cytoplasma, bei den intranucleären Spindeln mancher Einzeller Teile der Kernmembran diese Funktion. Bei der Spindelbildung wachsen demnach zwei Halbspindeln von den Polen ausgehend aufeinander zu. Sie stellen die Hauptmasse der Spindel dar und werden oft auch kontinuierliche Spindelfasern genannt, obwohl wahrscheinlich nur ein kleiner Prozentsatz der Mikrotubuli wirklich von Pol zu Pol reicht. Hinzu kommen, besonders bei Eizellen, noch radial vom Pol ausstrahlende Mikrotubuli, welche die lichtmikroskopisch sichtbaren Aster bilden. Mit dem Zusammenbruch der Kernhülle (bei den meisten Organismen) werden für die Kinetochore als zweitem Typ von Organisationszentrum die cytoplasmatischen Vorräte an Tubulin-Protomeren verfügbar, und die zweiten Komponenten der Spindel, die Kinetochormikrotubuli oder chromosomalen Spindelfasern, werden gebildet.

In der M e t a p h a s e ist der Aufbau der Spindel abgeschlossen, und es scheint ein Gleichgewicht der auf die Centromere einwirkenden Kräfte zu herrschen. Die Chromosomen haben die Metakinese abgeschlossen und kommen in der Mitte zwischen den beiden Polen, der sog. Äquatorialplatte, zur Ruhe. Dennoch ist der Vorrat an freiem Tubulin nicht aufgebraucht. Ersetzt man das Zellwasser zum Teil durch das aggregationsfördernde D_2O (D = Deuterium, schweres Isotop des Wasserstoffs), so werden noch mehr Mikrotubuli aufgebaut. Solche D_2O-Spindeln sind allerdings erstarrt. Sie führen keine Anaphasebewegung mehr durch, für die offenbar die Labilität der Mikrotubuli, d.h. ihre Abbaubarkeit, Voraussetzung ist.

In der A n a p h a s e teilen sich die Centromere der Tochterchromatiden, und die Chromosomenbewegung setzt ein. Beide Strukturkomponenten der Spindel, die chromosomalen und die Polfasern, können an der Trennung der Tochterchromosomen in unterschiedlichem Maße nacheinander oder gleichzeitig beteiligt sein. Im allgemeinen wird die Entfernung der Chromosomen von den Polen geringer, d.h. die Kinetochormikrotubuli verkürzen sich. Gleichzeitig oder danach streckt sich die Spindel im Mittelbereich in die Länge, so daß die Entfernung der Tochterplatten voneinander zusätzlich vergrößert wird. In Extremfällen, wie bei der Mikronucleusteilung der Ciliaten, kann sich die Spindel in der Anaphase auf das 10-fache ihrer Ausgangslänge strecken, so daß die Chromatidentrennung fast ganz auf das Auseinanderstemmen der Kernhälften zurückzuführen ist. Bei den in feste Zellwände eingeschlossenen Zellen pflanzlicher Gewebe überwiegt natürlich die Verkürzung der Kinetochormikrotubuli.

Über die Ursachen der Anaphasebewegung gibt es verschiedene Theorien. Die Mikrotubuli sind selbst nicht kontraktil, sondern sind relativ starre Gebilde. Sie verändern auch ihren Durchmesser nicht in der Anaphase. Überhaupt erfolgt die Chromosomenbewegung im Vergleich zu anderen zellulären Bewegungsvorgängen langsam. Sie liegt bei wenigen μm/Minute und ist damit ca. 100 mal langsamer als der Stundenzeiger einer Armbanduhr. Es ist denkbar, daß der Ausbau von Protomeren aus den Kinetochormikrotubuli die nötigen Kräfte zum polwärtigen Transport und ihr Einbau in die Polfasern die Kräfte zur Spindelverlängerung generiert. Andere Autoren sehen in diesen Umbauprozessen nur Begleitphänomene und halten Verbindungen zwischen den Mikrotubuli, sog. Brücken, für wesentlich. Durch aktiv bewegliche Brücken könnten (analog etwa zur Muskelkontraktion) Mikrotubuli aneinander vorbeigleiten, wenn sie eine aus ihrer Aufbaurichtung her verständliche entgegengesetzte Polarität aufweisen. Der Nachweis von Proteinen, die auch im Muskel vorkommen, deutet allerdings eher darauf hin, daß kontraktile Filamente an den Mikrotubuli angreifen und so die Chromosomen zu den Polen befördern. Die Spindelstreckung, die so nicht zu erklären ist, könnte auf dem Einbau von Protomeren in die Polfasern zwischen den auseinanderweichenden Tochterplatten beruhen.

Cytoplasmatische Mikrotubuli sind labile Gebilde. Sie stehen mit den freien Protomeren ihrer Umgebung in dynamischem Gleichgewicht. Die Zelle muß bei der Spindelbildung und beim Spindelabbau in der Telophase steuernd in dieses Gleichgewicht eingreifen können. Spindelgifte wie das Colchicin, ein Alkaloid aus der Herbstzeitlose, reagieren mit den freien Protomeren, die damit unfähig zur Aggregation werden. Da aber infolge des dynamischen Gleichgewichtes ständig Protomere aus den Mikrotubuli freigesetzt werden und diese wiederum mit Colchicin reagieren, kommt es auch zum Abbau bereits gebildeter Spindeln. Die Replikation und Kondensation der Chromosomen schreitet jedoch ungehindert fort, so daß es bei längerer Colchicinwirkung zu einer Anhäufung metaphaseähnlicher Stadien (c-Metaphasen) kommt. Das und die bessere Ausbreitung von Chromosomen in Quetschpräparaten bei fehlender Anheftung an die Spindel hat das Colchicin zu einem unentbehrlichen Hilfsmittel bei der Karyotypanalyse gemacht, wenn es darum geht, Zahl und strukturelle Besonderheiten der Chromosomen zu erfassen. Wenn sich die Centromere schließlich teilen, geht die c-Metaphase in die c-Anaphase über. In der folgenden Telophase dekondensieren sich die Chromosomen und es wird eine Kernhülle um den nun tetraploiden Chromosomensatz gebildet. Weitere Replikationen in Gegenwart von Colchicin führen zu oktoploiden und höher polyploiden Zellen.

△ ▲ 4.2.1 Mitose im Wurzelspitzenmeristem

Zur Untersuchung der Mitose dienen Quetschpräparate der Wurzelspitze von Allium cepa, die nach der Methode von Feulgen zur Darstellung der DNS gefärbt wurden. Man erkennt daher nur das Chromatin bzw. die Chromosomen. Der Rest der Zelle einschließlich der Organellen, die sich im Mitosezyklus verändern (z.B. Nucleolen) oder der Spindel, die aktiv beteiligt ist, bleiben ungefärbt.

Am zahlreichsten sind in unserem Präparat Zellkerne, die sich im Zustand der I n - t e r p h a s e (G_1, S oder G_2) befinden, denn dieses Stadium nimmt den größten Teil der Dauer des Zellzyklus ein. Der Kern ist dicht von Chromatin erfüllt und der Nucleolus erscheint als helle, kugelige Aussparung. Die P r o p h a s e wird dadurch eingeleitet, daß die Kerne sich vergrößern und die Chromatinmasse sich auflockert, bis lange, dünne Chromosomen erkennbar werden. In der frühen Prophase (Abb. 33 a) sind mit der Ölimmersion schraubig aufgewundene („spiralisierte") Bereiche in den sich kondensierenden Chromosomen auszumachen. In gestreckten Abschnitten kann man unter günstigen Umständen die Spaltung des Chromosoms in zwei Chromatiden erkennen. Der kleiner werdende und noch in der Prophase verschwindende Nucleolus ist nur im Phasenkontrast zu sehen. Bei fortschreitender Spiralisierung werden im

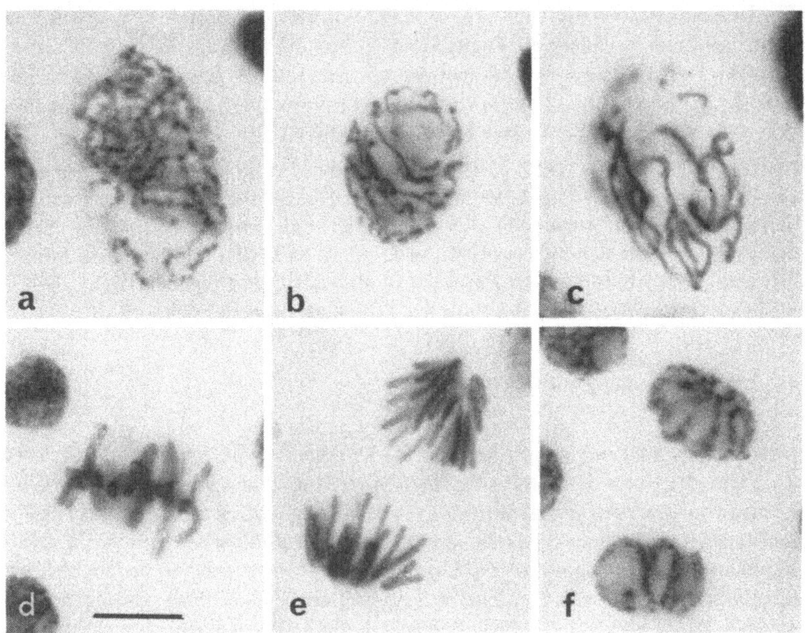

Abb. 33   Mitose, Wurzelspitze von Allium cepa.
a bis c) Prophase, d) Metaphase, e) Anaphase, f) Telophase. Feulgen-Quetsch-
präparate.
Maßstab: 10 μm.

weiteren Verlauf der Prophase die Chromosomen kürzer, dicker und somit stärker
färbbar (Abb. 33 b, c).

Das Ende der Prophase ist erreicht, wenn die Kernhülle in kleine Vesikel zerfällt.
Gleichzeitig bildet sich zwischen den beiden Polkappen die Spindel. Einzelheiten die
ser Vorgänge sind gelegentlich im Elektronenmikroskop zu beobachten (s. Abschn.
2.1.2). Der Nucleolus ist inzwischen vollständig verschwunden und die Chromosomen
bewegen sich mit den Anheftungsstellen der Spindelfasern, den Kinetochoren, auf den
Spindelädquator hin. Der Bewegungsvorgang selbst heißt Metakinese, das entsprechende
Mitosestadium P r o m e t a p h a s e.

In der M e t a p h a s e (Abb. 33 d) haben sich die Chromosomen in die Spindel ein-
geordnet. Die Arme der bei diesem Objekt etwa V-förmigen Chromosomen liegen
wegen der Enge der Zelle in Längsrichtung der Spindel. Bei sorgfältiger Beobachtung
ist zu sehen, daß sie in zwei dicht beieinander liegende Chromatiden gespalten sind.
Ungeteilt ist jedoch, wie der folgende Versuch an colchicinbehandelten Zellen zeigt,
der Centromerbereich, der an gegenüberliegenden Flächen die Tochterkinetochore
trägt. Durch die Überlagerung sämtlicher Centromerbereiche erscheint die Äquatorialplatte besonders dicht.

Die Trennung der Tochterchromatiden in der folgenden A n a p h a s e beginnt im
Centromerbereich, da sich die Zugwirkung der Spindel allein auf die Kinetochore
auswirkt. Deshalb zeigen die Chromatiden während ihrer Bewegung zu den Polen die
typische V-Form (Abb. 33 e). Da von jedem Chromosom jeweils eine Chromatide zu
jedem der Pole gelangt, entstehen erbgleiche Tochterzellen.

In der T e l o p h a s e (Abb. 33 f) werden Kernhülle und Nucleolus wieder gebildet.
Die Chromosomen der Tochterkerne dekondensieren sich wieder. Dabei werden sie
breiter und diffuser. Auch beim „Entspiralisieren" hat man den Eindruck von Schrau-
benwindungen, die sich im Gegensatz zur Prophase verbreitern und lockern. Allmählich wird unter Abrundung des Kerns der Interphasezustand wieder erreicht, ohne daß
man eine scharfe Grenze für das Ende der Telophase angeben könnte. ■

▲ 4.2 2 Mitosehemmung mit Colchicin

Untersucht werden wie unter Abschn. 4.2.1 hergestellte Wurzelspitzenpräparate von
Zwiebeln, die 16 bis 24 Stunden bei einer Wurzellänge von 2 bis 3 cm auf eine 0,1 %
Lösung von Colchicin gesetzt wurden (Vorsicht: Colchicin ist giftig). Dieses Alkaloid zerstört vorhandene Spindeln und verhindert die Bildung neuer Spindeln. Die
Replikation und Kondensation der Chromosomen geht ungehindert weiter, aber die
Chromatiden können sich nicht wie in der gewöhnlichen Anaphase voneinander
trennen. Daher kommt es zu einer Anhäufung von Zellen in einem metaphaseähn-
lichen Zustand (c - M e t a p h a s e, Abb. 34 a) mit kondensierten Chromosomen, die
deutlich den Aufbau aus zwei Chromatiden zeigen. Nur das Centromer ist noch ungeteilt, so daß die Chromosomen beim Quetschen oft ein X-artiges Aussehen annehmen.

Wir suchen im Präparat eine gut gequetschte c-Metaphase und zeichnen die Chromosomen, um zu einer Beschreibung des Karyotyps der Zwiebel zu kommen. Dazu
gehört die Ermittlung der Chromosomenzahl und die möglichst vollständige Charakterisierung der einzelnen Chromosomen. Da die Zwiebel diploid ist, müssen unter den
16 Chromosomen jeweils 2 identisch sein (2n = 16). Die 8 Paare sind aber hier nur
schwer voneinander zu unterscheiden, da bei allen das ungeteilte Centromer etwa
in der Mitte liegt (metazentrische Chromosomen) und alle etwa gleich lang sind. Eine
genauere Charakterisierung wäre mit Messungen des Armlängenverhältnisses (Quotient
der Länge der „Arme" zu beiden Seiten des Centromers) und evtl. durch spezielle
Färbetechniken möglich, mit denen stärker färbbare „Querbanden" im Chromosom
dargestellt werden können. Zwei der Chromosomen unterscheiden sich allerdings
durch eine tiefe Einschnürung nahe dem Ende eines Armes, die einen fast kugeligen
„Satelliten" vom Rest des Chromosoms trennt. Die Einschnürung selbst wird sekundäre
Einschnürung (im Gegensatz zur primären Einschnürung, dem Centromer) genannt
oder SAT-Zone (sine acido thymonucleico, weil man früher annahm, diese schwach
färbbare Stelle enthielte keine DNA oder Thymonucleinsäure, wie sie damals genannt
wurde). Besser ist die funktionelle Bezeichnung N u c l e o l u s o r g a n i s a t o r,
weil hier in der Telophase ein neuer Nucleolus gebildet wird.

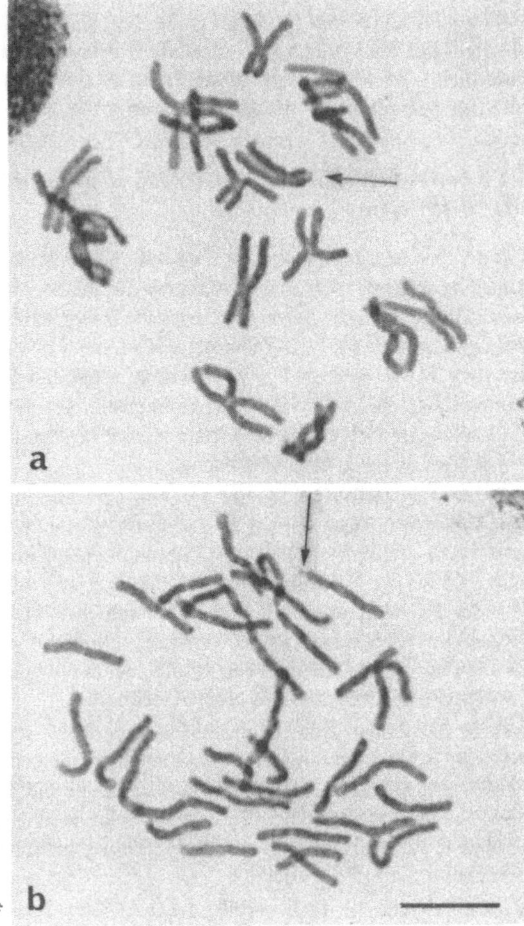

Abb. 34
Feulgen-Quetschpräparat,
Wurzelspitze von Allium cepa
nach Einwirkung des Spindelgiftes
Colchicin.
a: c-Metaphase, b: c-Anaphase.
Pfeile: Chromosomen mit SAT-Zone
Maßstab: 10 μm.

An der Lage der Chromosomen kann man manchmal noch diejenigen Zellen erkennen,
die sich bei Beginn der Colchicinbehandlung bereits in der Metaphase befanden. Die
bereits aufgebaute Spindel wird in ein strukturloses Spindelgel verwandelt, das als
nicht färbbare Masse im Zentrum liegt. Die Chrómosomen sind ringförmig um diesen
Bereich angeordnet.

Wenn sich das Centromer schließlich doch teilt (c - A n a p h a s e), fallen die Chromatiden auseinander. Auch dieses Stadium ist im Präparat zu finden. Nach Neubildung
der Kernhülle ist die Zelle tetraploid und ihr Kern ist entsprechend größer. In der
nächsten c-Metaphase ist die Zahl der Chromosomen auf 32 gestiegen und die Zelle ist
t e t r a p l o i d. Nach 24-stündiger Colchicinbehandlung sind einige dieser tetraploiden
c-Metaphasen zu finden. Weitere Verweildauer im Colchicin führt zu immer höherer

P o l y p l o i d i e und zu immer größeren Kernen und Zellen. Da gleichzeitig das ebenfalls mit Mikrotubuli (vgl. Abschn. 2) zusammenhängende Streckungswachstum unterbleibt, kommt es nach einigen Tagen zu einer Anschwellung der Wurzel im Meristembereich, die demonstriert werden sollte. ■

▲ **4.2.3 Autoradiographische Untersuchung der Chromosomenreplikation nach Einbau von ^{3}H-Thymidin**

Für den Versuch verwenden wir Zwiebeln, deren Wurzeln auf etwas mehr als 1 cm Länge herangewachsen sind. Man nehme nur kleine Zwiebeln, am besten die im Frühjahr in Samenhandlungen angebotenen Steckzwiebeln. Bewurzelte Zwiebeln werden auf Gefäße mit 3 bis 5 ml Volumen gesetzt, die 1 μCi/ml ^{3}H-Thymidin (spez. Aktivität etwa 27 Ci/mmol) in Wasser enthalten. Ideal sind Gefäße, deren Halsweite so bemessen ist, daß die Wurzeln voll eintauchen, eine radioaktive Verseuchung der Zwiebel selbst aber weitgehend vermieden wird. Man beläßt ca. 8 Stunden bei Zimmertemperatur in der Inkubationslösung.

Nach der Inkubation werden die Zwiebeln mit der Pinzette in ein großes Becherglas mit Wasser übertragen und 20 bis 30 Minuten unter zweimaligem Wasserwechsel gewaschen, um nicht eingebautes Thymidin zu entfernen. Sie kommen danach auf eine 0,05 bis 0,1 % Lösung von Colchicin in Wasser und werden darin 12, 24 und 36 Stunden belassen, um mit Sicherheit Metaphasestadien der 1. und 2. Teilung nach Einbau von ^{3}H-Thymidin in den zur Inkubationszeit gerade ablaufenden S-Phasen zu erhalten. Unmittelbar danach fixiert man in Äthanol-Eisessig (3:1) und macht Feulgenquetschpräparate wie unter Abschn. 4.2.1.

Um die Haftfähigkeit der Emulsion (besonders bei „stripping"-Filmen) zu verbessern, werden die für Quetschpräparate vorgesehenen Objektträger in frischer Chromschwefelsäure 1 Tag gereinigt, mehrstündig in fließendem und dest. Wasser gewaschen und in Chromalaungelatine getaucht (5 g weiße Gelatine in 1 Liter warmem dest. Wasser lösen, abkühlen, 0,5 g Chromalaun zusetzen). Die beschichteten Objektträger werden bis zur Benutzung staubfrei getrocknet.

Nach dem Quetschen wird vereist, das Deckglas wird abgelöst und die Präparate werden zunächst in dest. Wasser gesammelt. In der Dunkelkammer (Tiefrotlicht) werden sie entweder mit Kodak AR 10 „stripping-film" überzogen oder in eine flüssige Emulsion getaucht. Die trockenen autoradiographischen Präparate behält man im lichtdichten Kasten bei niedriger Luftfeuchtigkeit (Silikagel!) 1 Woche zur Exposition im Kühlschrank, entwickelt dann 3 min. in Kodak D-19 b bei 20°, wäscht kurz in Wasser, behandelt 5 min. in photographischem Fixierer, der anschließend 30 min. in Wasser ausgewaschen wird. Die Objektträger werden nun hochkant gestellt und (evtl. mit dem Luftstrom eines langsam laufenden Ventilators) getrocknet. Völlig trockene Präparate werden unmittelbar in Xylol gestellt und mit Caedax eingedeckt.

A n m e r k u n g. Der Umgang mit radioaktiven Stoffen ist genehmigungspflichtig! Das Ansetzen der ^{3}H-Thymidinlösung und die Inkubation sollten daher von entsprechend geschultem Personal durchgeführt werden. Colchicin ist giftig!

A u s w e r t u n g. Die beim Zerfall von Tritium ($^3_1$H) freigesetzte β-Strahlung führt zu mikroskopisch kleinen Silberkörnern, welche über denjenigen Kernen und Chromosomen liegen, die während der Inkubation gerade ihre S-Phase hatten. Daneben führen aber auch mechanische und chemische Einwirkungen auf die Photoschicht sowie äußere Strahlungsquellen zu Silberkörnern, die als sog. Schleier überall auftauchen können. Häufig ist das Schleierkorn deutlich kleiner als das von eingebauter Aktivität herrührende. Auswertbar sind nur Bereiche mit geringem Schleier.

Zur Auswertung gelangen c-Metaphasen mit deutlich unterscheidbaren Chromatiden. Da die Mitose im Colchicin gehemmt ist, zeigen diploide Zellen mit 16 Chromosomen die erste und tetraploide die zweite Metaphase nach dem Einbau an. Erstere sollten vor allem nach der kürzeren, letztere nach der längeren Colchicinbehandlung zu finden sein. Bei den diploiden Zellen zeigte der von Taylor, Woods und Hughes (1957) zuerst an einem anderen Objekt durchgeführte Versuch gleichartige „Markierung" mit Silberkörnern in beiden Chromatiden jedes Chromosoms. Bei den tetraploiden Zellen, die nach ihrer ersten S-Phase im „heißen" Medium noch eine zweite in „kalter" Lösung durchlaufen hatten, war jeweils eine Chromatide radioaktiv, die andere nicht. Häufig war auch ein Markierungswechsel (vgl. Abb. 35), der auf Bruch und Austausch „heißer" und „kalter" Stücke von Geschwisterchromatiden schließen ließ. ■ □

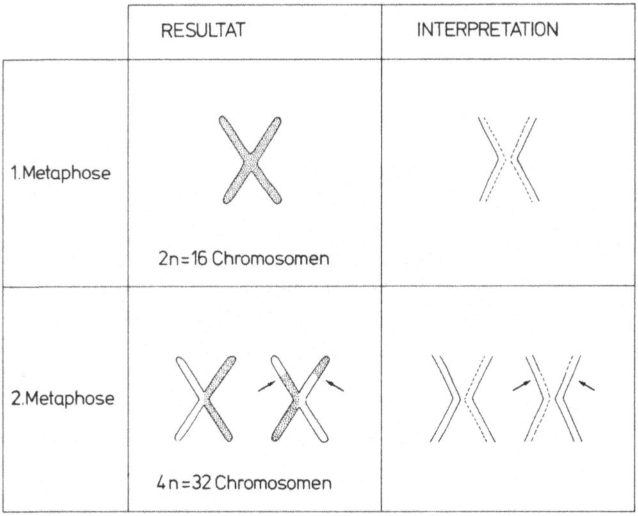

	RESULTAT	INTERPRETATION
1.Metaphase	2n=16 Chromosomen	
2.Metaphase	4n=32 Chromosomen	

Abb. 35   Chromosomen nach Einbau von ^{3}H-Thymdin in die DNA, c-Metaphasen. In der 1. Metaphase nach dem Einbau sind die beiden Chromatiden jedes Chromosoms gleichmäßig markiert. Interpretation: Jede Chromatide enthält 1 DNA-Doppelhelix, die sich bei der Replikation auftrennt. Zu jedem alten („kalten") Strang kommt ein neuer („heißer") hinzu. Die S-Phase vor der 2. Metaphase erfolgte in „kaltem" Medium, so daß es zur Auftrennung in markierte und unmarkierte Chromatiden kommt. Pfeile: Markierungswechsel durch Geschwisterchromatidenbruch.

Da es in der 2. Teilung nach dem Einbau zu einer Auftrennung in markierte und unmarkierte Chromatiden kam, schlossen die genannten Autoren auf einen fundamental 2-strängigen Aufbau jeder Chromatide (zur Erläuterung Abb. 35). Dabei sollen sich in der S-Phase beide Stränge trennen. Zu jedem alten („kalten") Strang kommt in der ersten S-Phase ein neuer, heißer. In der zweiten S-Phase kommt zum alten („kalten") Strang wiederum ein „kalter" und die 2-strängige Chromatide ist unmarkiert. Zu dem anderen, dem „heißen" Strang kommt ein „kalter" und die Chromatide als ganzes ist markiert. Da jeweils der eine Strang erhalten bleibt und ein neuer hinzukommt, spricht man von s e m i k o n s e r v a t i v e r   R e p l i k a t i o n. Ein derartiger Replikationsmodus war zu jenem Zeitpunkt bereits für die DNA-Doppelhelix selbst nachgewiesen. Dementsprechend wird der Versuch von Taylor u. Mitarb. heute meist dahin interpretiert, daß eine einzige durchgehende DNA-Doppelhelix das Grundgerüst jeder Chromatide bildet. Welche Zusatzannahmen wären nötig, um das gleiche Versuchsergebnis mit einer 4- oder mehrsträngigen Chromatide zu erhalten?

Literatur

T a y l o r, J. H.; W o o d s, P. S.; H u g h e s, W. L.: The organization and duplication of chromosomes as revealed by autoradiographic studies using tritium labelled thymidine. Prod. nat. Acad. Sci. (Wash.) **43** (1957) 122—128

4.3 Polyploidie durch Endomitosen

Somatische Polyploidie ist im Pflanzen- und Tierreich weit verbreitet. Bei vielen Insektenlarven z.B. findet das Wachstum nach einer anfänglichen mitotischen Vermehrung diploider Zellen, die bis zur Bildung der Organanlagen anhält, vornehmlich durch Vergrößerung der Zellen bei konstant bleibender Zellzahl statt. Da offenbar aus im einzelnen noch nicht bekannten zellphysiologischen Gründen stets eine bestimmte Massenrelation von Kern und Cytoplasma eingehalten werden muß („Kern/Plasma-Relation"), geht mit dem Riesenwachstum der Zellen eine Vermehrung ihres DNA-Gehaltes durch Endomitosen einher.

Die Endomitosen können von einem Formwechsel der Chromosomen wie in einer Mitose begleitet sein, so daß man von einer Endoprophase, Endometaphase, Endoanaphase und Endotelophase sprechen kann. Natürlich besteht ein grundsätzlicher Unterschied zur Mitose darin, daß die Kernhülle intakt bleibt und keine Spindel gebildet wird. Im allgemeinen geht überhaupt mit der Polyploidisierung die Fähigkeit zur Spindelbildung verloren: polyploid gewordene Zellen teilen sich nicht mehr. Eine Ausnahme bildet die s o m a t i s c h e   R e d u k t i o n im Darm von Stechmücken. Es handelt sich hier um Mitosen tetraploider Zellen ohne vorhergegangene Chromosomenreduplikation, so daß der diploide Ausgangszustand vor der Metamorphose wiedergewonnen wird.

△ ▲ 4.3.1 Endomitosen in Hodenseptenkernen von Wanzen

In den Kernen der Zellen, welche die zartwandigen Hodenschläuche bilden, laufen die
Endomitosezyklen unter deutlicher Kondensation und Dekondensation der Chromosomen ab. Die Untersuchungen können wie für die Meiose (Abschn. 6.2) an Quetschpräparaten des Hodens der Feuerwanze durchgeführt werden. Es ist ratsam, junge
Larvenstadien zu verwenden, weil bei diesen die Endomitosen häufiger und die Poly-
ploidiegrade noch nicht so hoch sind.

Nach der Färbung in Orcein-Essigsäure legt man ein Deckglas auf und beobachtet zunächst ohne Quetschen, um sich über die Lage der Zellen zu orientieren und um die
Septenkerne zu identifizieren. Im gequetschten Präparat erkennt man Septenkerne
unterschiedlicher Größe und verschiedenen Polyploidiegrades, die zudem noch verschiedene Kondensationsgrade des Chromatins erkennen lassen. Neben Interphase-
kernen (Abb. 36 a) mit ziemlich fein verteiltem Chromatin findet man solche mit
kondensierten Chromosomen wie Abb. 36 b, die als späte Endoprophase zu bezeichnen wäre. Gelegentlich kann man einen Chromatidenspalt erkennen. Allerdings erfolgt
die Kondensation nicht so gleichmäßig über die ganze Länge der Chromosomen wie in

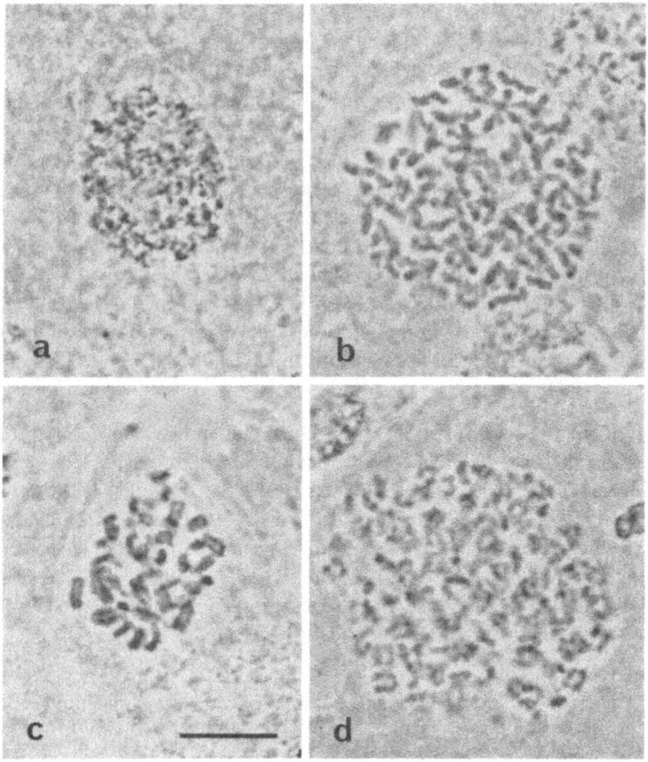

Abb. 36
Endomitosen in den
Hodenseptenkernen
einer Pyrrhocoride.
a) Interphase,
b) Endoprophase,
c) Endometaphase,
Kernhülle und
Chromatidenspalt
deutlich,
d) Chromatiden-
trennung
und beginnende
Dekondensation.
In b und d sind
die Kerne bereits
hochpolyploid.
Quetschpräparat,
Orcein-Essigsäure,
Phasenkontrast.
Maßstab: 10 μm.

der Mitose. Die Abb. 36 c zeigt einen Zustand von etwa maximaler Kondensation mit deutlichem Chromatidenspalt. Auch hier erreichen die Chromosomen bei weitem nicht den hohen Kondensationsgrad wie in einer Mitose. Deutlich erkennbar ist ihre Verteilung im Innern des Kerns ohne Anordnung in einer Äquatorialplatte und ohne Spindel. Da die Chromatiden noch auf ganzer Länge zusammenhängen, kann man diesen Zustand als das endomitotische Äquivalent einer Metaphase ansehen. In Abb. 36 d sind die Chromatiden wenigstens zum Teil voneinander getrennt. Oft hängen sie nur noch an den Enden zusammen. Auch die Dekondensation hat offenbar in diesem anaphase- oder telophaseähnlichen Stadium bereits eingesetzt. Da man alle diese Phasen in Kernen von unterschiedlicher Größe beobachten kann, werden sicher mehrere Endomitosezyklen asynchron durchlaufen, die im Endzustand zu sehr hohen Polyploidiegraden führen.■

▲ 4.3.2 Polyploidie und Geschlechtschromatin bei der Mehlmotte

Ätherisierten Weibchen (kenntlich am Ovipositor) von Ephestia kuehniella wird der Hinterleib abgetrennt und der Darm herausgezogen. Man entnimmt mit der Pinzette die Malpighischen Gefäße, die als deutlich erkennbare Stränge am Anfang des Hinterdarms münden, und fixiert mindestens 10 Minuten in Äthanol/Eisessig (3:1), färbt mindestens 15 Minuten in Orcein-Essigsäure und quetscht in 50 % Essigsäure. Zur mikroskopischen Untersuchung empfiehlt sich zusätzlich Phasenkontrast und ggf. ein Grünfilter (VG 9). Leichtes Quetschen genügt in diesem Falle.

Die Kerne des Epithels sind von unterschiedlicher Größe und dementsprechend von unterschiedlichem Polyploidiegrad, denn die Packungsdichte des Chromatins ist überall etwa gleich groß. Kondensierte Chromosomen fehlen stets. Die Endomitosen müssen also ohne Chromosomenformwechsel ablaufen, und eine Einteilung in mitoseähnliche Stadien ist nicht möglich. In jedem Kern findet man einen heterochromatischen dichten Körper, dessen Größe mit der des Kerns korreliert ist, das sog. Geschlechtschromatin. Es leitet sich von dem für Schmetterlinge charakteristischen W-Chromosom ab, das bei den Endomitosen ebenso wie die Autosomen und das zweite Geschlechtschromosom (Z) jeweils mit verdoppelt wird. Alle W-Chromosomen bilden im Kern gemeinsam ein Sammelchromosomenzentrum, das mit wachsender Polyploidie immer gößer wird. ■ □

Bei Schmetterlingen ist im Unterschied zu den meisten Tieren mit genotypischer Geschlechtsbestimmung das Weibchen heterogametisch (WZ), das Männchen homogametisch (ZZ). Weibchenbestimmend ist offenbar allein das Z-Chromosom oder das Dosis-Verhältnis Z/Autosomen, da ausnahmsweise gebildete ZO-Individuen weiblich sind. Da solchen Tieren aber ein Geschlechtschromatin fehlt, muß dies auf das W-Chromosom zurückzuführen sein. Über die genetische Bedeutung des W-Chromosoms ist keine sichere Aussage zu machen. Es scheint in den meisten Geweben und sogar im Pachytänstadium der Oocyten selbst inaktiv zu sein.

Literatur

T r a u t, W.; R a t h j e n s, B.: Das W-Chromosom von Ephestia kuehniella (Lepidoptera) und die Ableitung des Geschlechtschromatins. Chromosoma (Berl.) **41** (1973) 437–446

5 Funktionelle Morphologie der Chromosomen

In der Kernteilung sehen wir die Chromosomen in ihrer kondensierten Transportform,
in der sie individuell erkennbar werden. In diesem Zustand sind sie aber inaktiv, und
ihre dicht verpackte DNA dient nicht als Matrize für die Synthese von RNA. In der
Interphase, früher in irreführender Weise oft als Ruhekern bezeichnet, sind sie in ihrer
Funktionsform, aber im allgemeinen nicht individuell erkennbar. Ausnahmen bilden
die Lampenbürstenchromosomen, die vor allem an wachsenden Oocyten von Amphibien untersucht wurden, und die vielsträngigen (polytänen) Riesenchromosomen der
Dipteren. Gemeinsames Merkmal beider ist die aperiodische Sequenz von Bereichen, in
welchen die DNA zu dichten C h r o m o m e r e n'aufgeknäuelt ist und die S c h l e i-
f e n aus doppelsträngiger DNA, die aus den Chromomeren seitlich hervortreten und
an denen mRNA gebildet wird (Transcription). Während der Transcription selbst muß
auch der Doppelstrang lokal aufgetrennt werden, denn die genetische Information wird
nur von einem der beiden Stränge abgelesen. Die Schleifen als Funktionsstrukturen
und ihre Beziehung zu den Chromomeren sind am besten an den Lampenbürstenchromosomen zu untersuchen, denn in der wachsenden Oocyte sind zahlreiche Genorte
aktiv und daher zahlreiche mit RNA und Protein beladene Schleifen zu finden. In den
verschiedenen differenzierten Geweben der Dipteren ist das Aktivitätsmuster jedoch
beschränkter. Da die Chromomeren zahlreicher Stränge (Chromonemata) jeweils an
einer Stelle zu Schleifen ausgesponnen sind, ergeben sich lokal begrenzte Anschwellungen, die sog. „ p u f f s ". Je nach Entwicklungsstadium und Gewebe sind verschiedene Gene aktiv. Das „puff"-Muster ist also gewebe- und stadienspezifisch. Da man
zumindest bei der genetisch gut untersuchten Taufliege Drosophila eine Reihe von
Genen in bestimmten Querscheiben der Riesenchromosomen lokalisieren konnte, ist
es auf der Grundlage einer genauen cytologischen Chromosomenkarte prinzipiell möglich,
die Aktivierung bestimmter Genorte an den „puffs" in Abhängigkeit vom Funktions-
und Differenzierungszustand der Gewebe festzustellen und ihre Steuerung durch Außen-
einflüsse experimentell in Angriff zu nehmen. Der erste Nachweis einer Aktivitäts-
steuerung durch ein Hormon, das Häutungen auslösende Ecdyson, gelang an den polytänen Chromosomen der Speicheldrüse larvaler Zuckmücken der Gattung Chironomus.
Injektion von Ecdyson führt hier zur sequentiellen Aktivierung einer Reihe von Genorten,
die sich cytologisch in der Induktion einer zeitlichen Folge von „puffs" ausdrückt.

5.1 Lampenbürstenchromosomen

Es handelt sich hierbei um Chromosomen im Diplotänstadium der Meiose (Abschn. 6),
die sich in einem Zustand besonders intensiver RNA-Synthese befinden. Aus den
Chromomeren seitlich hervortretende Schleifen aus DNA, umgeben mit einer Matrix
aus Protein und RNA, geben ihnen das Aussehen von Bürsten, die zur Zeit ihrer Entdeckung (1881) zum Putzen der Zylinder von Petroleumlampen verwendet wurden.
Wahrscheinlich stellen sie eine verbreitete Funktionsform der Chromosomen dar, die in

Oocyten ohne RNA liefernde Nährzellen und in Spermatocyten, in besonderer Ausbildung am Y-Chromosom von Drosophila, am eingehendsten untersucht wurde.

▲ P r ä p a r a t i o n. Wachsende Oocyten von Molchen (Triturus cristatus oder alpestris) stellen ein ideales Material für diese Untersuchung dar. Die Tiere werden in 0,1 % MS 222 (Sandoz, Basel) betäubt, die Ovarien werden entnommen und ohne Ringerlösung in ein sauberes Blockschälchen übertragen. Das Gewebe kann ohne Schaden 2 bis 3 Tage bei 4° C aufbewahrt werden, wenn man den Deckel der Schale mit Vaseline dicht versiegelt. Seziert wird in einem Medium aus 5 Teilen 0,1 M KCl und 1 Teil 0,1 M NaCl. Das Ovar, bei Amphibien ein hohler Sack, in dessen Innenraum sich die von Follikelzellen und Blutgefäßen umgebenen Oocyten vorwölben, wird mit feinen Uhrmacherpinzetten (z.B. Dumont Nr. 15) erfaßt und aufgerissen. Damit reißt auch die Eizelle selbst auf und der glasklare Kern strömt mit den Dotterplättchen zusammen aus. Er kann durch vorsichtiges Einsaugen und Ausstoßen mit der Pipette (0,75 mm lichte Weite) gereinigt werden.

Für die spätere Untersuchung im umgekehrten Mikroskop benötigt man eine Mikrokammer aus einem Objektträger mit zentraler Bohrung von etwa 0,6 cm Durchmesser, die unten mit einem Deckglas verschlossen wird. Es wird mit einer geringen Menge geschmolzenen Paraffins befestigt. Der isolierte Kern wird in der gleichen Salzlösung in die Mikrokammer übertragen. Steht kein umgekehrtes Mikroskop zur Verfügung, so präpariert man in einem Tropfen auf einem Normalobjektträger.

Die Kernmembran wird unter intensiver seitlicher Beleuchtung mit zwei feinen Pinzetten erfaßt und aufgerissen. Dabei fällt das gesamte, etwas gelartige Karyoplasma aus der geöffneten Kernhülle heraus und sinkt mit den Chromosomen auf den Boden der Kammer, die nun durch ein Deckglas abgedeckt wird, das man blasenfrei über den gewölbten Flüssigkeitsspiegel schiebt und mit Vaseline umrandet. Bei Normalobjektträgern verwendet man Deckgläser mit Wachsfüßchen und bringt den Kern durch Deckglasdruck zum Platzen.

M i k r o s k o p i s c h e   B e o b a c h t u n g e n. Die Untersuchung erfolgt im Phasenkontrast, wenn möglich mit Ölimmersion und am umgekehrten Mikroskop. Von den insgesamt 12 bivalenten Chromosomen werden meist nur einige hinreichend gut ausgebreitet sein. Das Vorliegen von Chiasmen (vgl. Abschn. 6, Abb. 43) zeigt an, daß es sich um das Diplotänstadium handelt. Die Chromosomen sind überaus lang (bis 1 mm) und bestehen aus einer zentralen Achse aus dichten Chromomeren und seitlichen Schleifen, von denen jedes Chromomer ein Paar hat. Schleifen und Chromomeren sind in ständiger zitternder Brownscher Bewegung. Die Chromonemastücke, welche die Chromomeren zusammenhalten, sind als solche nicht erkennbar. Nach unserer Kenntnis der Meiose müßten es in jedem der Homologen, die hier nur noch durch die Chiasmen zusammengehalten werden, deren zwei sein. Auf die Doppelnatur deutet auch die paarige Anordnung der Schleifen hin. Jede Schleife hat ihren Anfang und ihr Ende an einem Chromomer. In günstigen Fällen läßt sich an besonders großen Schleifen erkennen, daß die beiden Schleifenenden von verschiedener Dicke sind (Polarität). ■

Insgesamt tragen die 12 Chromosomenpaare von Triturus ca. 5000 Schleifen von 20 μm bis 30 μm Länge, bei einzelnen Arten sogar bis 50 μm. Genaue Untersuchun-

gen zeigten, daß Unterschiede in der Schleifenmorphologie bestehen und daß das
Schleifenmuster artspezifisch ist. Mutationen können sich durch ein verändertes
Aussehen einer einzigen Schleife ausdrücken. Die aperiodische Sequenz verschiedener
Schleifen ist somit ebenso wie die Folge verschiedener Querscheiben in Riesenchromo-
somen ein Ausdruck der genetischen Längsdifferenzierung der Chromosomen. Im
Unterschied zu den differenzierten Zellen der Speicheldrüse sind hier aber sehr viele
Gene aktiv, denn alle Schleifen bilden RNA (mRNA), wie sich durch Autoradiographie
nach ^{3}H-Uridineinbau nachweisen ließ. Die Schleifen sehr vieler Chromatiden in polytänen Chromosomen bilden die puffs bzw. Balbianringe.

Mit spezifischen Enzymen wie Ribonuclease und verschiedenen Proteinasen ließ sich
nachweisen, daß die Matrix, die den Schleifen ihr individuelles Aussehen verleiht, RNA
und Proteine enthält. Man nimmt an, daß hier mRNA für die frühe Embryogenese
gebildet und im Cytoplasma, durch Proteine vor der Zerstörung durch Nucleasen ge-
schützt, gespeichert wird. Chromosomenbrüche entstehen nur bei Verwendung von
Desoxyribonuclease. Auf diese Weise ließ sich zeigen, daß die zentrale Achse der
Schleifen aus DNA besteht. Aus der Bruchkinetik mit DNase konnte man ferner
ableiten, daß die die Chromomeren verbindende Hauptachse des Chromosoms zwei,
die Schleife aber nur eine einzige DNA-Doppelhelix enthalten muß. Bei mechanischer
Zugwirkung auf die Chromosomen kann sich der Chromomer/Schleifen-Komplex in
zwei Halbchromomere trennen, die durch eine doppelte Schleifenbrücke miteinander
verbunden bleiben (Abb. 37 a). Man deutet diese Beobachtung so, daß ein kontinuierlicher DNA-Faden in den Halbchromomeren dicht aufgeknäuelt und in dem dazwischen
liegenden Schleifenbereich zur Transcription entwunden ist. Hemmung der Transcription durch Actinomycin D führt zum Einziehen der Schleifen, die nach Entfernen des
Hemmstoffes wieder ausgesponnen werden. Für die Polarität der Schleifen bieten
elektronenmikroskopische Untersuchungen an gespreitetem Material eine einleuchten-
de Erklärung. Danach wandert die RNA-Polymerase mit einem immer länger werden-
den Stück mRNA vom Anfang bis zum Ende des zu transcribierenden DNA-Abschnit-
tes. Da der DNA-Abschnitt aber gleichzeitig mit mehr als hundert wandernder Poly-
merasemoleküle besetzt sein kann, geben die mRNA-Stücke von sequentiell wachsender
Länge einem solchen Bereich das Aussehen eines Tannenbäumchens. Gleichzeitig erfolgt eine Beladung mit Protein, die der Matrix einzelner Schleifen ein individuelles,

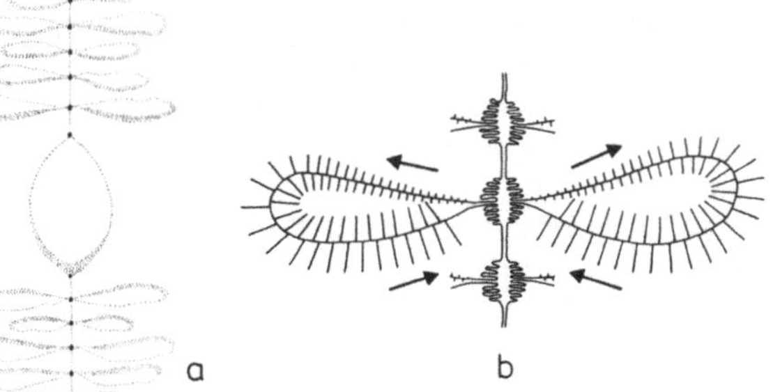

Abb. 37
Lampenbürstenchromosomen.
a) Schleifen und doppelte
Schleifenbrücke.
b) Deutung der Beziehung
von Schleifen und Chromomeren
sowie des sequentiellen Aufbaus
der Matrix. Die Wanderungsrichtung der Schleifen
ist durch Pfeile angedeutet.

charakteristisches Aussehen verleihen kann. Unterbricht man die Transcription mit
Actinomycin D, so unterbleibt auch die Proteinbeladung. Man hat damit eine strukturelle Markierung gesetzt, die bei Wiederaufnahme der RNA-Synthese über die Länge
der Schleife wandert. Das läßt den Schluß zu, daß die Schleife zudem eine dynamische
Struktur ist: In dem lange dauernden Prozeß der Oogenese wird an einem Halbchromomer ständig Schleifenmaterial zur Transcription ausgesponnen und am zweiten
Halbchromomer nach Beendigung der RNA-Synthese wieder aufgeknäuelt. In Abb. 37b
ist die Wanderungsrichtung der Schleifen durch Pfeile angezeigt.

Berücksichtigt man die Länge der Schleifen selbst und die sehr viel größere DNA-Länge,
die im Chromomer verpackt ist, so wird offensichtlich, daß hier sehr viel mehr DNA
vorliegt, als einem einzigen Gen entspricht. Dennoch verhält sich die ganze Schleife
als genetische Einheit, die durch eine Mutation als ganzes verändert werden kann (Callan, 1956). Die Erklärung dieses scheinbaren Widerspruchs kann nur darin liegen, daß
die gleiche genetische Information in einem Chromomer vielfach hintereinander ge-
schaltet vorliegt (Redundanz). Die Tatsache, daß die Schwanzlurche etwa 10 mal soviel
DNA im Genom enthalten wie der Mensch, hängt sicher mit der hohen Redundanz
zusammen. Besondere Probleme ergeben sich bei der Redundanz im Hinblick auf das
meiotische „crossing over" und die Expression von Mutationen. Lösungsmöglichkeiten
bieten die „master-slave"-Hypothese von Callan und das darauf aufbauende Cycloid-
modell von Whitehouse, auf die hier nur verwiesen werden soll.

Literatur

C a l l a n, H. G.: The organization of genetic units in chromosomes. J. Cell Sci. **2**
(1967) 1–7

C a l l a n, H. G.; L l o y d, L.: Visual demonstration of allelic differences within cell
nuclei. Nature **178** (1956) 355–357

S n o w, M. H. L.; C a l l a n, H. G.: Evidence for a polarized movement of the lateral
loops of newt lampbrush chromosomes during oogenesis. J. Cell Sci. **5** (1969) 1–25.

W h i t e h o u s e, H. L. K.: A cycloid model for the chromosome. J. Cell Sci. **2**
(1967) 9–22

5.2 Polytäne Riesenchromosomen

Polytäne (vielsträngige) Chromosomen kommen vor allem in verschiedenen larvalen
Geweben von Dipteren, aber auch in der Makronucleusanlage einiger Ciliaten und im
Endosperm einiger Blütenpflanzen vor. Sie entstehen durch Endomitosen ohne nachfolgende Chromatidentrennung und sind demnach aufgebaut wie ein vieladriges Kabel,
dessen Einzelstränge noch umeinander verdrillt sein können. Lokale knäuelartige
Aufwindungen der Einzelstränge, die Chromomeren, führen zu einem für jedes Chromosom charakteristischen Querscheibenmuster, das in einer cytologischen Chromosomenkarte aufgezeichnet werden kann. Bei der Transcription werden die Stränge im Bereich
der Querscheiben entknäuelt. Die Querscheiben werden dadurch aufgelockert und
können bei hoher genetischer Aktivität (mRNA-Synthese) zu lokalen Anschwellungen,
den sog. „puffs", werden. Welche Gene aktiv werden, hängt von der Art des Gewebes
und von äußeren Faktoren (z.B. Hormone) ab. Das sog. „puff"-Muster ist daher

gewebespezifisch. Sehr hohe Polytäniegrade (> 10.000) findet man in den riesigen Speicheldrüsenkernen verpuppungsreifer Larven von Zuckmücken der Gattung Chironomus (als „rote Mückenlarven" im Aquarienhandel).

△ ▲ 5.2.1 Färbung mit Orcein-Essigsäure zur morphologischen Untersuchung

Eine erwachsene Larve oder Vorpuppe wird auf Filtrierpapier abgetrocknet und auf einen Hohlschliffobjektträger übertragen. Mit feinen Präpariernadeln werden Kopf und vorderstes Rumpfsegment abgetrennt. Die austretenden, fast durchsichtigen ovalen Speicheldrüsen werden durch Auftropfen von Äthanol-Eisessig (3:1) fixiert. Gleich darauf entfernt man den Larvenkörper und ersetzt das Fixiermittel durch Orcein-Essigsäure. Nach 15 Minuten ersetzt man den Farbstoff durch 50 % Essigsäure und überträgt die Speicheldrüsen mit der Nadel auf einen Normalobjektträger in einen Tropfen 50 % Essigsäure. Vor dem Auflegen des Deckglases entfernt man noch die zentrale Sekretmasse und quetscht leicht mit aufgelegtem Filtrierpapier. Das Material wird frisch untersucht oder zu einem Dauerpräparat verarbeitet. Hierzu friert man auf Trockeneis ein, sprengt das Deckglas mit der Rasierklinge ab, überträgt in 95 % und 100 % Alkohol und schließt in Euparal ein. Beim Mikroskopieren sollte zumindest ein Grünfilter (VG 9), am besten aber Phasenkontrast verwendet werden.

Die Speicheldrüsenkerne enthalten drei verschieden lange Chromosomen und ein kurzes (n = 4). Daß hier die haploide Zahl vorliegt, beruht auf der bei Dipteren verbreiteten s o m a t i s c h e n   P a a r u n g der Homologen, die schon vor Beginn der endomitotischen Polytänisierung einsetzte. Man achte auf gelegentlich vorkommende Paarungslücken, die noch den Aufbau aus 2 Partnern erkennen lassen. Wie in der Meiose paaren sich nur genetisch homologe Abschnitte miteinander. Ein Teil der Paarungslücken mag daher auf kleinen Strukturdifferenzen der verschiedenelterlichen Chromosomen beruhen, die sich in Abweichungen des Querscheibenmusters ausdrükken. In anderen Fällen ist die Ursache für lückenhafte Paarung nicht festzustellen. Die somatische Paarung bei polytänen Chromosomen weist auf einen grundsätzlichen Unterschied gegenüber der meiotischen Paarung hin, denn bei letzterer können an einer Stelle immer nur 2 Homologen verpaart sein (vgl. Abschn. 6, Synaptinemkomplex).

Das aperiodische Q u e r s c h e i b e n m u s t e r ist ein Ausdruck der genetischen Längsdifferenzierung der Chromosomen. Man beachte, daß die Dicke der Querscheiben und damit ihr DNA-Gehalt stark variiert. In den dicken Scheiben ist anscheinend eine größere Länge DNA aufgeknäuelt. Auch die Packungsdichte der Chromomeren wechselt innerhalb einer Querscheibe, so daß eingeschnürte und ausgeweitete Abschnitte vorkommen. An den Chromosomenenden sind die letzten Querscheiben (Telomeren) oft fächerartig ausgeweitet, so daß die Querscheibe sich in einzelne Chromomerengruppen auflöst. Im Phasenkontrast ist der Verlauf der Längsfibrillen zwischen ausgeweiteten und eingeschnürten Abschnitten oft recht deutlich auszumachen und ergibt ein Indiz für den polytänen Aufbau der Chromosomen.

Neben den zahlenmäßig weit überwiegenden kondensierten Querscheiben erkennt man Stellen, in denen die Scheiben aufgelockert oder bis zur Unkenntlichkeit aufgebläht sind, die „puffs". Ihre Zahl, Größe und Verteilung ist organspezifisch und ändert sich auch im selben Organ auf dem Wege von der Larve zur Puppe öfters. Die größten puffs sind die Balbianischen Ringe, in denen die Information für die Proteine des Speichels kodiert ist. Bei den meisten Chironomusarten sind zwei große BR an dem kleinen 4. Chromosom zu finden, das außerdem oft den Nucleolus bildet (Abb. 38). Man verfolge im Phasenkontrast die zunehmende Auffächerung der Chromatidenbündel im

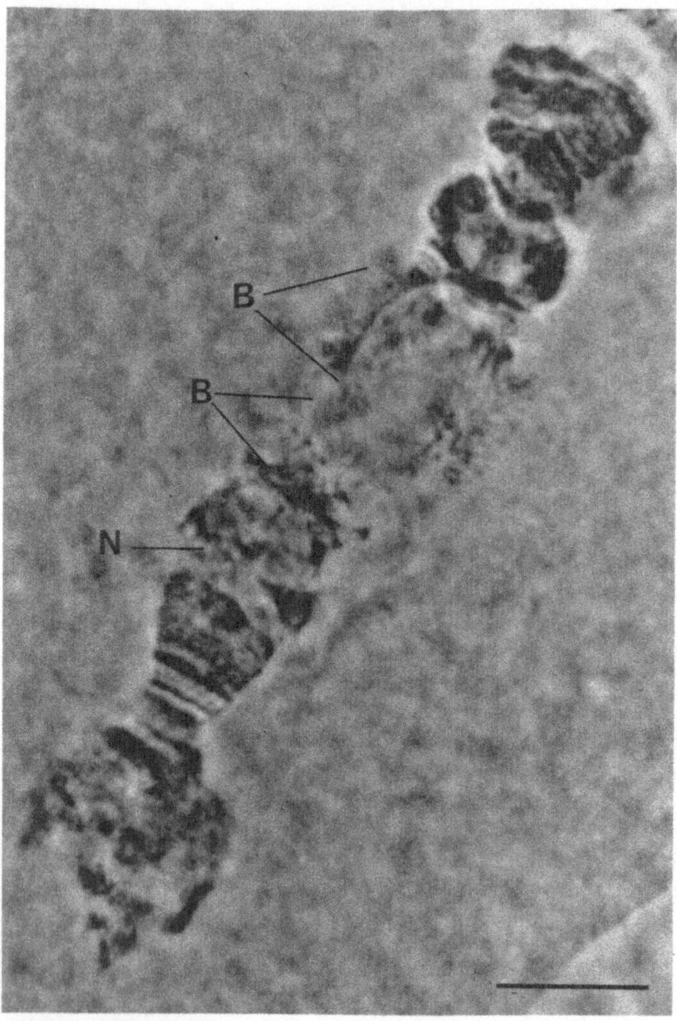

Abb. 38   Das 4. (kleinste) Chromosom aus der Speicheldrüse einer Chironomidenlarve.
N: Auflockerung im Bereich des Nucleolusorganisators. B: Balbianische Ringe.
Orcein-Essigsäure, Phasenkontrast. Maßstab: 10 μm.

Bereich der BR und des Nucleolus. Die einzelnen voll entspiralisierten Fibrillen sind schließlich zu dünn, um sie noch zu erkennen. Man hat gute Gründe zu der Annahme, daß sie nach Bildung einer großen Schleife in die Hauptmasse des Chromosoms zurückkehren. Die Gesamtmasse aller Schleifen bildet den Balbianischen Ring, der das Chromosom wulstartig umgibt. ▪

5.2.2 Nachweis von RNA in den „puffs"

Die Speicheldrüsen werden wie oben fixiert und in 50 % Essigsäure überführt. Das Sekret wird mit feinen Nadeln entfernt (Binokular, Auflicht, dunkler Untergrund!). Mit dem Deckglas wird leicht gequetscht, danach vereist und nach Absprengen des Deckglases in absoluten Alkohol gestellt. Man führt die Alkoholreihe abwärts bis ins Wasser, färbt 1 Minute in Methylgrün/Pyronin (s. Anhang), spült 30 Sekunden in aqua dest. und stellt direkt in absoluten tertiären Butylalkohol, der ohne Farbstoffverlust entwässert. Über Xylol wird schließlich in Caedax eingeschlossen.

Methylgrün/Pyronin färbt die DNA grün und die RNA rötlich. Puffs, in denen die DNA stark aufgelockert ist, erscheinen daher ebenso wie der Nucleolus vorwiegend rötlich. Man suche die zuvor (s. oben) identifizierten puffs wieder und verifiziere, daß sie RNA enthalten. Da die puffs aus ganz bestimmten Querscheiben hervorgehen, die ihrerseits jeweils unterschiedliche Kodierungssequenzen enthalten, muß es sich bei dem angefärbten Material um mRNA („messenger"- = Boten-RNA) oder ihre Vorstufe handeln. Überaus RNA-reich ist das Cytoplasma. ▪

5.2.3 Darstellung von puff-Proteinen

Außer RNA (und natürlich DNA) enthalten die puffs saure Proteine, deren Funktion noch nicht eindeutig feststeht und die mit dem sauren Farbstoff Fastgreen FCF bei pH 2,4 (vgl. Abschn. 2.2.1.5) dargestellt werden können. Zur besseren cytologischen Orientierung werden gleichzeitig die kondensierten Querscheiben mit dem Feulgen-Reagenz für DNA gefärbt.

Bei der Herstellung der Präparate wird wie unter Abschn. 5.2.2 verfahren. Nach Durchlaufen der absteigenden Alkoholreihe kommen sie in aqua dest., 1 Minute in NHCl bei Raumtemperatur und 10 Minuten zur Hydrolyse in NHCl bei 60° C. Man färbt zuerst 45 Minuten in Schiffschem Reagenz, spült in SO_2-Wasser (vgl. Anhang) und dest. Wasser und färbt dann 30 Minuten in einer 0,1 % Fastgreen-Lösung in 0,1 M Natriumcitratpuffer pH 2,4. Untersuchung im Hellfeld ohne Filter. ▪

Literatur
B e e r m a n n , W.; P a n i t z , R.; B a u d i s c h , W.: Gliederung und Funktion des Interphasechromosoms: Untersuchungen an Riesenchromosomen; in: Handbuch der Allgemeinen Pathologie. Bd. 2, Tl. 2: Der Zellkern I. Berlin, Heidelberg, New York, 1971.

5.2.4 Feinstruktur der Speicheldrüsenzelle

Als Beispiel für eine auf Synthese und Sekretion von Protein spezialisierte Zelle untersuchen wir Ultradünnschnitte bzw. elektronenmikroskopische Aufnahmen der Speicheldrüse von Chironomus. Der Speichel enthält bei den Chironomiden nur wenige Hauptfraktionen von Proteinen, die allerdings massenhaft produziert und in das Sekret abgegeben werden. Die Aminosäuresequenzen dieser Proteine werden in den größten puffs, den Balbianiringen, kodiert. Der hohe Polytäniegrad der Riesenchromosomen der Speicheldrüse ist als eine Anpassung an die erforderliche hohe Syntheseleistung dieses Organs aufzufassen.

Unser Objekt zeigt den für Drüsenepithelien typischen polaren Aufbau (Abb. 39). An der Basis ist das Gewebe von einer extrazellulären, feinfaserigen B a s a l m e m b r a n umgeben. Die Zellmembran ist an der Basis stark eingefaltet zum sog. b a s a l e n L a b y r i n t h, so daß eine große Oberfläche für den Transport von Stoffen (hauptsächlich Aminosäuren für die Proteinsynthese aus der umgebenden Hämolymphe) zur Verfügung steht. Zahlreiche Mitochondrien im Bereich des basalen Labyrinths deuten darauf hin, daß die Stoffaufnahme in die Zelle als aktiver, energieverbrauchender Transport aufzufassen ist. An der Sekretionsseite, d.h. auf das Drüsenlumen hin, hat die Zelle fingerförmige M i k r o v i l l i als Ausstülpungen, in denen feine Mikrofilamente liegen. Die Mikrovilli sind länger als im Darmepithel, aber nicht so dicht und regelmäßig angeordnet.

Die intensive, hauptsächlich auf RNA beruhende Pyroninfärbung des Cytoplasmas (vgl. Abschn. 5.2.2) ist offenbar auf Ribosomen zurückzuführen, die als Bestandteile eines überaus dichten g r a n u l ä r e n   e n d o p l a s m a t i s c h e n   R e t i c u - l u m s den größten Teil der Zelle erfüllen. Die Röhren oder Cisternen des letzteren sind im Innern mit relativ dichtem Material erfüllt. Diese Beobachtung ist im Einklang mit der Vorstellung, daß bei Protein sezernierenden Zellen die an den Ribosomen gebildeten Polypeptidketten in die Cisternen eingeschleust werden (vektorielle Translation). Von da gelangen sie in die Golgikörper, wo das Sekret verdichtet wird, und schließlich werden sie durch Verschmelzen der umhüllenden Vesikelmembran mit der Zellmembran bei der E x o c y t o s e ins Lumen abgegeben. Die G o l g i k ö r - p e r sind klein aber zahlreich und enthalten dichtes Material in Vesikeln an ihrer Sekretionsseite.

Am Kern fällt der unregelmäßige Verlauf der Kernmembran auf, die mit langen Ausläufern tief in das Cytoplasma reichen kann, offenbar eine Spezialisierung für einen besonders regen Kern-Plasmaaustausch über die enorm vergrößerte Oberfläche. Neben Anschnitten der bereits untersuchten polytänen Chromosomen findet man oft Teile des riesigen Nucleolus. Er ist in zentralen Anschnitten deutlich in die dichte p a r s f i b r o s a und eine äußere, lockere p a r s   g r a n u l o s a gegliedert. Erstere stellt eine Ansammlung jüngst transcribierter 45 S-RNA-Moleküle zusammen mit Proteinen und den DNA-Sequenzen des Nucleolusorganisators mit den Genen für 28 S und 18 S-RNA der Ribosomen dar. (Beide Gene werden zusammen abgelesen und ergeben das 45 S-Molekül, das später durch Nucleasen in 18 S und 28 S-RNA gespalten wird). Die einzelnen Körnchen der außen gelegenen pars granulosa stellen einen späteren Zustand dar, wo die rRNA mit Protein zu „Portionen" verpackt ist. Im freien Kernraum findet man zahlreiche Partikel von ca. 40 nm Größe. Da sie gehäuft im Bereich der Balbianiringe auftreten, werden sie B a l b i a n i r i n g g r a n u l a genannt. Sie enthalten zweifellos mRNA oder deren Vorstufe (heterogene Kern-RNA, hnRNA) und vermutlich auch Proteine. ■ □

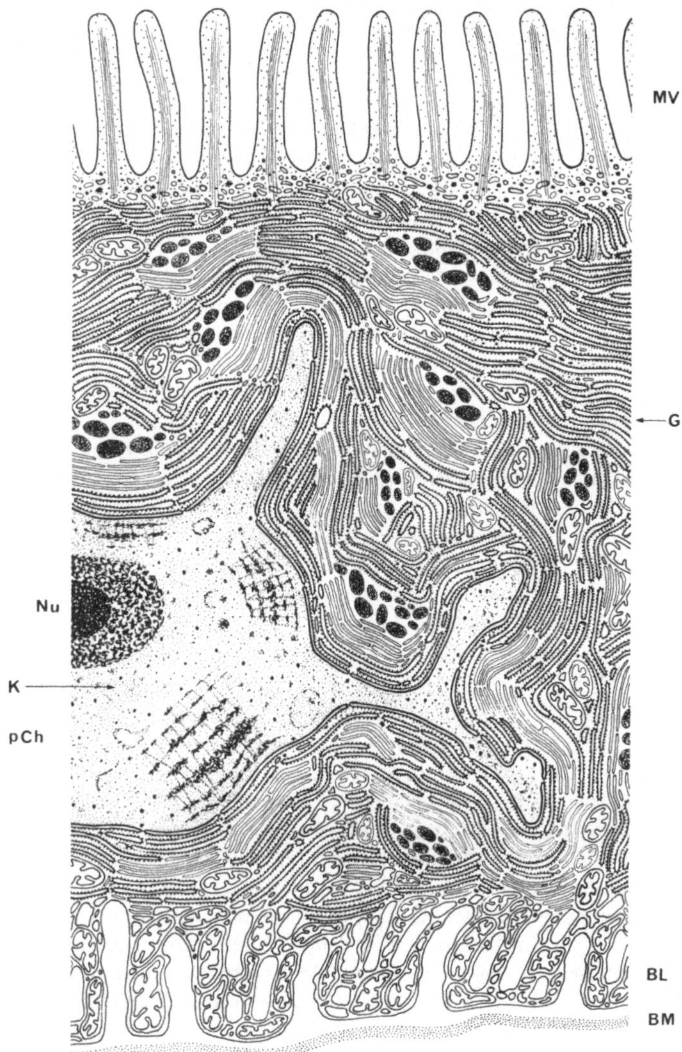

Abb. 39   Feinstruktur der Speicheldrüsenzelle von Chironomus. MV: Mikrovilli mit Mikrofilamenten, G: Golgifeld mit Sekrettropfen, K: Kern mit tief in das Cytoplasma reichenden Ausläufern und Balbianiring-Granula, pCh: Anschnitte polytäner Chromosomen. Nu: Nucleolus mit pars fibrosa im Zentrum und pars granulosa außen, BL: Basales Labyrinth mit Mitochondrien, BM: Basalmembran.

6 Meiose

Meiose und Befruchtung sind komplementäre, einander wechselseitig bedingende cytologische Vorgänge im Lebenszyklus von Organismen mit geschlechtlicher Fortpflanzung. Bei der Verschmelzung der Geschlechtszellen, der G a m e t e n, wird die Zahl der Chromosomen im Kern zum diploiden Satz (2 n) verdoppelt, und in der Meiose wird sie wieder auf die haploide Zahl zurückgeführt. Die bei der Befruchtung entstehende Zelle mit dem diploiden Chromosomensatz heißt Z y g o t e. Bei vielen Einzellern, Algen und niederen Pilzen erfolgt die Reduktion der Chromosomenzahl durch die Meiose unmittelbar nach Bildung der Zygote. Solche Organismen mit z y g o t i - s c h e r R e d u k t i o n werden H a p l o n t e n genannt, weil sie während des größten Teils ihres Lebenszyklus haploid sind. Bei den Diplonten (2 n) mit g a m e - t i s c h e r R e d u k t i o n findet die Meiose erst unmittelbar vor der Bildung der Gameten statt, z.B. in den Keimdrüsen der erwachsenen Tiere und des Menschen.
Im Falle der i n t e r m e d i ä r e n R e d u k t i o n wechselt eine Haplophase, an deren Ende die Gametenbildung steht, regelmäßig mit einer Diplophase mit abschließender Meiose (heterophasischer Generationswechsel). Im Tierreich ist dies nur bei einer Protozoengruppe, den Foraminiferen, der Fall. Bei den höheren Pflanzen ist es die Regel. Die Haplophase wird hier Gametophyt, die Diplophase Sporophyt genannt. In der Evolution der Samenpflanzen (Spermatophyten) fand eine fortschreitende Reduktion des Gametophyten statt.

Mit Ausnahme einiger Flagellaten wird die Meiose in zwei Schritten, der 1. und der 2. Reifeteilung, durchgeführt. In der vorhergegangenen prämeiotischen Interphase haben sich die Chromosomen repliziert, so daß jedes Chromosom (wenn auch nicht mikroskopisch erkennbar) in zwei Chromatiden gespalten in die meiotische Prophase eintritt. Die beiden homologen (d.h. väterliche und mütterliche) Chromosomen paaren sich dann, so daß nun Gebilde aus 4 Chromatiden (T e t r a d e n) vorliegen. Die 4 Chromatiden jeder Tetrade werden in den zwei unmittelbar aufeinander folgenden Reifeteilungen auf 4 Zellen (Gonen) verteilt, die dann wiederum haploid sind. Im männlichen Geschlecht machen bei den Tieren die 4 Gonen eine Umwandlung durch, die zu reifen Spermien führt (Spermiogenese, vgl. Abschn. 7). Beim Weibchen wird der größte Teil der Plasmamasse für den künftigen Embryo reserviert und in der 1. wie in der 2. Reifeteilung jeweils nur ein kleiner sog. Richtungskörper abgeschnürt. Enthält der Richtungskörper der 1. Reifeteilung genügend Cytoplasma, so kann auch er die 2. Reifeteilung durchführen. In der Regel ist das nicht der Fall. Das Ergebnis der Meiose ist die haploide Eizelle und zwei oder drei Richtungskörper, die zugrunde gehen (Abb. 40).

Die Meiose führt zu einer N e u k o m b i n a t i o n väterlicher und mütterlicher Erbanlagen in den Gonen und somit zu genetischer Vielfalt in der Nachkommenschaft. Eine erste Quelle der Rekombination ist die voneinander unabhängige Einordnung der Tetraden in die Spindel der 1. Reifeteilung. Bei n = 2 Chromosomen (Abb. 41) sind 2 verschiedene Einordnungen möglich, d.h. die beiden väterlichen bzw. mütterlichen Chromosomen gelangen nach Ablauf der Teilungen zusammen in eine der Gonen oder

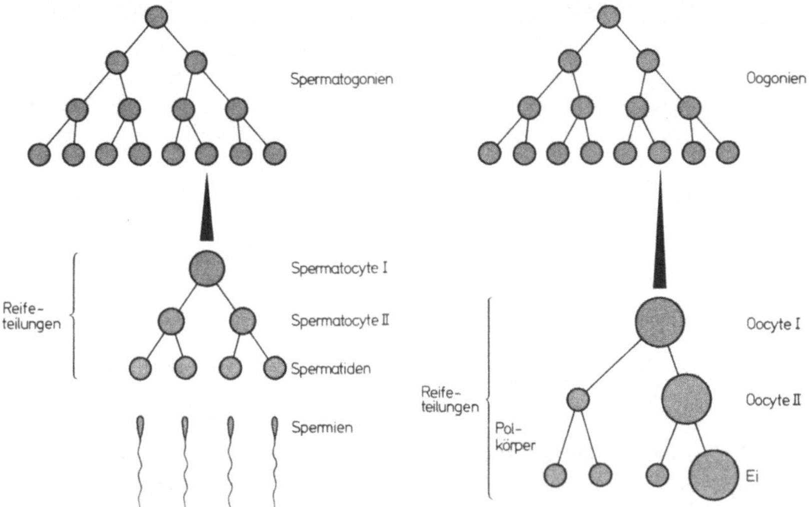

Abb. 40 Gegenüberstellung von Spermatogenese und Oogenese (nach H a r t m a n n). Bei der Oogenese ist die theoretisch zu erwartende Zahl von 3 Richtungs- oder Polkörperchen angenommen.

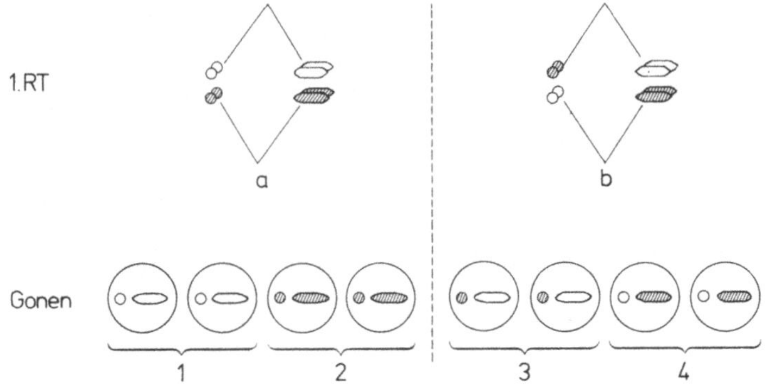

Abb. 41 Neukombination verschiedenelterlicher Chromosomen (hell bzw. schraffiert) aufgrund der unabhängigen und zufallsgemäßen Einordnung der Tetraden in die Spindel der 1. Reifeteilung. In a) gehen gleichelterliche, in b) verschiedenelterliche Chromosomen zum gleichen Pol. Daraus ergibt sich in b) eine Neukombination. Die freie Kombination von 2 verschiedenen Chromosomen führt zu 4 genetisch verschiedenen Gonen.

verschiedenelterliche Chromosomen werden miteinander kombiniert. Daher werden
4 genetisch verschiedene Gameten gebildet. Kommt ein drittes (n-tes) Chromosom
hinzu, so verdoppelt sich die Zahl möglicher Einordnungen auf 8 (2^n). Beim Menschen
mit 23 verschiedenen Chromosomen sind daher 2^{23} verschiedene Gameten möglich,
die bei der Befruchtung 2^{46} verschiedene Zygoten ergeben. Allein durch die Neukombination der Chromosomen (3. Mendelsche Regel) sind etwa 70 Billionen verschiedener
Nachkommen bei einem Elternpaar möglich.

Eine zweite Quelle genetischer Vielfalt ist der Stückaustausch zwischen verschiedenelterlichen Chromatiden einer Tetrade, in der Genetik als „c r o s s i n g o v e r“
bekannt. Das Schema der intrachromosomalen Rekombination ist in Abb. 42 erläutert.
Hier ist angenommen, von einem der Eltern stamme ein Chromosom mit zwei Mutationen (a und b), vom anderen Elternteil der Normaltyp (Wildtyp a^+ u. b^+). Durch lokalen
Stückaustausch zwischen zwei der vier Chromatiden entstehen zwei „cross-over“-
Chromatiden ($\underline{a^+\ b}$ und $\underline{a\ b^+}$), die in der Nachkommenschaft durch Kreuzung mit der
doppelt rezessiven Mutante ($\dfrac{a\quad b}{a\quad b}$) erkennbar werden. Gehen wir davon aus, daß ein
solcher Stückaustausch zufallsmäßig überall erfolgen kann, so ist die Wahrscheinlich-
keit, daß er zwischen bestimmten Genen erfolgt, ein Maß ihres Abstandes in der linearen Abfolge der Gene im Chromosom. Tatsächlich haben die Genetiker auf dieser
Basis Genkarten angefertigt. Die Häufigkeit des „crossing over“ zwischen zwei Genen
kann aber 50 % nicht überschreiten, da nur jeweils 2 von 4 Chromatiden beteiligt sind.

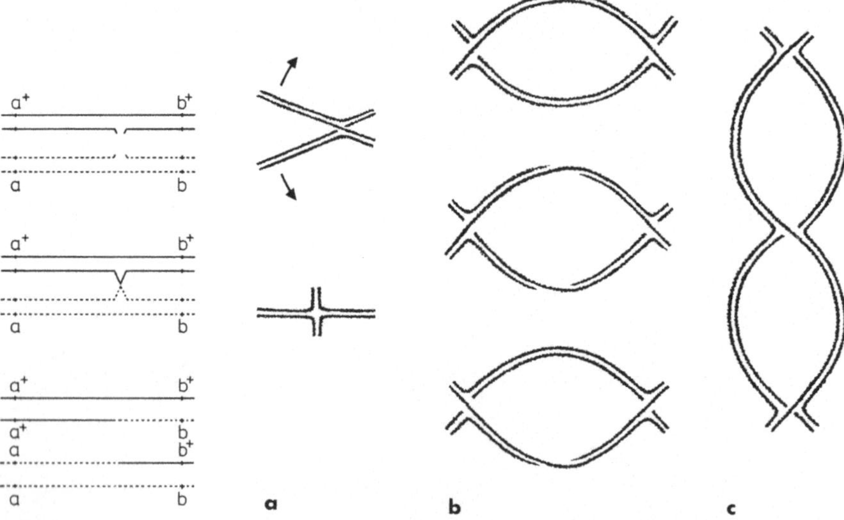

Abb. 42
Intrachromosomale
Rekombination
durch Stückaustausch
(„crossing over“).

Abb. 43 Tetradenform, a) Bei 1 Chiasma entsteht durch Aufklappen
in Pfeilrichtung eine Kreuztetrade. b) Ringtetraden mit
2 nahezu endständigen Chiasmen; oben: 2-Strang-Doppel,
Mitte: 4-Strang-Doppel, unten: 3-Strang-Doppel.
c) mögliche Tetradenform bei 3 Chiasmen.

Der Stückaustausch erfolgt im Pachytänstadium der meiotischen Prophase, wenn die
homologen (= verschiedenelterlichen) Chromosomen eng miteinander gepaart sind.
Im folgenden Diplotän trennen sich die Homologen außer an den Stellen, an welchen
vorher ein crossing over stattgefunden hatte. Sie erscheinen als Überkreuzungen der
Chromatiden (C h i a s m e n), die nun allein für den Zusammenhalt der Tetraden
verantwortlich sind. Zahl und Lage der Chiasmen bestimmen das Aussehen der Tetrade.
Bei einem Chiasma entsteht eine Kreuztetrade, bei zweien eine Ringtetrade (Abb. 43).
Letztere ist das Resultat von zwei crossing over im gleichen Chromosom, wobei die
Beteiligung der einzelnen Chromatiden an beiden Ereignissen wiederum zufallsgemäß
erfolgt. So können die gleichen Chromatiden zweimal (2-Strang-Doppel), nur einmal
(4-Strang-Doppel) oder eines zweimal und zwei einmal (3-Strang-Doppel) beteiligt
sein. Wären Chromatiden nach einem Stückaustausch daran gehindert, noch ein zweites
crossing over einzugehen (4-Strang-Doppel bevorzugt), so hätten wir meist 4 crossover-
Chromatiden und damit mehr als 50 % crossing over für endständige Gene. Solche
Fälle von C h r o m a t i d e n i n t e r f e r e n z sind aber mit Ausnahme einiger Pilze
selten. C h i a s m e n i n t e r f e r e n z, die Verhinderung eines zweiten Chiasmas
in unmittelbarer Nähe des zuerst angelegten, ist dagegen die Regel. Sie ist der Grund
dafür, daß kurze Chromosomen meist nur ein Chiasma, längere zwei oder mehr
haben und daß die Chiasmen gleichmäßig über die Länge eines Chromosoms verteilt
sind. (Man achte hierauf bei der mikroskopischen Untersuchung der Präparate.) Oft
ist nicht nur die Verteilung, sondern auch die Lage der Chiasmen nicht zufallsgemäß.
Bei manchen Organismen liegen sie bevorzugt nahe den Chromosomenenden. Das
würde bei Chromosomen mit zwei Chiasmen bedeuten, daß für Gene im Mittelbereich
des Chromosoms wenig Rekombination stattfindet und daß sie als „Genblock" vererbt
werden. Allerdings ist dann bei den beiden Geschlechtern die Lage der Chiasmen häufig
komplementär, beim Molch z.B. im Männchen bevorzugt an den Enden und beim
Weibchen in Nähe des medianen Centromers. In solchen Fällen ist die genetische Variabilität durch intrachromosomale Rekombination in der Population insgesamt erhalten.

Literatur

J o h n , B.; L e w i s , K. R.: The meiotic system. Protoplasmatologia, Band VI F 1.
Wien, New York 1965
S y b e n g a , J.: Meiotic configuration. A source of information for estimating genetic
parameters. Berlin, Heidelberg, New York 1975

△ ▲ 6.1 Die Meiose in der Spermatogenese von Heuschrecken

Feldheuschrecken (Caelifera) eignen sich wegen ihrer großen Chromosomen für die
Untersuchung der Meiosestadien. Die folgende Darstellung und Abb. 44 basiert auf
Laborzuchten der Wanderheuschrecke (Locusta migratoria), ist aber wegen der ähn-
lichen Chromosomenverhältnisse auch auf Freilandmaterial einheimischer Arten über-
tragbar, die allerdings nur im Spätsommer und Herbst alle Stadien aufweisen.

▲ Das Abdomen der mit CO_2 betäubten Tiere wird abgetrennt und dorsal aufgeschnitten, um die großen paarigen Hoden freizulegen. Sie werden in Alkohol-Eisessig (3:1) übertragen. Zur besseren Fixierung entfernt man die Hüllmembran und sieht dabei im Binokular, daß ein Hoden aus einer Vielzahl länglicher Schläuche besteht, die in einem

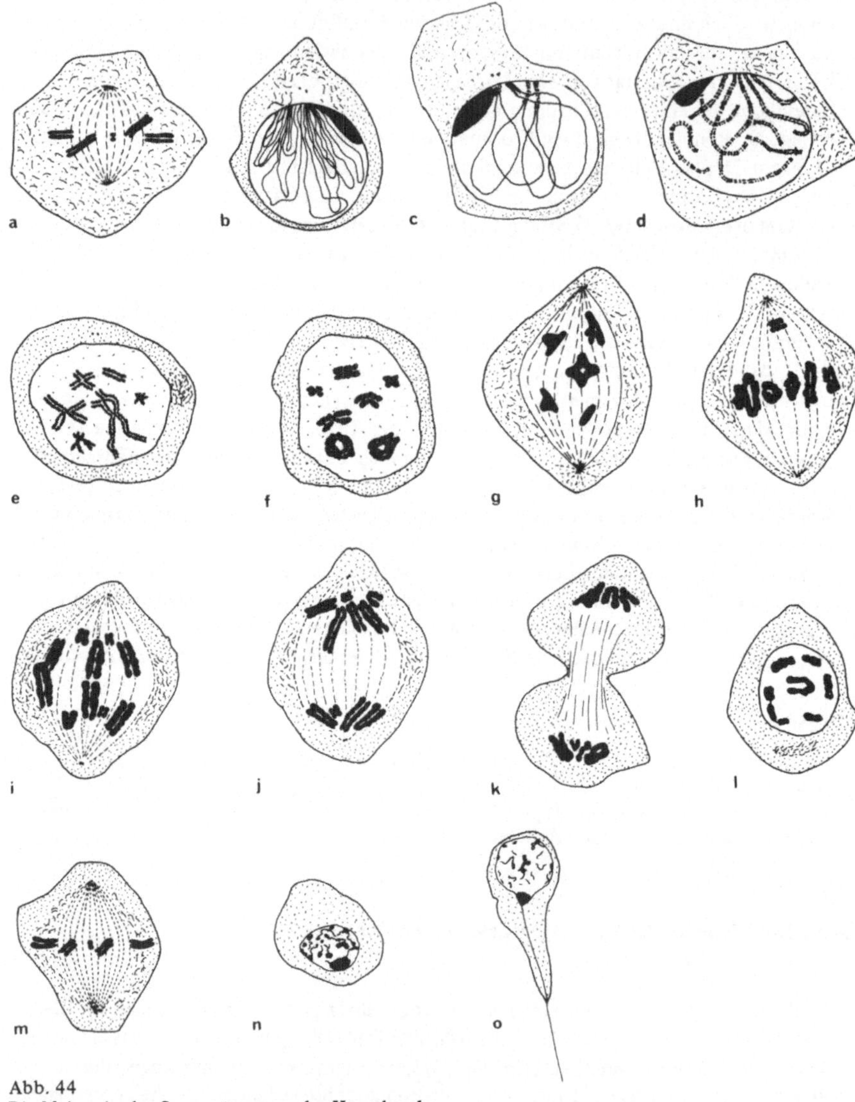

Abb. 44
Die Meiose in der Spermatogenese der Heuschrecke.
Erläuterung im Text.

gemeinsamen Ausführungsgang münden. Die jüngsten Stadien liegen am blinden Ende
der Schläuche. Zur besseren Orientierung und als Hilfe beim Erkennen der Stadien
fertigt man 8 μm dicke Paraffinschnitte an, die mit Eisenhaematoxylin nach Heidenhain gefärbt werden. Hierbei binden außer den Chromosomen auch andere Organellen
den Farbstoff in unterschiedlicher Stärke. Die halbschematische Zeichnung (Abb. 44)
wurde nach solchen Präparaten angefertigt. Sie dient einer orientierenden Übersicht
und als Anhaltspunkt für die Identifizierung der Meiosestadien, die im Hodenschlauch
ungefähr sequentiell angeordnet sind mit den Spermatogonien am Apex und den
reifenden Spermien an der Basis. Man suche bei zunächst schwacher Vergrößerung
längs geschnittene Hodenschläuche und übe das Erkennen der Stadien nach den folgenden Beschreibungen und den beigegebenen Zeichnungen.

Für die cytologischen Detailuntersuchungen werden nach der Fixierung (s.o.) und der
Färbung (mindestens 15 min) in Orcein-Essigsäure Quetschpräparate von jeweils einem
einzelnen Hodenschlauch angefertigt. Man quetscht in 50 % Essigsäure, vereist auf
festem CO_2, sprengt das Deckglas ab und deckt nach Entwässerung in 95 % und
100 % Alkohol mit Euparal ein. Zur Untersuchung von Stadien, in denen die Chromosomen nur wenig kondensiert sind, kann man zusätzlich Phasenkontrast anwen-
den. Im übrigen dient ein Grünfilter (VG 9) zur Kontrastverbesserung.

Jeder Hodenschlauch ist in eine Anzahl Cysten unterteilt, die Zellen im gleichen Entwicklungsstadium enthalten. Cysten nahe am Apex enthalten Spermatogonien oder
Prophasen der 1. Reifeteilung, während spätere Stadien in der Mitte und der Nähe
des Ausführungsganges liegen. Junge Männchen (kurz nach der letzten Häutung)
zeigen alle Stadien. Außer Geschlechtszellen findet man auch somatische Zellen,
welche die Wand der Cysten und des Hodenschlauchs bilden. In den Kernen dieser
Zellen ist im Quetschpräparat das Chromatin auch in der Interphase in mehr oder
weniger kondensierter Form zu erkennen. Genaue Zählungen ergaben, daß die kleineren Kerne 23, die größeren 46 oder 92 Chromatinkörper enthalten. Dies entspricht
der diploiden (2 n = 23) bzw. der tetra- oder oktoploiden Chromosomenzahl. Die
Verdoppelung erfolgt durch Endomitosen (vgl. Abschn. 4.3).

S p e r m a t o g o n i e n. Im Apex der Hodenschläuche sucht man im Schnittpräparat
Cysten, deren Kerne klein und dicht sind. Im Interphasestadium erscheint das Chroma-
tin gleichmäßig granulär, während in meiotischen Prophasekernen das X-Chromosom
einen deutlich heterochromatischen Klumpen bildet (Abb. 44 b bis d). Mitotische
Teilungen sind nicht selten (a). Das X-Chromosom erscheint etwas weniger dicht und
nicht ganz so intensiv gefärbt wie die übrigen Chromosomen, die Autosomen. Ein
Y-Chromosom fehlt, denn die Geschlechtsbestimmung erfolgt wie bei den meisten
Heuschrecken nach dem XO/XX-Modus (daher 2 n = 23 beim Männchen, 2 n = 24
Chromosomen beim Weibchen mit XX).

P r ä l e p t o t ä n. Der Beginn der Meiose wird durch eine Verklumpung des Chromatins angezeigt, wobei die Kerne ein fleckiges Aussehen annehmen. Diese Verklumpung
ist nicht so intensiv wie in den Kernen der Follikelhaut. Dieses Stadium ist relativ
selten (von kurzer Dauer).

L e p t o t ä n (b). Die Kerne sind größer geworden, die Chromosomen sind ungepaart und bilden ein feinfädiges Gewirr. Nur das X-Chromosom erscheint als kondensierte Masse unmittelbar unterhalb der Kernmembran. Die Chromosomen nehmen allmählich mit ihren Enden eine Orientierung auf eine Kalotte des Kerns in der Nähe der Centriole und des X-Chromosoms hin an.

Z y g o t ä n (c). Die Orientierung der Chromosomenenden in der Nähe des X-Chromosoms wird ausgeprägter. Ihre mittleren Abschnitte ragen daher als Schleifen in den Kernraum („Bouquet-Orientierung"). Die Homologen paaren sich von den an der Kernhülle angehefteten Enden her und die so gebildeten „Bivalente" werden etwas kürzer und dicker. Da das Zygotän definitionsgemäß das Stadium ist, in welchem die Paarung stattfindet, aber noch nicht abgeschlossen ist, kann es meist nicht zweifelsfrei von dem vorhergegangenen und dem folgenden Stadium abgegrenzt werden. Oft besteht im Einzelfall Unsicherheit, ob nicht doch noch ungepaarte oder schon kurze gepaarte Abschnitte vorliegen.

P a c h y t ä n (d). In diesem Stadium erreicht der Kern nach und nach seine maximale Größe. Gleichzeitig sind die Chromosomen voll gepaart. Die Punkt für Punkt spezifische Paarung deutet sich dadurch an, daß das Muster der intensiv gefärbten Granula in beiden Homologen identisch ist. Die Granula stellen ein etwas vergröbertes Abbild der linearen Sequenz der Chromomeren dar. Die Bouquet-Anordnung wird beibehalten.

D i p l o t ä n (e). Die vormals gepaarten Homologen trennen sich nun außer an den Stellen, wo der Zusammenhalt durch ein Chiasma gewahrt bleibt. Der Spalt zwischen den Chromatiden der homologen Chromosomen wird erst jetzt klar erkennbar und die gesamte Konfiguration stellt sich mit Ausnahme des ungepaarten X-Chromosoms als Tetrade dar. In guten Quetschpräparaten ist erkennbar, daß auch das X in Chromatiden gespalten ist. Die Bouquet-Anordnung fehlt nun und die Tetraden verteilen sich im Kern, der beim Quetschen leicht platzt. Die im Phasenkontrast deutlichen feinfädigen Ausläufer senkrecht zur Chromatinachse, die jeder autosomalen Tetrade ein wolliges Aussehen verleihen, sind ein Anzeichen von Lampenbürstenschleifen, die in Oocyten gleichen Stadiums besonders deutlich sind (vgl. Abschn. 5.1). Man achte auf die Verteilung der Chiasmen und die Relation ihrer Anzahl pro Chromosom zur Chromosomenlänge. Eine scharfe Grenze zum folgenden Stadium besteht nicht.

D i a k i n e s e (f). Die Chromosomen kontrahieren sich erheblich und werden dadurch intensiv farbbar. Das „wollige" Aussehen der Bivalente verliert sich, da die Lampenbürstenschleifen retrahiert werden. Diakinese bedeutet „auseinander weichen", denn die Chromosomen tendieren dazu, sich unmittelbar unterhalb der Kernmembran anzuordnen. Nach dem Verschwinden der Kernhülle verstreuen sich die Chromosomen zunächst über den gesamten Bereich der sich rasch ausbildenden Spindel (P r o m e t a p h a s e I, g)

M e t a p h a s e I (h). Die Bivalente ordnen sich nun mit Ausnahme des univalenten (ungepaarten) X-Chromosoms in der Ebene der Metaphasenplatte ein. Das nun im Vergleich zu den übrigen Chromosomen wieder etwas weniger intensiv gefärbte X wird gewöhnlich in der Nähe der Spindelpole gefunden. In der Metaphase I sind die Centro-

mere der Geschwisterchromatiden gemeinsam zum gleichen Pol hin orientiert (s y n -
t e l e Orientierung). Eine Äquatorialplatte wie in der Mitose gibt es nicht. Die Centromere der Homologen liegen je nach der Länge der Chromosomen und der Position der
Chiasmen verschieden weit zu beiden Seiten der Äquatorialebene. Die Tetraden werden noch durch die Chiasmen zusammengehalten, die sich spätestens bei Eintritt in
die Anaphase zu den Chromosomenenden hin verschieben („terminalisieren"). Die
syntele Orientierung der Centromere und der Zusammenhalt der Tetraden durch die
Chiasmen sind die Voraussetzung für eine geordnete Chromosomenverteilung in der
Anaphase I.

A n a p h a s e   u n d   T e l o p h a s e I (i, j, k). Wie bei den meisten Heuschrecken
sind bei Locusta die Centromere fast terminal (acrocentrische Chromosomen). In
Quetschpräparaten sieht man daher oft V-förmige Konfigurationen, weil die beiden
Chromatiden nur am terminalen Centromer zusammengehalten werden. (Diese V's
dürfen nicht mit den V-Konfigurationen metazentrischer Chromosomen in der Anaphase der Mitose verwechselt werden.) Da auch das X-Chromosom syntele Orientierung der Geschwistercentromere aufweist, gelangt es ungeteilt in einen der Tochterkerne. In der Telophase I ist die Chromosomenbewegung und die Spindelstreckung
beendet und die Cytokinese beginnt.

Z w e i t e   R e i f e t e i l u n g. Nach einer kurzen I n t e r k i n e s e (1), in welcher
die kondensiert bleibenden Chromosomen erneut von einer Kernmembran umschlossen werden, folgen Prophase II und Metaphase II (m). Chiasmen fehlen nun und die
zwei Chromatiden enthaltenden Chromosomen (Dyaden) erscheinen wie in der Prophase oder Metaphase der Spermatogonien, allerdings in haploider Anzahl. In Vorbereitung der Anaphase sind die Centromere der Geschwisterchromatiden a m p h i t e l
(auf beide Spindelpole hin) orientiert. Eine Äquatorialplatte ist wie in der Mitose vorhanden. Polansichten in Quetschpräparaten erlauben nun leicht die Feststellung der
Chromosomenzahl (11 oder 12, je nachdem ob die Teilungsfigur ein X-Chromosom
hat oder nicht) und der Chromosomengröße.

In der Anaphase II werden die Chromatiden zu den Polen transportiert. Im Gegensatz
zu den V-förmigen Konfigurationen der Anaphase I handelt es sich nun um stabförmi-
ge Gebilde entsprechend der acrocentrischen Organisation der Chromosomen. Nach
Neubildung der Kernhülle in der Telophase und der Cytokinese ist die Meiose voll-
zogen.

S p e r m a t i d e n   u n d   S p e r m i o g e n e s e. Mit Ausnahme des X, das als dichte Masse in der Hälfte der Spermatidenkerne noch zu erkennen ist, werden die Chromosomen rasch dekondensiert (n). Spermien mit einem X-Chromosom werden bei der
Befruchtung der stets X-haltigen Eier zu weiblichen (XX) Embryonen führen, die
anderen zu männlichen (XO).

Einige Stadien der Umwandlung der Spermatide, dem Endprodukt beider Reifeteilungen zu fertigen Spermien sind in den Schnittpräparaten nach Haematoxylinfärbung zu
erkennen (n bis o). Die rundliche Zelle bekommt einen polaren Aufbau und verlängert
sich stetig. An der Basis des Kerns (o) erscheint ein dichtes Gebilde, aus dem der

Axonemkomplex der Schwanzgeißel hervorzugehen scheint. Elektronenmikroskopische Untersuchungen zeigten jedoch, daß seine Hauptmasse aus dem sog. centriolären Nebenkörper besteht, der die Reste des Basalkörpers, seinerseits ein Derivat des Centriols der letzten Reifeteilung, umhüllt. Mit Orceinessigsäure bleibt er ungefärbt und der Kern erscheint lediglich basal abgeflacht. Kaum sichtbar sind die Mitochondrien, die den Schwanzfaden umhüllen und das Mittelstück (vgl. Abschn. 7) bilden. Der Kern kondensiert sich gleichmäßig, wird zunächst geschoßförmig und schließlich fadenförmig. Eine an seiner Spitze befindliche Struktur, das Acrosom, ist in diesen Präparaten nicht zu erkennen. ■

6.2 Die Meiose bei Organismen mit holokinetischen Chromosomen

Bei einigen Pflanzen- und Tiergruppen herrschen in der Mitose cytologische Verhältnisse, die nicht auf die Existenz eines einzigen streng lokalisierten Centromers hindeuten. Es fehlt den Chromosomen eine primäre Einschnürung (Abb. 45). In der Anaphase wandern die Tochterchromatiden parallel zueinander zu den Polen, ohne dabei ein V- oder hakenförmiges Aussehen anzunehmen, und in der Metaphase ordnen sich die Chromosomen in ganzer Länge in die Äquatorialplatte ein. Im Gegensatz zu monokinetischen Chromosomen mit einem lokalisierten (medianen, submedianen oder terminalen) Kinetochor verhalten sich solche Chromosomen so, als ob sie holokinetisch wären. Meist wird dieses Verhalten auf den Ansatz von Spindelfasern über die ganze Länge der polwärtigen Flanken der Chromatiden zurückgeführt (sog. diffuser Kinetochor).

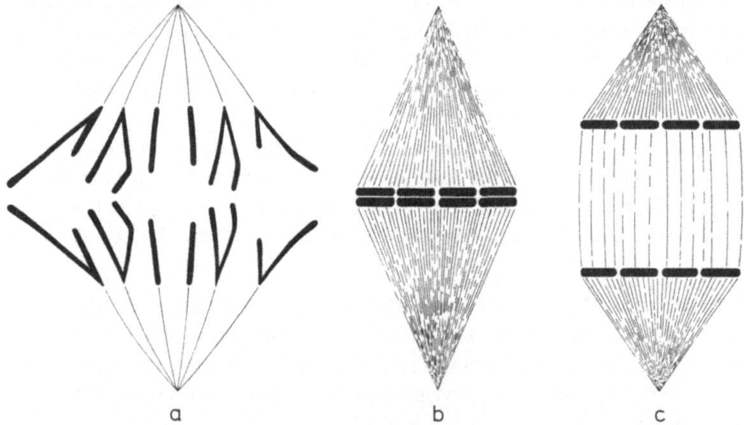

Abb. 45 Monokinetische (a) und holokinetische (b, c) Chromosomen in der Mitose. In a sind zwei submetazentrische (außen), zwei metazentrische und zwei telozentrische Chromosomen (innen) angenommen. Die Anaphasebewegung erfolgt mit dem Centromer voran. Holokinetische Chromosomen ordnen sich in ganzer Länge in die Metaphaseplatte ein (b) und trennen sich in der Anaphase (c) parallel zueinander.

Bei der Meiose solcher Organismen ergeben sich Probleme hinsichtlich der Terminalisation der Chiasmen und der Orientierung der Bivalenten in der Metaphase der 1. Reifeteilung. Spätestens zu Beginn der 1. Anaphase, häufig aber schon im Verlauf der Diakinese, wandern die Chiasmen entlang den Chromosomenarmen vom Centromer weg (Terminalisation). Geschieht dies auch bei holokinetischen Chromosomen, wo kein Bezugspunkt (das Centromer) vorgegeben ist? Bei eindeutig monokinetisch organisierten Chromosomen ist das Centromer maßgeblich für die Einordnung der Bivalente in die Spindel der Metaphase I. Die Centromere von Geschwisterchromatiden sind gemeinsam (syntel) durch ein Bündel von Spindelmikrotubuli mit dem gleichen Pol verbunden, homologe Centromere dagegen mit verschiedenen Polen. Deshalb ist die 1. Reifeteilung zumindest für den Centromerbereich bis zum nächsten Chiasma die eigentliche Reduktionsteilung, denn hier werden verschiedenelterliche Anteile voneinander getrennt. Gleichelterliche Centromerbereiche trennt die 2. Anaphase voneinander, die daher für diese Abschnitte eine Äquationsteilung ist. Sie ist auch insofern mitoseähnlich, als die Centromere in einer Äquatorialplatte angeordnet sind. Wie verlaufen diese Vorgänge bei Organismen mit holokinetischen Chromosomen, denen ein Centromer fehlt? Stellen sich die Bivalente wie üblich in Längsrichtung der Spindel ein und kommt es zu einer Äquatorialplatte in Metaphase II?

▲ 6.2.1 Die Meiose bei der Feuerwanze (Pyrrhocoris apterus)

Zu den Organismen mit holokinetischen Chromosomen zählen u.a. die Wanzen (Heteroptera). Von den einheimischen Arten wird die Feuerwanze empfohlen, die im Sommer gelegentlich massenhaft unter Linden zu finden ist. Sie läßt sich auch gut im Labor auf Torfmull mit Lindensamen als Nahrung züchten. Um Diapause zu vermeiden, soll die Lichtphase 14 bis 16 Stunden betragen. Alle Meiosestadien findet man im Männchen des 5. Larvenstadiums. Sie sind etwa 8 mm lang, haben nur kurze Stummel der Deckflügel und unterscheiden sich vom Weibchen durch eine zusätzliche schwarze Markierung dorsal am vorletzten Hinterleibssegment. Man betäubt mit CO_2, trennt das Abdomen ab und schneidet die dorsale Körperdecke weg. Den Darm legt man zur Seite und sucht die fast durchsichtigen Hoden aus dem umgebenden milchig weiß scheinenden Fettkörper heraus. Jeder Hoden besteht aus 7 zartwandigen Schläuchen, die in einen gemeinsamen Ausführgang münden. Die jüngsten Stadien liegen am verbreiterten blinden Ende. Am besten seziert man unter dem Binokular auf einem Objektträger und fixiert die mit der Präpariernadel herausgeschobenen Hoden durch Auftropfen von Alkohol-Eisessig (3:1). Erst dann überträgt man die Organe in ein Blockschälchen mit Fixiermittel und nach 10 bis 15 min in Orcein-Essigsäure (30 min). Gequetscht wird in 50 % Essigsäure. Man kann nach Vereisen das Deckglas absprengen und über Alkohol in Euparal zum Dauerpräparat einschließen. Vor dem Quetschen wird die Anordnung der Stadien untersucht. In der Nähe des blinden Endes der Schläuche findet man große Cysten mit sekundären Spermatogonien. Die größeren Cysten (mit 64 Zellen) haben einen heterochromatischen Körper, das kondensierte X-Chromosom, im Kern. In den kleineren Cysten mit 32 Zellen ist das X noch nicht heterochromatisch. Die Entwicklung innerhalb einer Cyste erfolgt völlig synchron. Oft findet man Cysten,

in denen sich 8 oder 16 Zellen in der Metaphase einer Spermatogonienteilung befinden. Durch die für holokinetische Chromosomen charakteristische Einordnung in ganzer Länge in die Äquatorialebene erscheint die Metaphaseplatte von der Seite gesehen
als dichtes Band. Nach dem Quetschen sieht man in Polansicht die 23 Chromosomen
der Metaphase untereinander durch Chromatinfäden verbunden. Diese Verbindungen
sind charakteristisch für Heteropteren-Chromosomen und keinesfalls ein Artefakt.
Es handelt sich wohl hauptsächlich um Verbindungen der heterochromatischen Enden,
der Telomeren, die dazu führen, daß die Chromosomen beim Quetschen nur schwer
voneinander zu trennen sind. Offenbar werden diese Verbindungen erst nach dem
Verschwinden der Kernhülle geknüpft, denn Chromosomen der späten Prophase liegen
stets einzeln. In der Mitte der Metaphaseplatte liegt das große X-Chromosom. In der
meiotischen Prophase ist das X bis zu Beginn der Diakinese (Abb. 46 a) stark kondensiert. Erst gegen Ende der Diakinese (Abb. 46 b) wird es isopyknotisch mit den Autosomen.

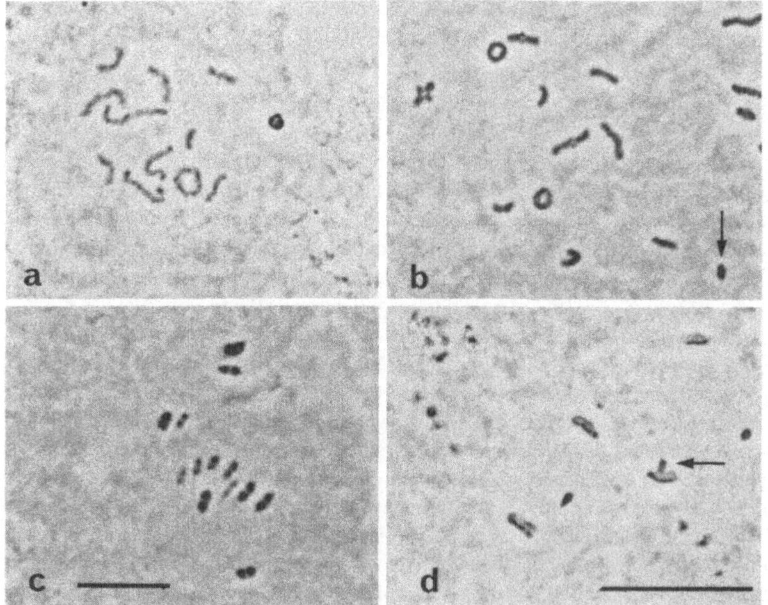

Abb. 46   Meiosestadien aus dem Hoden der Feuerwanze (Pyrrhocoris apterus).
a) frühe Diakinese, X kondensiert, 11 autosomale Bivalente. b) späte Diakinese, Kernhülle
beim Qeutschen geplatzt. Bei den Autosomen Kreuztetraden und Ringtetraden, zumeist
terminalisiert. Das X (Pfeil) ist isopyknotisch mit den Autosomen. c) Metaphase I, stark
gequetscht. d) Telophase II; die einzige verbleibende Chromatide des X-Chromosoms hat
offenbar eine Spindelfaserverbindung zu beiden Polen und gelangt in einer benachbarten
Teilungsfigur (Pfeil) verspätet in eine der Tochterplatten. Orcein-Essigsäure, Phasenkontrast. Maßstab: 10 μm. Der Maßstab in d gilt auch für die Teilbilder a und b.

An die übliche Sequenz (Leptotän, Zygotän, Pachytän) schließt sich ein Diplotän an, in welchem die Autosomen so stark dekondensiert sind, daß sie individuell nicht mehr erkennbar sind („diffuses Stadium"). Kern und Zelle wachsen in dieser Phase, die bei Wanzen besonders ausgeprägt, aber keineswegs auf diese beschränkt ist (Klâśterská, 1977), stark an.

In der Diakinese erkennt man Kreuztetraden (1 Chiasma) und stets 1 bis 2 Ringtetraden (2 Chiasmen). Die Chiasmen liegen meist nahe den Chromosomen-Enden, seltener in der Mitte (Abb. 46 b). In der Metaphase I (Abb. 46 c) sind die Chiasmen voll terminalisiert. Aus den Kreuz- oder Ringtetraden sind Stabtetraden geworden, wobei die Schwesterchromatiden gerade noch mit ihren Enden aneinanderhaften.

Mit ihren freien Enden sind die Schwesterchromatiden jeweils gemeinsam (syntel) zu den Polen orientiert. Im Gegensatz zur Mitose verhalten sich die Chromosomen in der Meiose monocentrisch, und zwar so, als ob ein Kinetochor am Ende wäre (telocentrisch). In der Anaphase I können die polfernen Enden der Dyaden wie bei den telocentrischen Chromosomen der Heuschrecke (vgl. 6.1) V-artig auseinanderklaffen. Auch das univalente X-Chromosom verhält sich telocentrisch. Seine beiden Chromatiden haften nur noch an einem Ende. Die Orientierung ist amphitel und die 1. Reifeteilung ist (im Gegensatz zur Heuschrecke) für das X eine Äquationsteilung.

Auch in der 2. Reifeteilung verhalten sich die Chromosomen so, als ob sie telocentrisch wären. Wieder haften die Chromatiden nur noch mit ihren Enden aneinander. An ihren freien Enden sind sie durch Spindelfasern mit den Polen verbunden, so daß sich die Dyaden (wie vormals die Tetraden) längs in die Spindel einordnen. Interessant ist hier das Verhalten des X-Chromosoms, von dem jetzt nur noch eine Chromatide vorhanden ist. Sie hat demnach 2 freie Enden und bildet telomerische Spindelfaserverbindungen zu beiden Polen aus. In der Anaphase II, wenn die Autosomen zu den Polen rücken, bleibt es daher in der Spindelmitte liegen. Erst in der Telophase, wenn die Spindelstreckung abgeschlossen ist, schlüpft es verspätet in die Mitte einer der ringförmig angeordneten autosomalen Tochtergruppen (Abb. 46 d). ■ □

Die kinetische Organisation des X-Chromosoms von Pyrrhocoris apterus in der 2. Reifeteilung mit Spindelfaseransatz an beiden Enden deutet darauf hin, daß die Telocentrie der Heteropteren-Chromosomen und ihre daraus resultierende Einstellung in den Spindeln beider Reifeteilungen auf Neocentrie zurückzuführen sein könnte. Neocentrische Aktivität, bei welcher die heterochromatiden Enden von Chromosomen Spindelfaseransätze bilden können und schon vor dem eigentlichen Kinetochor den nächsten Spindelpol erreichen, ist aus der Meiose einer Reihe von Organismen mit monokinetischen Chromosomen bekannt (z.B. Mais). Es scheint, daß die Heteropteren durch Neocentrie einen „normalen" Meioseablauf wie bei Arten mit telokinetischen Chromosomen erreicht haben. Unter den verwandten Homopteren liegen z.T. ganz andere Verhältnisse vor. Bei den ebenfalls holokinetischen Chromosomen der Schildläuse z.B. ordnen sich die Bivalente parallel in die Spindel der 1. Reifeteilung ein, die äquationell ist. Die verschiedenelterlichen Chromatiden paaren sich erneut und trennen sich in der 2. Reifeteilung reduktionell. Eine entsprechende Anordnung scheint bei Pflanzen mit holokinetischen Chromosomen (Juncaceae, z.B. Luzula) vorzuliegen. Hier kommt es zu keiner Terminalisierung der Chiasmen, wobei „crossover"- und „nicht-crossover"-Chromatiden in der 1. Anaphase offenbar zu verschiedenen Polen wandern. Überhaupt bedarf der Begriff eines diffusen Kinetochors als Grundlage des holokinetischen Verhaltens von Chromosomen noch einer umfassenden Aufklärung vor allem durch elektronenmikroskopische Untersuchungen, nachdem die Struktur normaler Kinetochore bekannt ist. Auch Polycentrie (mehrere Kinetochore pro Chromosom) könnte zu holokinetischem Verhalten führen, worauf Untersuchungen an Pflanzen (Juncaceae und Cyperaceae) hindeuten. Bei der ebenfalls zu den Pyrrhocoriden gehörenden Baumwollwanze zumindest deuten elektronenmikroskopische Untersuchungen auf Monocentrie mit typischen Kinetochoren in der Mitose hin. Hier könnte das holocentrische mitotische Verhalten auf die fälschlich als Artefakte gedeuteten Chromatinverbindungen zwischen den Chromosomen beruhen, denn wenn die Chromosomen monokinetisch, aber miteinander verbunden sind, würde sich die gesamte anaphasische Tochterplatte wie ein polycentrisches Sammelchromosom verhalten.

Literatur

K l a s t e r s k a, I.: The concept of prophase of meiosis. Hereditas **86** (1977) 205–210

R u t h m a n n, A.; P e r m a n t i e r, Y.: Spindel und Kinetochoren in der Mitose und Meiose der Baumwollwanze Dysdercus intermedius (Heteroptera). Chromosoma (Berl.) **41** (1973) 271–288

R u t h m a n n, A.; D a h l b e r g, R.: Pairing and segregation of the sex chromosomes in $X_1 X_2$-males of Dysdercus intermedius with a note on the kinetic organization of heteropteren chromosomes. Chromosoma (Berl.) **54** (1976) 89–97.

6.3 Probleme der Meiose

Warum eine Zelle nach Generationen von mitotischen Teilungen zur meiotischen überwechselt, ist unbekannt. Organspezifische Einflüsse müssen eine Rolle spielen, denn Zellen in Gewebekulturen und in anderen Organen als den Gonaden machen nur Mitosen. Im Hoden ist die Anzahl mitotischer Teilungen, die eine Urkeimzelle macht, oft vorprogrammiert, so daß eine Cyste eine bestimmte Zahl (z.B. 256, 512) Spermien enthält, die von einer Zelle abstammen. Die Weichen für den Entwicklungsweg Meiose werden vermutlich schon in der prämeiotischen S-Phase gestellt, die erheblich länger als die prämitotischen S-Phasen dauert und zudem nicht vollständig ist. Etwa 0,3 bis 0,4 % der DNA wird erst im Zygotän repliziert („Z-DNA"). Die Geschwisterchromatiden werden also bis zum Beginn der Homologenpaarung durch nicht replizierte Basensequenzen zusammengehalten, die über das ganze Genom verstreut sind.

Wie sich die Leptotänchromosomen zur Paarung zusammenfinden, ist ein weiteres Problem. Als Hilfsmechanismus kommt bei tierischen Zellen die „Bouquet"-Orientierung der Chromosomenenden auf die Centriole hin in Frage, wobei die heterochromatischen Enden („Telomeren") an der Kernhülle inserieren. Wegen der Fluidität biologischer Membranen bedeutet diese Anheftung keine Bewegungsbehinderung, sondern ermöglicht vielleicht gerade eine gerichtete Bewegung. Von den Enden ausgehend schreitet die Paarung im Zygotän auch fort. Dennoch muß eine allgemeine Ordnung im Kern herrschen, die sich nicht auf das gerichtete Zuführen der Chromosomenenden beschränkt, denn jedes Chromosom, das zufällig zwischen den Schleifen der sich paarenden Homologen liegt, müßte bei Ringtetraden zu einem „Verhakeln" (interlocking) führen. Das ist aber im ungestörten System höchst selten, während Temperaturschock in einer kritischen Periode zum Verhakeln führt.

Nach biochemischen Untersuchungen von Stern und Hotta sind 3 Faktoren, ein Lipoproteinkomplex, das sog. r-Protein und die Synthese der Z-DNA für die Chromosomenpaarung erforderlich. Fehlt nur einer, so kommt es zur Asynapsis. Die Hemmung der Lipidsynthese mit Cerulenin, ohne welche die Bildung des meiotischen Lipoproteinkomplexes im Leptotän und Zygotän nicht möglich ist, hemmt gleichzeitig die Synthese der Z-DNA und das Fortschreiten der Meiose. Das r-Protein, so genannt wegen seiner reassoziationsfördernden Wirkung (in vitro) auf einsträngige DNA, könnte eine Erkennungsfunktion haben und durch seine Bindungsfähigkeit an DNA homologe Basensequenzen der Paarungspartner aufeinander ausrichten. Das r-Protein hat offenbar phosphorylierbare Stellen, denn Proteinkinase, die r phosphoryliert, verhindert die Bindung an DNA, so daß in vitro die Reassoziationsförderung verloren geht. Sie kann teilweise durch Abspaltung der Phosphate mit alkalischer Phosphatase wieder hergestellt werden. Vermutlich sind also die Phosphatgruppen der DNA an der Bindung des r-Proteins beteiligt. Über das genaue Zusammenspiel der drei Paarungsfaktoren ist noch keine gesicherte Aussage möglich.

Die Entdeckung des Synaptinemkomplexes (Abb. 47) in Ultradünnschnitten von Meiocyten ergab zunächst einen Hinweis darauf, warum in der Meiose im Gegensatz zur somatischen Paarung nie mehr als 4 Chromatiden an einer Stelle verpaart sein können. Schon vor der Homologenpaarung, im Leptotän, bilden die beiden Chromatiden jedes Chromosoms gemeinsam das fibrilläre, sog. laterale Element, das später eine gemeinsame Paarungsfläche darstellt. Hinzu kommt im Zygotän der fortschreitende Einbau eines oft leiterartigen, die lateralen Elemente verbindenden zentralen Elements, das nach den Untersuchungen von Wettstein aus dem Nucleolus stammt. Nach Einbau des zentralen Elements rücken die Homologen im Pachytän auf einen konstanten Abstand von ca. 30 nm aneinander.

Ausgedehnte vergleichende Untersuchungen haben gezeigt, daß der Synaptinemkomplex eine ausgesprochen für die Meiose gebildete Paarungshilfe darstellt. Er stellt darüber hinaus eine zwar notwendige, aber keine ausreichende Voraussetzung für crossing over und Chiasmenbildung dar. Drosophila-Männchen, bei denen das crossing over fehlt, haben keinen Synaptinemkomplex. Andererseits ist er in der ebenfalls achiasmatischen Meiose der Seidenspinnerweibchen vorhanden und dort für den Zusammenhalt der Tetraden bis zur Anaphase der 1. Reifeteilung verantwortlich.

Für den Austausch genetisch komplementärer Teilstücke von Chromatiden beim crossing over ist eine exakte Paarung der Homologen die Voraussetzung. Am Ende des Zygotänstadiums wird eine Endonuclease aktiviert, die spezifisch an doppelsträngige DNA bindet, aber nur Einstrangbrüche hervorruft. Man nimmt an, daß es

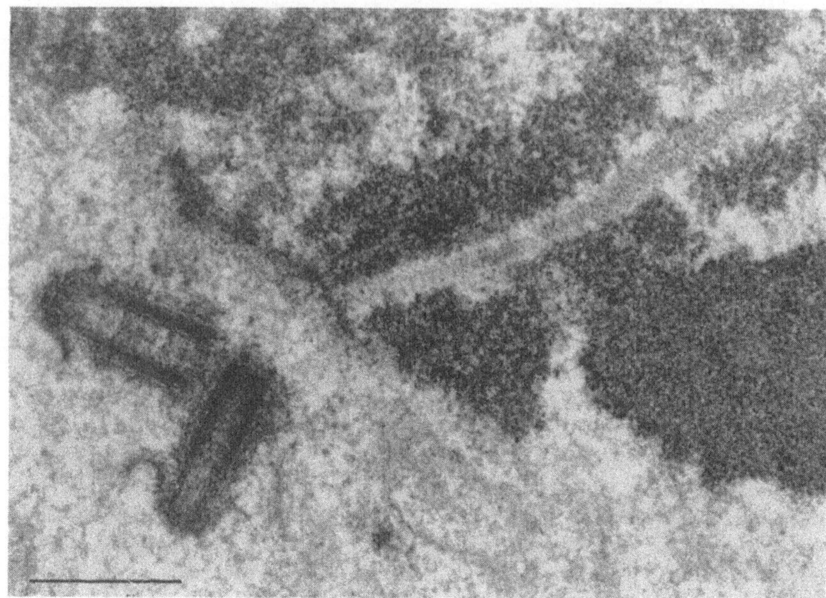

Abb. 47   Längsschnitt durch den Synpatinemkomplex und zwei senkrecht zueinander stehende
Centriole, Pachytän der Heuschrecke Locusta migratoria. Das leiterartige zentrale Längs-
element ist in der Schnittebene. Die seitlichen dichten Chromatinbrocken entsprechen
den lichtmikroskopisch erkennbaren Chromomeren. Der Synaptinemkomplex endet an
einer verdichteten Stelle der schräg angeschnittenen und daher nicht deutlichen Kernmembran. Maßstab: 0,5 μm.

nach lokal begrenztem Abbau von DNA-Einzelsträngen in beiden Homologen zum
Stückaustausch kommen kann, wenn die nachfolgende Reparatursynthese verschiedene Chromatiden verknüpft.

Ein weiteres Problem der Meiose betrifft die andersartige Centromerorientierung
in Metaphase I (syntel) und II (amphitel). Hier handelt es sich um eine den Chromosomen inherente Veränderung, denn Nicklas konnte zeigen, daß sich mikrochirurgisch
an die Spindel der 1. Reifeteilung verpflanzte Dyaden der 2. Reifeteilung weiterhin
amphitel orientieren. Von besonderem Interesse ist das Verhalten univalenter Ge-
schlechtschromosomen. Bei der Heuschrecke verhalten sie sich syntel, bei Heteropteren vorwiegend amphitel, so daß in der Anaphase I die Chromatiden voneinander
getrennt werden. In wenigen Fällen kann die Orientierung sogar wechseln.

Literatur

R i l e y , R.; B e n n e t t , M. D.; F l a v e l l , R. B.: A discussion on the meiotic
process. Phil. Trans: R. Soc. Lond. B 277 (1977) 183–376.

7 Spermiohistogenese

Mit diesem Begriff kennzeichnet man alle morphologischen Veränderungen, die von der Spermatidenzelle mit ihrem rundlichen Kern zum voll differenzierten Spermium führen. Der umfassendere Begriff Spermatogenese schließt die Meiose mit ein.

Die Spermiohistogenese stellt ein geradezu extremes Beispiel für zelluläre Differenzierungsleistungen dar, in deren Verlauf durch morphologische Umwandlungen, die ohne Parallele sind, eine für die Übertragung des Erbgutes hochspezialisierte Zelle entsteht. Im allgemeinen besitzt eine solche Zelle als besonderes „Befruchtungsorganell" ein A c r o s o m, einen hochkondensierten K e r n mit porenloser Kernhülle, eine G e i ß e l zur Fortbewegung und M i t o c h o n d r i e n als energieerzeugendes System für die Bewegung. Alles, was für ihre Funktion als Überträger des Erbguts nicht wesentlich ist, wird als „Restcytoplasma" abgestreift. Allerdings ist die Morphologie der Spermien nicht allein durch ihre Funktion in der Befruchtung bestimmt, sondern auch durch die Evolution, die zu einer großen Vielfalt der Formen geführt hat. Als ursprünglich können nach Franzén die Spermien in einer Reihe von Wirbellosen verschiedener Tierstämme angesehen werden, die ihre Geschlechtsprodukte in das umgebende Meerwasser ausscheiden. Solche Spermien (z.B. vom Seeigel) sind klein, mit (meist) einem Acrosom am Vorderende und hinter dem Kern mit einem M i t t e l s t ü c k aus 4 bis 5 Mitochondrien, welche die Centriole umgeben. Eines der letzteren wird zum Basalkörper eines Axonems mit konventioneller 9+2-Struktur. Abgeleitete Formen treten bei Arten mit innerer Befruchtung auf. Diese Spermien sind meist erheblich größer (beim Rückenschwimmer Notonecta bis 1,2 cm). Kopf und Mittelstück sind in solchen Fällen oft fadenförmig. Bei der Verlängerung des Kopfstückes spielt eine vorübergehend vorhandene Manschette aus Mikrotubuli eine morphogenetische Rolle. Im Mittelstück hat entweder die Anzahl der Mitochondrien stark zugenommen oder alle Mitochondrien sammeln sich zunächst (bei vielen Insekten) in einem sog. N e b e n k e r n, der sich zu zwei langen Nebenkernderivaten streckt, in deren Matrix kristallin angeordnete Bestandteile vorkommen können. Starke Abwandlungen kommen auch im Axonembereich vor. Häufig ist ein zusätzlicher Kranz von Mikrotubuli außerhalb der Dupletts (9+9+2-Muster). Die Anzahl der zentralen Mikrotubuli weicht in bestimmten Tiergruppen von 2 ab. So gibt es bewegliche Spermien mit 3, 7 oder überhaupt keinen Zentraltubuli. Selbst das Grundmuster von 9 äußeren Dupletts kann aufgegeben sein. Bei Proturen (Urinsekten) gibt es 12+0 und 14+0, bei den beweglichen männlichen Gameten von Gregarinen sogar 6+0 und 3+0. Bei den Gallmükken ist die kreisförmige Anordnung der Dupletts zusammen mit der Beschränkung auf eine kleine Anzahl verlorengegangen. So berichtet Baccetti von einer Art mit ca. 170 Doppeltubuli. Im Säugerspermium ist das 9+2-Muster offenbar generell erhalten geblieben, aber das Axonem ist außen von 9 elektronendichten Längsleisten umgeben. Schließlich gibt es bei Tiergruppen wie den Nematoden und den höheren Krebsen völlig geißellose Spermien. Die der Dekapoden (z.B. Flußkrebs) weichen überhaupt am stärksten vom Grundbauplan einer Spermienzelle ab.

Das nur bei wenigen primitiven Spermien fehlende und meist art- oder gattungsspezi-
fisch gestaltete A c r o s o m wird unter Beteiligung des Golgifeldes gebildet. Es tritt
an den vorderen Pol des meist schon etwas länglichen Kerns heran (Abb. 48), der sich
dabei abflacht. Die kernnächste Cisterne wird zum Acrosomenvesikel, in das vermutlich über die umgebenden kleinen Vesikel des Golgifeldes Material abgegeben wird,
welches sich zum Acrosom verdichtet. Schließlich kollabiert das Acrosomenvesikel
mit der weiteren Streckung des Kerns. Bei Säugern reicht sein Rand oft als Kappe über
den vorderen Kernbereich.

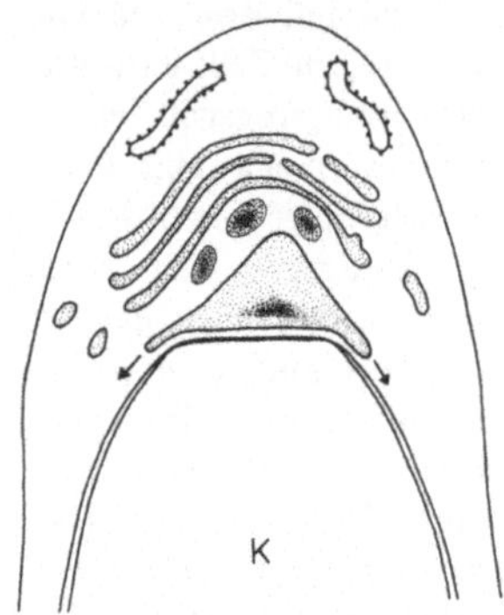

Abb. 48
Bildung des Acrosoms. Erläuterung im Text.

Neben Polysaccharid enthält das Acrosom eine Enzymausstattung, die das Spermium
befähigt, etwa vorhandene Eihüllen zu durchdringen. Zu diesen als Lysine bezeichneten
Enzymen gehören z.B. bei Säugern Hyaluronidase, welche die Glykokalyx zwischen
den das Ei umhüllenden Zellen angreift, und Proteinasen, darunter das trypsinähnlich
wirkende Acrosin sowie eine Kollagenase.

Bei marinen Invertebraten mit äußerer Befruchtung tritt schon bei Annäherung des
Spermiums an das Ei eine A c r o s o m r e a k t i o n ein, in deren Verlauf ein faden-
förmiger Fortsatz gebildet wird, der die gelatinöse Eihülle durchdringt. Bei Thyone,
einer Seegurke, ist der Fortsatz 90 μm lang und bildet sich in 10 Sekunden. Den Ver-

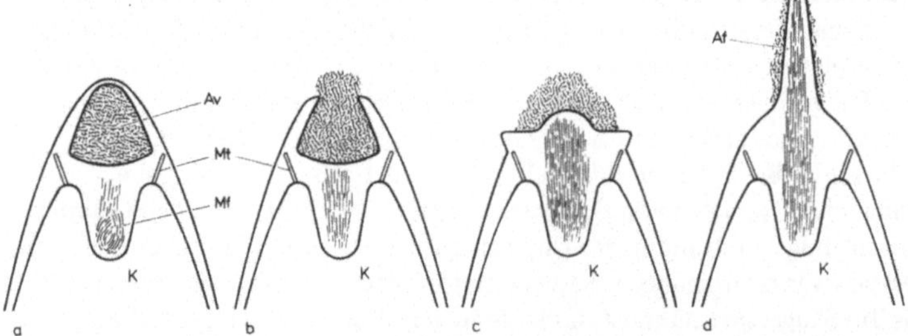

Abb. 49 Acrosomreaktion beim Seeigelspermium. K: Zellkern, Mf: Mikrofilamente, die durch
Umwandlung von G-Actin zu F-Actin entstehen. Mit: Stützkranz aus kurzen Mikrotubuli,
Av: Acrosomvesikel. a: Ausgangszustand; b, c: Öffnen des Acrosomvesikels und Vor-
stülpen seiner kaudalen Membran; d: Vortreiben des Acrosomfilamentes (Af). Nach
B a c c e t t i und A f z e l i u s (1976) mit Genehmigung des S. Karger Verlag Basel.

lauf der Acrosomreaktion zeigt Abb. 49 am Beispiel des Seeigelspermiums. Zunächst
öffnet sich das Acrosomvesikel, indem seine vom Golgifeld stammende Membran
mit der Zellmembran verschmilzt und setzt dabei seinen enzymatischen Inhalt frei.
Die kaudale Membranfläche des Vesikels wird damit zur neuen Zellmembran am
Vorderende des Spermiums, das im weiteren Verlauf der Acrosomreaktion zu einem
im Falle des Seeigels kurzen Fortsatz, dem Acrosomvesikels, vorgeschoben wird. Der
ursprünglich von der Kaudalfläche des Vesikels stammende Membrananteil ist es auch,
der mit der Zellmembran des Eies verschmilzt. Die Membran der Zygote besteht demnach aus drei Anteilen, der Zellmembran des Eies selbst, der des Spermiums und der
Membran des Acrosomvesikels.

Das Material, aus dem der Fortsatz sich bildet, liegt vor der Reaktion in einer Kern-
nische unterhalb des Acrosoms, also außerhalb des Acrosomvesikels. Vorgeschoben
wird der Fortsatz durch die Bildung von Actinfilamenten (F-Actin) aus globulären
Untereinheiten, dem G-Actin. Wie bei den Mikrovilli des Darms (vgl. Abschn. 2.2.1.6)
sind die Actinfilamente an der Spitze des Fortsatzes an die Membran angeheftet und
weisen die gleiche Polarität auf. Das α-Actinin (beim Muskel das Z-Scheibenprotein)
ist im ganzen Fortsatz verteilt. Wie bei den Mikrovilli ist auch an der Bewegung des
Acrosomfilaments kein Myosin beteiligt.

Literatur
B a c c e t t i, B.; A f z e l i u s, B. A.: The biology of the sperm cell. Basel 1976
F r a n z é n, Å.: Sperm structure with regard to fertilization biology and phylogenetics.
Verh. Dtsch. Zool. Ges. 1977 123–138. Stuttgart 1977.

△   7.1 Lebenduntersuchungen an Spermatiden der Heuschrecke

Zur Vitalfärbung von Mitochondrien und Nebenkern verwendet man Janusgrün B. Dieser Farbstoff, ein Diäthylsafraninazo-dimethyl-anilin mit Absorptionmaxima bei 585,
390 und 285 nm (pH 7,4), verdankt vermutlich seine Spezifität für Mitochondrien
lebender Zellen der Tatsache, daß er nur dort in seiner oxydierten blaugrünen Form
erhalten bleibt, im Rest der Zelle aber zu einer farblosen Leukoverbindung reduziert
wird. Intermediäre Reduktion durch Sulfhydrile oder bei Sauerstoffmangel kann zu
einer rötlichen Färbung führen, die auf Spaltung des Moleküls an der Azobrücke und
auf Safraninbildung beruht. Man achte daher bei der Herstellung der Präparate darauf,
daß einige Luftblasen mit eingeschlossen werden. Eine mehr blaue Allgemeinfärbung,
besonders im Kern, tritt bei geschädigten und abgestorbenen Zellen ein, bei denen
Janusgrün als basischer Farbstoff gebunden wird.

▲   Aus dem Abdomen junger adulter Tiere wird nach Betäubung mit CO_2 der Hoden
entnommen und in ein Blockschälchen mit Insektenringer oder physiologischer
Kochsalzlösung (0,7 %) übertragen. Man entfernt größere Tracheen und den gelb-
lichen Fettkörper, bis die gebündelten und fast durchsichtigen Hodenschläuche frei-
liegen. Einige überträgt man in einem Tropfen Janusgrünlösung (etwa 2 mg/100 ml
physiologischer Salzlösung) auf einen Objektträger und zerzupft sie mit sauberen

Präpariernadeln. Man läßt die Präparate mindestens 15 Minuten in einer Petrischale stehen und legt dann ein Deckglas unter Einschluß von Luftblasen auf. Das Deckglas wird mit Immersionsöl oder Paraffinöl umrandet, um Austrocknen zu verhindern. Die Beobachtungen sollen mit Ölimmersion und bei voller Apertur des Kondensors gemacht werden.

In den primären und sekundären Spermatocyten findet man zahlreiche typisch stäbchenförmige Mitochondrien, die in den Teilungsstadien einen Mantel um die Spindel herum bilden und daher bei der folgenden Cytokinese auf beide Tochterzellen verteilt werden. In den Spermatiden aggregieren alle Mitochondrien der Zelle zu einem einheitlichen großen N e b e n k e r n. Seine äußeren Konturen sind zuerst noch unregelmäßig. Wie das Elektronenmikroskop im Ultradünnschnitt zeigt, besteht er aus zwiebelartigen Schichten von Mitochondrien, die allmählich miteinander verschmelzen. Andeutungen dieses Bauprinzips sind selbst im Lichtmikroskop zu erkennen. Man findet im Präparat Spermatiden mit einem großen Nebenkern und solche mit zwei kleineren sog. Nebenkernderivaten, was darauf hindeutet, daß der große Nebenkern sich teilt. Durch Übergang zum Phasenkontrast (oder starkes Abblenden) stellt man fest, daß hier schon ein Axonem vorhanden ist und zwischen den beiden Nebenkernderivaten bis an den noch runden und noch nicht kondensierten Zellkern reicht. Am distalen Ende findet man schon eine freie Schwanzgeißel. Mit der Verlängerung des Mittelstücks in den Endstadien der Spermatogenese strecken sich auch die beiden Nebenkernderivate außerordentlich und werden zu parallelen, stabförmigen Gebilden.

Die anderen Zellorganellen sind im Phasenkontrast am gleichen Präparat zu erkennen. An der Geißelbasis unmittelbar am Zellkern fällt der c e n t r i o l ä r e N e b e n - k ö r p e r (engl.: centriole adjunct) infolge seiner hohen Dichte auf (vgl. Abschn. 6.1). Er ist in jungen Spermatiden mit rundem, noch locker aufgebautem Kern sehr klein, wächst aber in den folgenden Stadien beträchtlich. Er sitzt dicht der Kernmembran an, die im kaudalen Bereich abgeflacht ist. Vermutlich spielt er eine Rolle bei der festen Verankerung des Bewegungsapparates, denn er umhüllt das Basalkorn und den Anfangsteil des Axonemkomplexes. Bei der Streckung des Kerns verlängert sich auch dieses Organell.

Der Z e l l k e r n bleibt zunächst noch rund, nimmt aber an Volumen ab und wird homogen. Bei der Verlängerung wird der Kern am Vorderende spitz, am kaudalen Ende bleibt er abgeflacht. In diesem Stadium findet man an der Spitze das kegelförmige A c r o s o m. Es erscheint im Phasenkontrast dunkler als der Kern, dem es wie eine Art Zipfelmütze aufsitzt. Durch die weitere Streckung wird der Kern dünn ($\approx 0,5\ \mu$m) und fadenförmig. Durch autoradiographische und polarisationsmikroskopische Untersuchungen ist nachgewiesen, daß die einzelnen Chromosomen im Kern (wenn auch nicht in konstanter Reihenfolge) hintereinanderliegen. ■

Literatur

I n o u é, S.; S a t o, H.: Arrangement of DNA in living sperm: a biophysical analysis. Science N.Y. **136** (1962) 1122–1124

S z ö l l ö s i, A.: Electron microscope study of spermiogenesis in Locusta migratoria (Insect, Orthoptera). J. Ultrastruct. Res. **50** (1975) 322–346

T a y l o r, J. H.: The arrangement of chromosomes in the mature sperm of the grashopper. J. Cell Biol. **21** (1964) 286–289

7.2 Bewegung von Zellorganellen in der Spermiohistogenese

▲   Für das Zustandekommen der ausgesprochen polaren Organisation der Spermien spielt außer der Zellstreckung auch die Bewegung von Organellen eine Rolle. So müssen sich die Mitochondrien erst einmal an einer Stelle außerhalb des Kerns ansammeln, damit es zur Bildung eines Mittelstücks kommen kann, und das Acrosom muß irgendwie an den entgegengesetzten Pol des Kerns gelangen. Solche Bewegungen, über deren Ursache so gut wie nichts bekannt ist, lassen sich gut am Beispiel des Regenwurms demonstrieren, wo sie besonders ausgeprägt sind.

Bei Oligochaeten läuft in den winzigen Hoden die Entwicklung nur bis zu den jungen Spermatocyten ab. Stadien der Spermiohistogenese gewinnt man beim Regenwurm aus den großen Samenblasen. Die Lebenduntersuchung ist dadurch erschwert, daß die Spermatiden dichtgedrängt um ein sog. Cytophor gelagert sind, so daß hinreichend flache Präparate von dieser kugeligen Masse nicht zu machen sind. Die Spermatiden sind durch Zellbrücken, die durch unvollendete Zellteilungen entstehen, mit dem Cytophor verbunden, in welches sie Stoffwechselendprodukte und Restcytoplasma abgeben. so daß es im Verlauf der Spermiohistogenese an Volumen zunimmt. Flache Präparate erhält man durch kurzes Beschallen mit einem Ultraschallgerät oder einfach dadurch, daß man die Zellhaufen aufwirbelt und mehrfach durch eine Pipette stößt. Dazu ist es aber nötig, vorher mit 1 % OsO_4 in Sörensenpuffer (pH 7,2) zu fixieren. Die Spermatiden brechen an der Zellbrücke ab.

Die Bewegungsphänomene werden in Abb. 50 an Hand von Zeichnungen erläutert, die nach elektronenmikroskopischen Untersuchungen an Ultradünnschnitten angefertigt wurden. Zu ihnen sind die entsprechenden Stadien im Phasenkontrastmikroskop aufzusuchen. In der jungen Spermatide mit dem in Aufsicht rundlichen bis elliptischen Kern liegt die auswachsende Schwanzgeißel (F) gegenüber der abgebrochenen Zellbrükke (B). In der Nähe der Brücke liegen Mikrotubuli, die im Phasenkontrast nicht erkennbar sind. Am anderen Ende liegen schon Ansammlungen von punktförmigen Mitochondrien und als dichteste (dunkelste) Struktur der Golgiapparat. Beide Typen von Organellen sind bereits in Richtung der Pfeile 1 und 2 gewandert, um den distal von der Brücke gelegenen Zellpol zu erreichen. Wenn das vom Golgifeld stammende Proacrosom (P) bereits gebildet ist, erscheint es als eine winzige graue Protuberanz an einer Seite. Bei seiner Streckung (b) ist der noch immer nicht viel dichter (dunkler) gewordene Kern von einer Manschette von Mikrotubuli korsettartig umhüllt. Der Golgiapparat hat das fingerartige Proacrosom voll ausgebildet und ist als dichteste Struktur etwas seitlich vom kaudalen Ende des Kerns zu sehen. Der Pfeil 3 gibt die Wanderungsrichtung des Proacrosoms zur Brücke hin an. Die zweite sehr dunkle Struktur am abgeflachten kaudalen Kernende ist auf die dichte Packung der kleinen Mitochondrien zurückzuführen, hinter denen Centriol und Axonem (im Phasenkontrast nicht unterscheidbar) beginnen. Mit zunehmender Verlängerung (c) wird der Kern immer dichter und immer dunkler. Das Acrosom, nunmehr deutlich in ein relativ dichtes, kugeliges Bläschen und einen schlanken Stiel gegliedert, hat seine Wanderung beendet und sitzt nun auf dem immer noch sehr viel dichteren Kern. Die Wanderung muß verhältnismäßig rasch erfolgen, denn Stadien, in denen es unterwegs ist, sind relativ selten. Findet man sie, so fällt auf, daß die freie Spitze meist etwas nach vorn zeigt. Die Mitochondrien sind nun fast so dicht wie der Kern und schwer von ihm zu unterscheiden. Der immer noch seitlich kaudale Golgiapparat ist dagegen weniger kontrastreich. Der Pfeil 4 gibt seine künftige Wanderungsrichtung vom Mittelstück zur Brücke und schließlich in das Cytophor hinein an. Teilbild d zeigt das fast fertige Spermium unmittelbar bevor es sich vom Cytophor löst. Das Acrosom hat sich verlängert und seine endgültige länglich-konische Gestalt angenommen. Der Kern hat sich verkürzt und ist dabei erheblich dichter geworden. Die im Phasenkontrast nicht erkennbare Manschette aus Mikrotubuli

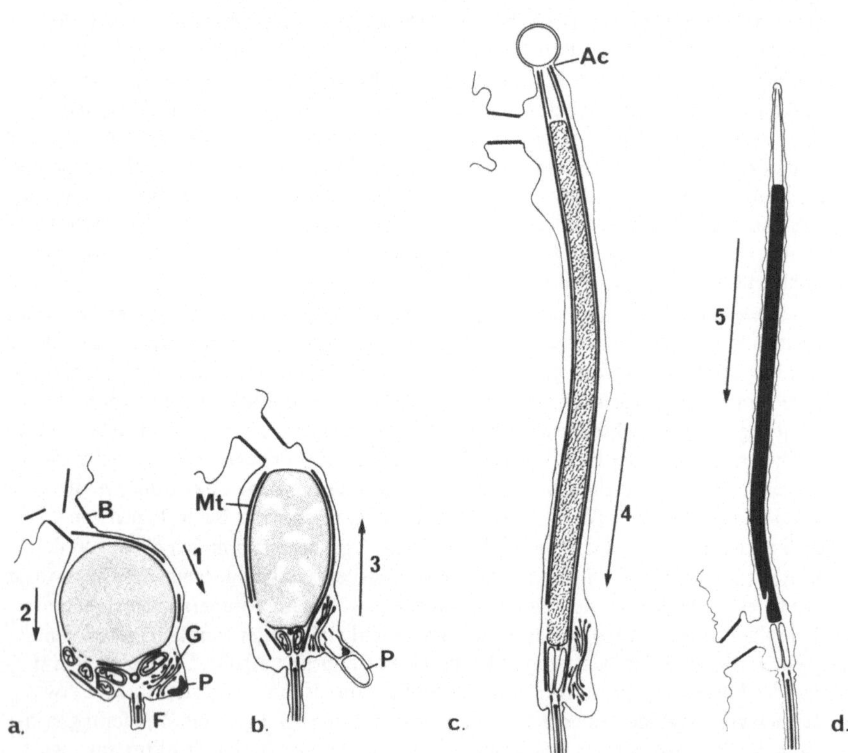

Abb. 50 Wanderung der Zellorganellen in der Spermiohistogenese des Regenwurms.
Erläuterung im Text.
Nach unpublizierten Ergebnissen von D. Troyer.

ist verschwunden, und die Brücke (Pfeil 5) ist von ihrer vorherigen Position an der Spitze des Spermiums bis in die Region des Mittelstücks gewandert. Im fertigen Spermium ist im Phasenkontrast kaum noch eine Grenze zwischen Acrosom, Kern und Mittelstück aufgrund der Dichteunterschiede zu erkennen. ■

Literatur

A n d e r s o n, W. A.; W e i s m a n, A.; E l l i s, R. A.: Cytodifferentiation during spermiogenesis in Lumbricus terrestris, J. Cell. Biol. **32** (1967) 11−26

S h a y, J. W.: Ultrastructural observation on the acrosome of Lumbricus terrestris. J. Ultrastruct. Res. **41** (1972) 572−578

7.3 Spermiendimorphismus

Eine merkwürdige Erscheinung ist die Bildung von zwei völlig verschiedenen Spermientypen im gleichen Individuum. Man findet dieses gelegentlich bei Schmetterlingen und regelmäßig bei fast allen vorderkiemigen Schnecken, den Prosobranchiern. Von den einheimischen Arten ist die lebendgebärende Sumpfdeckelschnecke Viviparus (= Paludina) viviparus am leichtesten erhältlich. Bei den kleineren Männchen ist der rechte Fühler verdickt und kürzer als der linke. Nach vorsichtigem Zerdrücken der Schale mit der Zange zieht man den Weichkörper heraus und erkennt den länglichen, hellen Hoden in den oberen Windungen eng verwachsen mit dem größeren dunklen Hepatopankreas („Leber"). Man trennt Stücke ab und macht Ausstriche in Ringerlösung oder 0,7 % NaCl für Lebendbeobachtungen im Phasenkontrast.

Man erkennt neben den typischen haarförmigen Spermien mit ihrem korkenzieherartig gewundenen Kopf, dem langen Mittelstück und dem etwas kürzeren freien Schwanzfaden zahlreiche größere wurmförmige Zellen. Sie scheinen einen kleinen elliptischen Kopf zu haben und ein langes, für das wurmartige Aussehen verantwortliches „Mittelstück", aus dem ein ganzes Büschel freier Schwanzgeißeln hervortritt. Die PJS-Reaktion fixierter Ausstriche zeigt, daß der wurmförmige Abschnitt mit Polysaccharidreserven beladen ist. Die Feulgenreaktion ergibt, daß nur der vordere kappenartige Abschnitt des „Kopfes" DNA enthält. Insgesamt färben sich die atypischen Spermien deutlich schwächer als die typischen mit Kernfarbstoffen, so daß Meves, der 1903 den Spermiendimorphismus an einem Schmetterling und der Sumpfdeckelschnecke beschrieb, zwischen e u p y r e n e n Spermien (mit normaler Kernsubstanz) und o l i g o p y r e n e n (mit wenig Kernsubstanz) unterschied.

Elektronenmikroskopische Untersuchungen an Ultradünnschnitten haben viel zum Verständnis des Aufbaus oligopyrener Spermien beigetragen. Die beiden alternativen Entwicklungswege entweder zu den typischen oder zu den atypischen Spermien sind offenbar schon in den jungen Spermatocyten festgelegt. Zellen, die zu atypischen Spermien werden, wachsen stärker heran und enthalten bereits granuläre, membranumgebene Einschlüsse aus Polysaccharid, die bei der späteren Zellstreckung eine Hülle um im allgemeinen mehr als 10 zentrale Axonemkomplexe bilden. Letztere haben ihren Ursprung aus ebenso vielen Basalkörpern, die an der Membran des Kernrestes in der „Kopfkappe" liegen. Die zusätzlichen Basalkörper, deren Zahl wechselt, entstammen einer abnormen Vermehrung der Centriole in der Prophase der 1. Reifeteilung. Häufig sieht man hier ein Muttercentriol rechtwinklig zu seiner Längsachse von einem Kranz kurzer Tochtercentriole umgeben. Je eine Gruppe von Centriolen bildet einen Pol der Reifeteilungsspindel. In der Anaphase I verhält sich eine Reihe von Chromosomen so, als ob sie acentrisch wären. Sie bleiben etwa in der Spindelmitte liegen und gelangen in keinen der beiden Tochterkerne. Das gleiche wiederholt sich in der 2. Reifeteilung, so daß der Spermatidenkern nur noch wenig DNA enthält und „oligopyren" geworden ist. Obwohl beweglich, werden diese genetisch defekten Spermien, denen übrigens auch ein Acrosom fehlt, keine Eizelle befruchten. Sie gelangen aber in den weiblichen Genitaltrakt und werden dort abgebaut. Möglicherweise liefern sie Reservestoffe für die Embryonalentwicklung. Der wurmförmige Abschnitt enthält außer diesen Reservestoffen nur wenige Mitochondrien, so daß seine Homologie zum Mittelstück eupyrener Spermien fraglich ist. ■

Bei einigen marinen Prosobranchiern enthalten die atypischen Spermien überhaupt keine DNA mehr, sie sind a p y r e n geworden. Sie entstehen aus sehr großen Zellen, die durch die starke Anhäufung von Reservestoffen wie dotterbeladene Eizellen aussehen. Die Vermehrung der Centriole ist extrem und führt zu ein paar tausend Axonemkomplexen, die am Vorderende entspringen und sich zu einer flachen Treibplatte vereinigen, die undulierende Bewegungen ausführt. Nach einem schlanken Verbindungsstück kommt es bei Janthina und Opalia zu einem langen Ansatzstück, an das sich zahlreiche eupyrene Spermien anheften, welche diesem Bereich ein bürstenartiges Aussehen verleihen. Im Gegensatz zu Viviparus erfüllen die atypischen Spermien hier eine Transportfunktion als eine Art „Spermienmutterschiff". Die Kenntnisse über die Funktion und Bildung atypischer Spermien im Tierreich sind lückenhaft.

7.4 Die unbegeißelten Spermien des Flußkrebses

Bei einigen Tiergruppen wie den Nematoden und den höheren Krebsen (Dekapoden) ist das morphologisch normale Centriol offenbar nicht mehr in der Lage, als Basalkorn einer Cilie oder Geißel einen Axonemkomplex zu bilden. Solche Organismen haben daher weder bewimperte Epithelien noch begeißelte Spermien. Es handelt sich dabei immer um Arten mit innerer Befruchtung. Besonders bei den Dekapoden ist überdies der gesamte Bauplan des Spermiums weitgehend abgewandelt.

▲   Betäubten geschlechtsreifen Männchen (kenntlich an den zu Gonopoden als Kopulationsorganen umgewandelten ersten Beinpaaren des Abdomens) wird der dorsal am

Hinterende des Cephalothorax liegende Hoden herauspräpariert. Er besteht aus 2 rundlichen vorderen Teilen und einem mehr länglichen hinteren Abschnitt. Die drei Teile sind durch stielartige Verengungen verbunden, von denen auch die Ausführgänge (vasa deferentia) entspringen, welche zu den Geschlechtsöffnungen an der Basis des letzten Schreitbeinpaares führen. Kleingeschnittene Teile des Hodens werden wie für die Elektronenmikroskopie in Glutaraldehyd und Osmiumsäure fixiert, in Epon eingebettet und mit dem Glasmesser am Ultramikrotom semidünn (ca. 2 μm) geschnitten.

Nach Antrocknen der einzeln übertragenen Schnitte auf Objektträger schließt man mit einem Tropfen Immersionsöl ein und beobachtet im Phasenkontrast.

Histologisch hat der Hoden den gleichen Aufbau wie eine reich verästelte azinöse Drüse. An den Enden der einzelnen ausführenden Kanälchen befinden sich die rundlichen Alveolen oder Azini, die ebenso wie die Ausführgänge von einer einschichtigen, flachen Bindegewebshülle umschlossen sind. In den Alveolen selbst findet man außen die großkernigen Follikelzellen, die Ausläufer von vermutlich ernährender Funktion zwischen die innere Masse der Keimzellen entsenden.

Gewöhnlich findet man in den verschiedenen Alveolen mehrere Stadien der Spermatogenese. Kleine Alveolen der äußeren Bereiche enthalten Spermatogonien. Die Spermatocyten sind erheblich größere Zellen. In Teilungsstadien überrascht die hohe Chromosomenzahl (2 n etwa 200). Nach der 2. meiotischen Teilung rundet sich der Kern nicht ab, sondern bleibt flach scheibenförmig mit zahlreichen dichten Chromatinbrocken. In seiner Nähe bildet sich das Acrosomenbläschen mit einem dichten Inhaltskörper (Abb. 51 a). Es wächst in der Folge beträchtlich und wird größer als der Kern, der sich mehr abflacht und homogener wird. Abb. 51 b zeigt außen eine dichte tassenförmige Schicht, die im PJS-Test für Polysaccharide ebenso wie das zentrale Granulum des vorigen Stadiums angefärbt wird. An der kernfernen „Öffnung" der Tasse ist das Material weniger dicht und scheint sich wie in einem Gradienten in das Innere des Acrosoms auszubreiten. Die Konturen des Kerns sind unregelmäßig. In späteren Stadien (Abb. 51 c) flacht sich die ganze Zelle in Richtung einer durch die Mitte des Acrosoms gehenden Achse ab. Der Kern ist als helles Band gerade noch zu erkennen. In dem ebenfalls abgeflachten Acrosom hat die dichte Masse erheblich an Umfang zugenommen. Sie gliedert sich ihrerseits von außen nach innen in zwei Zonen unterschiedlicher Dichte. Der mit einer weniger dichten Substanz erfüllte „Inhalt" der Tasse ist dagegen kleiner geworden. Im Elektronenmikroskop zeigt sich, daß hier feinfibrilläres Material vorliegt, das nach außen hin immer dichter gepackt ist. Zwischen den in c und d dargestellten Zuständen haben Kern und Acrosom eine weitgehende Umgestaltung durchgemacht. Es sieht so aus, als hätte das Acrosom seine Polarität umgekehrt, so daß die helle Blase im Inneren nun dem Kern zugewendet ist. Zwischenstadien zeigen aber, daß sich das Acrosom weiter bis zu einer homogenen Dichte kondensiert. Das helle Material in Abb. 51 d ist neu hinzugekommen und drängt die dichte Acrosomsubstanz nach oben und außen. Es erscheint im Elektronenmikroskop nicht fibrillär, sondern homogen und liegt unterhalb des eigentlichen Acrosoms. Ob es sich wie beim Seeigel um G-Actin für die Bildung eines Acrosomfilaments handelt, muß offenbleiben, da bei Dekapoden zu wenig über die Cytologie der Befruchtung bekannt ist.

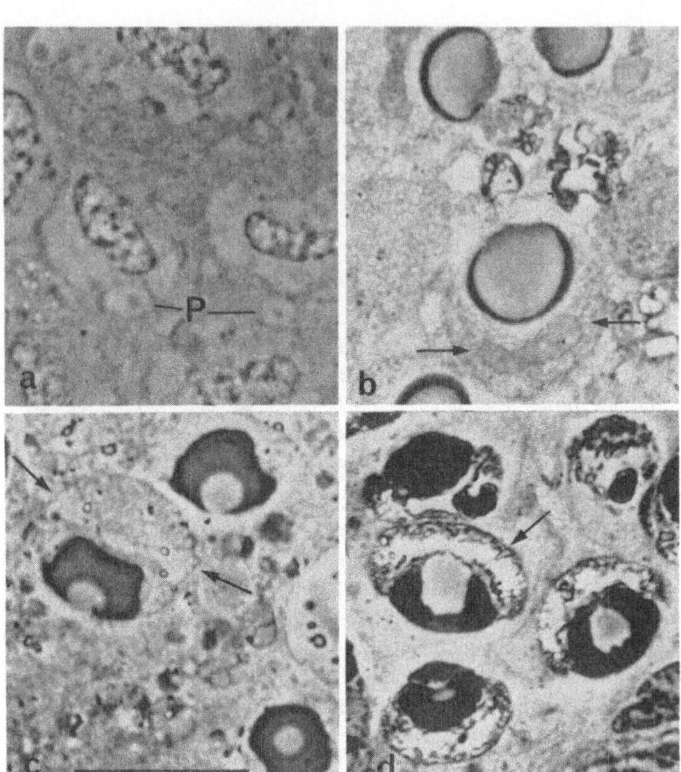

Abb. 51   Spermiohistogenese beim Flußkrebs, Semidünnschnitte, Phasenkontrast.
In a) sind die Proacrosomvesikel zweier Zellen gekennzeichnet (P)
in b) bis d) die Zellkerne bzw. der Kernbereich mit starkem Membranwachstum
(Pfeile).
Erläuterung im Text.
Maßstab: 10 μm.

Abb. 51 d zeigt Anzeichen einer starken Membranaktivität im Kernbereich. Im Elektronenmikroskop wird deutlich, daß die Membranen des glatten endoplasmatischen Reticulums miteinander und mit der Kernhülle zu einem dichten sog. Tegument verschmelzen, das nunmehr die neue Zellbegrenzung darstellt. Der Kern verliert dabei an Dichte und bildet lange DNA-haltige Ausläufer, die mehrmals um die Zelle gewickelt sein können. Im Inneren sind sie durch Mikrotubuli gestützt (Abb. 52).
Reife, den vasa deferentia entnommene Spermien werden unfixiert in Wasser im Phasenkontrast untersucht. Dabei breiten sich beim Auflösen der Schleimhülle die Kern-

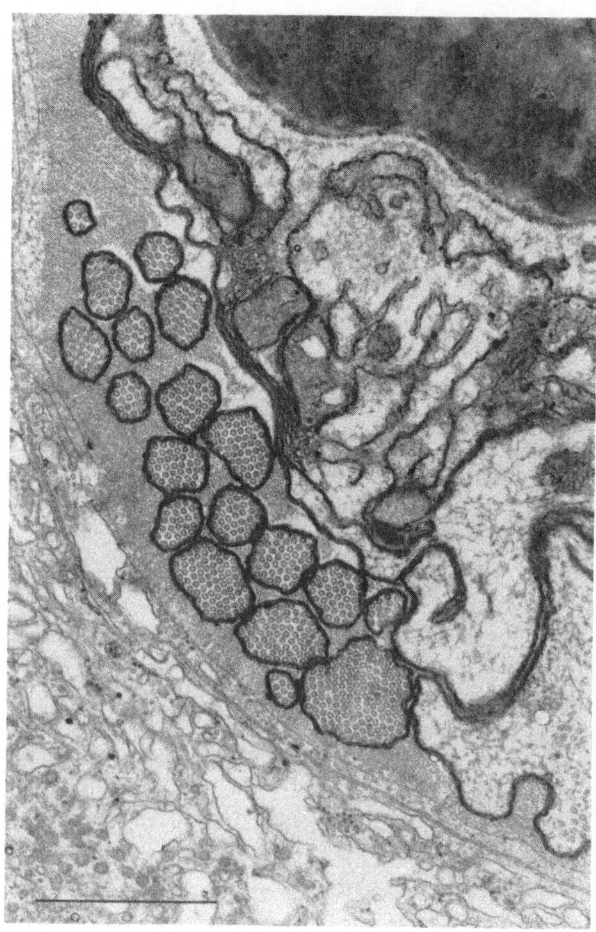

Abb. 52   Fast reifes Spermium aus dem Hoden von Astacus fluviatilis.
Oben ein Teilanschnitt des dichten Acrosoms, in der Mitte der vor-
malige Kernbereich mit starker Membranaktivität, unten die Ausläufer
(Ärmchen) mit Mikrotubuli von etwa 30 mm Durchmesser und einer
dichten Struktur im Innern. Aufnahme D. T r o y e r.
Maßstab: 1 µm.

ausläufer aus, die vorher eng um den scheibenförmigen Spermienkörper gewickelt
waren (Abb. 53). Sie zeigen nach dem anfänglichen Ausbreiten aber keine Eigenbewe-
gung, so daß ihre Funktion wohl nur darin besteht, bei der Befruchtung Kontakt
mit der Eioberfläche herzustellen. Das Acrosom sieht man wegen der Scheibenform
der Zellen meist von oben. Es erscheint als dichter Ring mit der im Elektronenmikroskop amorphen Masse als hellem Zentrum. □ ■

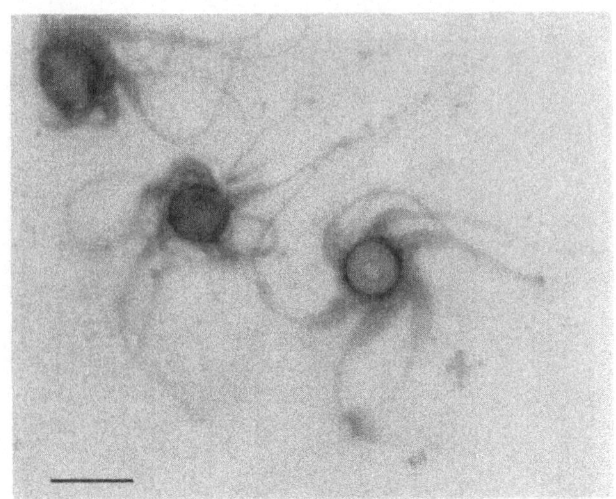

Abb. 53   Reifes Spermium des amerikanischen Flußkrebses Cambarus
virilis mit 6 Ärmchen. Aufsicht auf das Acrosom.
Färbung nach B e n d a.
Maßstab: 10 μm.

Literatur

A n d e r s o n, W. A.; E l l i s, R. A.: Cytodifferentiation of the crayfish spermatozoon: acrosome formation, transformation of mitochondria and development of microtubules. Z. Zellforsch. **77** (1967) 80—94

8 Oogenese

Der Begriff Oogenese umfaßt ebenso wie die Bezeichnung Spermatogenese die gesamte Entwicklung vom Beginn der Meiose bis zur Bildung einer befruchtungsbereiten Zelle. Im Gegensatz zur Spermatogenese ist aber das Zellwachstum in der meiotischen Prophase der O o c y t e besonders ausgeprägt und kann zu einem Zuwachs an Volumen um das Hunderttausendfache führen. Der Hauptanteil des Wachstums fällt in das Diplotänstadium der Meiose. Auch die nachfolgenden Reifeteilungen sind ganz darauf abgestellt, die Reduktion möglichst ohne großen Substanzverlust an Eiplasma durchzuführen. So wird in beiden Teilungen zusammen mit den Dyaden bzw. Chromatiden nur eine kleine Plasmaknospe als R i c h t u n g s k ö r p e r oder Polkörper abgeschnürt, der später zugrunde geht. Nur in seltenen Fällen kann sich der 1. Richtungskörper noch einmal teilen, so daß im Normalfalle eine große Eizelle und zwei kleine Richtungskörper als Resultat beider meiotischer Teilungen vorliegen. Der Zeitpunkt der B e f r u c h t u n g ist in Bezug auf diese Vorgänge recht unterschiedlich, jedoch artkonstant. Während bei Echinodermen beide Reifeteilungen abgelaufen sein müssen, ehe das Ei besamt werden kann, verbleibt es bei vielen Tieren im Metaphase-stadium der ersten oder zweiten Reduktionsteilung, bis das eindringende Spermium mit der generellen Aktivierung des Eies auch den Fortgang der Meiose auslöst. Bei den Säugetieren z.B. erfolgt der Follikelsprung oft in der Metaphase I, die Befruchtung in Metaphase II. Bei den Nematoden findet die Befruchtung im Eileiter vor der Bildung der resistenten Eihülle in der Metaphase der ersten Reifeteilung statt. Hier „wartet" der männliche Vorkern im Zentrum der Zelle, bis das Ei beide Reduktionsteilungen abgeschlossen hat, und in einigen Fällen von innerer Befruchtung dringt das Spermium sogar in die Oocyte ein, bevor die Wachstumsphase beendet ist.

Das enorme Wachstum der Eizelle beruht in unterschiedlichem Maße auf einem Zu-wachs an Cytoplasma und der Anhäufung von Reservestoffen, dem Dotter oder V i t e l l u s. Im allgemeinen folgen diese beiden Phasen aufeinander, so daß man eine praevitellogene Phase der Plasmavermehrung von einer vitellogenen Phase der Dotter-bildung unterscheiden kann. In der letzteren spielen gelegentlich besondere Strukturen als sog. „Dotterkerne" eine Rolle.

Zugleich mit dem Wachstum des Eies und der Einlagerung von Reservestoffen im Cytoplasma wird eine bestimmte E i a r c h i t e k t u r aufgebaut, die wesentliche Teile des Programmes der embryonalen Frühentwicklung mehr oder minder stark determiniert. So bekommt das Ei eine P o l a r i t ä t, die sich in einer ungleichen Verteilung des Dotters ausdrücken kann. Am a n i m a l e n Pol, aus dessen Umge-bung häufig Nervensystem und Haut hervorgehen, ist das Ei besonders plasmareich. Dort werden auch die Richtungskörper abgeschnürt. Aus dem Bereich der v e g e -t a t i v e n, häufig dotterreicheren Hälfte entsteht u.a. der Darm. Der Dotterreichtum und die Dotterverteilung sind maßgeblich für den F u r c h u n g s m o d u s.

Generell lassen sich zwei Sorten von Dottereinschlüssen unterscheiden, der P r o -t e i n d o t t e r und der F e t t d o t t e r. Beide enthalten Lipide und Proteine. Letzterer ist durch besonderen Fettreichtum und das Vorkommen von Phosphatiden wie Lecithin gekennzeichnet, ein stets vorhandenes Membranlipoid. Im Elektronen-mikroskop sind die beiden Typen gut zu unterscheiden. Beide sind von einer einfachen Membran umschlossen. Die Fettdottereinschlüsse, auch etwas irreführend „Lipochon-drien" genannt, erscheinen im Ultradünnschnitt sternförmig und werden wegen ihres hohen Gehaltes an ungesättigten Fettsäuren durch Osmiumtetroxid im Fixiermittel stark geschwärzt. Der Proteindotter erscheint in Form rundlicher bis ovaler D o t t e r -p l ä t t c h e n. Im Amphibienei kommt auf zwei Moleküle Phosvitin, ein hochphos-phoryliertes Protein vom Molekulargewicht 35000, ein Molekül Lipovitellin, ein Pro-tein vom Molekulargewicht 400000 mit 17,5 % Lipidgehalt. Die drei Proteinmoleküle bilden eine strukturelle Einheit, die in regelmäßigen Abständen wiederholt ist und zu einem Kristallgitter im Inneren der Dotterplättchen führt. Eine partiell phosphorylierte Vorstufe des Phosvitins, die im Gegensatz zum voll phosphorylierten Phosvitin noch löslich ist, wird wahrscheinlich in der Leber gebildet und gelangt über das Blut und die Follikelzellen in das Ei. Die Mitochondrien der Eizelle enthalten eine Proteinkinase, wel-che die partiell phosphorylierte Vorstufe unter Verbrauch von ATP in das unlösliche, voll phosphorylierte Phosvitin überführt. Aus diesen Gründen nimmt man an, daß die Dotterplättchen von Amphibien aus Mitochondrien entstehen (Transformations-

hypothese). Bei Posthornschnecken (Planorbis) scheint die Transformationshypothese
auch durch elektronenmikroskopische Untersuchungen gestützt. Berücksichtigt man
aber die gesamte Literatur über Dotterbildung, so erscheint die Entstehung von Dotterplättchen aus Mitochondrien eher als ein Ausnahmefall. Auch das gelegentliche Vorkommen von DNA in Dotterplättchen ist nicht unbedingt eine Stütze für die Transformationshypothese, denn sie ist bei Amphibien linear und nicht ringförmig wie in den
Mitochondrien. Neben Proteinen und Lipoiden kommen auch Polysaccharide, insbesondere Glycogen, als Reservestoffe im Ei vor. Ihre Einlagerung erfolgt im allgemeinen
zuletzt, nachdem die Proteinsynthese bereits abgeschlossen ist.

Die enorme Wachstumsleistung der Eizelle beruht sicher nur in Ausnahmefällen allein
auf zelleigener Synthese. Meist sind Hilfszellen (Follikelepithel und/oder Nährzellen)
beteiligt. Viele Stoffe werden überhaupt in anderen Organen (bei den Insekten im
Fettkörper, bei Wirbeltieren in der Leber) gebildet und über Hämolymphe oder Blut
in die Eizelle abgegeben. Ein elektronenmikroskopisch erkennbares Indiz dafür ist die
weit verbreitete Pinocytose an der Eioberfläche, die selbst bei dem langsam wachsenden und dotterarmen Ei der Säugetiere festzustellen ist. Bei Legehennen, wo die Hauptmasse des Dotters in den letzten 7 Tagen vor der Ablage gebildet wird, ließ sich durch
Injektion von radioaktivem Phosphor (P^{32}) in Form von Na_2HPO_4 nachweisen, daß
die hochphosphorylierten Dotterproteine in der Leber gebildet werden und über den
Blutstrom in das Ei gelangen. Ähnliches gilt für Insekten wie Stechmücken, die eine
Blutmahlzeit zur Eireifung benötigen und bald darauf mit der Eiablage beginnen können. In solchen Fällen ist das Follikelepithel, welches das Ei umgibt, darauf spezialisiert, den Transport von Stoffen durch Mikropinocytose in das Ei hinein zu vermitteln.

Außer Proteinen, Lipiden und Polysacchariden enthalten Eizellen meist auch beträcht-
liche Mengen RNA als Vorratsstoff. Es handelt sich vorwiegend um ribosomale RNA,
deren Vorstufen aus dem Nucleolus stammen. Nur ein Teil der zahlreichen freien
Ribosomen des Eiplasmas liegt in Form von Polysomen vor, die an der Proteinsynthese
während des Eiwachstums beteiligt sind. Mehr als die Hälfte sind Monosomen und
stellen einen Ribosomenvorrat für die frühe Embryonalentwicklung dar. Eine Stütze
für diese Ansicht ist die Beobachtung, daß die Zellen des Embryos oft bis zum Gastrulastadium überhaupt keine Nucleolen ausbilden, obwohl nachweislich Proteinsynthese
stattfindet. Im Gegensatz zur RNA somatischer Zellen muß diese Speicher-RNA äußerst
langlebig sein, denn das Eiwachstum (z.B. der Froschlurche) kann sich über längere
Zeiträume erstrecken. So ließ sich nach einmaliger Injektion von ^{3}H-Uridin noch nach
einem Jahr eine radioaktive Markierung in der rRNA nachweisen.

Die Synthese der RNA im Nucleolus unterliegt einer Steuerung durch das Eiplasma,
wie sich durch Kerntransplantation zeigen ließ. Nach Implantation von Gastrulaker-
nen, die bereits wieder aktiv sind und einen Nucleolus enthalten, in entkernte, fur-
chungsbereite Eizellen, verschwindet der Nucleolus wieder. Der implantierte Gastrula-
kern, der nun die Rolle des Eikerns übernimmt, bleibt bis zum Beginn der Gastrulation
gehemmt. Auch die Menge an RNA unterliegt einer Steuerung. Das ließ sich an einer
Mutante („nucleolus-less") des Krallenfrosches zeigen, welcher ein aktiver Nucleolusorganisator fehlt. Im homozygoten Zustand ist diese Mutation im Gastrulastadium

letal. In Heterozygoten aber, die nur die Hälfte rDNA enthalten, ist dennoch die Menge an rRNA im Ei die gleiche wie in normalen Kröten. Über die Menge der im Cytoplasma angehäuften RNA muß daher eine Rückkoppelung zum Kern bestehen, die dessen Aktivität steuert.

Bei der Bereitstellung großer Mengen an rRNA stößt die Leistungsfähigkeit der im Eikern enthaltenen Genome offenbar an Grenzen. Bei Insekten mit meroistischem Ovar (Abb. 54 b, c) übernehmen polyploide N ä h r z e l l e n ganz oder teilweise die Versorgung des Eies mit RNA. Sie ermöglichen ein schnelles Eiwachstum entsprechend dem kurzen Lebenszyklus dieser Tiere. Außer den Nährzellen können die Follikelzellen den Übertritt von Stoffen aus der Hämolymphe vermitteln. Auch sie sind in manchen Fällen polyploid und zeigen eine intensive eigene Proteinsynthese. Wo Nährzellen fehlen (und das Eiwachstum oft auch langsam vor sich geht), findet man häufig das Phänomen der G e n a m p l i f i k a t i o n. Beim Krallenfrosch (Xenopus) sammelt sich im Pachytän ein großer extrachromosomaler DNA-Körper an, der sich im Diplotän im Kern verteilt und zum Ursprung von zahlreichen kleinen Nucleolen wird. Am Ende des Pachytän enthält der Kern 43 pg (= 43 · 10^{-12} g) DNA, wovon aber nur 12 pg auf die in einem meiotischen Prophasekern enthaltenen Chromosomen der 4 Genome entfallen. Die übrigen 31 pg gehören zum DNA-Körper und entsprechen etwa 2500 bis 5200 Nucleolenbildungsorten. Durch direkte cytologische Hybridisierung mit Tritiummarkierter rRNA ist nachgewiesen, daß es sich bei dem DNA-Körper um Sequenzen für die Kodierung ribosomaler RNA handelt.

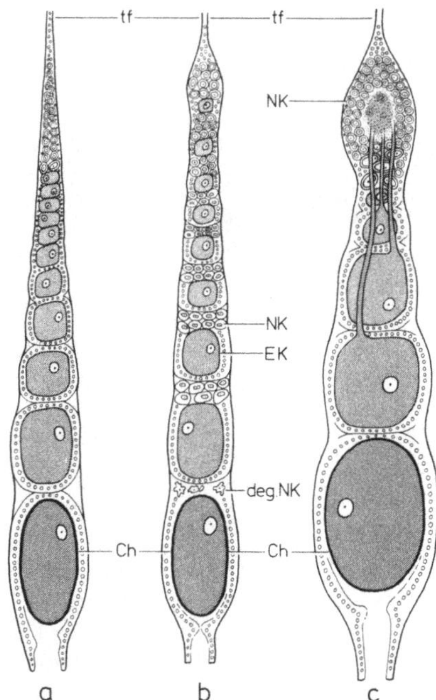

Abb. 54
Ovariolentypen der Insekten (nach Weber).
tf: Terminalfaden, Ch: Chorion.
a) panoistisches Ovar;
b) c) meroistische Ovariolen mit Nährzellen;
b) polytrophes Ovar, NK: Nährkammer, EK: Eikammer;
c) telotrophes Ovar mit einer Nährkammer (NK) und Nährsträngen zu den Eizellen.

Untersuchungen an Arten mit großen Lampenbürstenchromosomen (vgl. Abschn. 5.1) haben Aufschluß darüber gegeben, wie es überhaupt zu einem extrachromosomalen Körper aus rDNA kommen kann. Da die kleinen Nucleolen eine ringförmige DNA-Achse (Abb. 55 a) enthalten, ist anzunehmen, daß die Schleifen des Nucleolenbildungsortes am Chromosom zusätzliche Replikationen durchmachen und daß sich die neu gebildete DNA zum Ring schließt. An der Flüssigkeitsoberfläche gespreitete Ringnucleolen zeigen ein Alternieren von Matrixsegmenten von konstanter Länge und Achsensegmenten von unterschiedlicher Länge (Abb. 55 b). Offenbar werden nur die Matrixsegmente transcribiert. Ihre Längenkonstanz deutet darauf hin, daß es sich bei jedem dieser Abschnitte um ein Gen für die Kodierung der Vorstufe (45 S) von ribosomaler RNA (18 S + 28 S) handelt. Die eigentliche Matrix um den zentralen DNA-Faden bilden etwa 100 feine Fibrillen von regelmäßig wachsender Länge, die dem ganzen Abschnitt das Aussehen eines Tannenbäumchens verleihen. Am Ursprungsort jeder Fibrille liegt ein etwa 10 nm großes globuläres Gebilde. Eine zwanglose Deutung dieser Befunde ergibt sich aus der Annahme, daß die globulären Partikel RNA-Polymerase darstellen und daß die genetische Information gleichzeitig vielfach sequentiell abgelesen wird. Die RNA-Polymerase müßte sich demnach in Pfeilrichtung bewegen und die längsten Fibrillen müßten fast fertige Ketten 45 S-rRNA darstellen. Durch das gleichzeitige und sequentielle Ablesen der genetischen Information ist die Geschwindigkeit der RNA-Produktion enorm gesteigert.

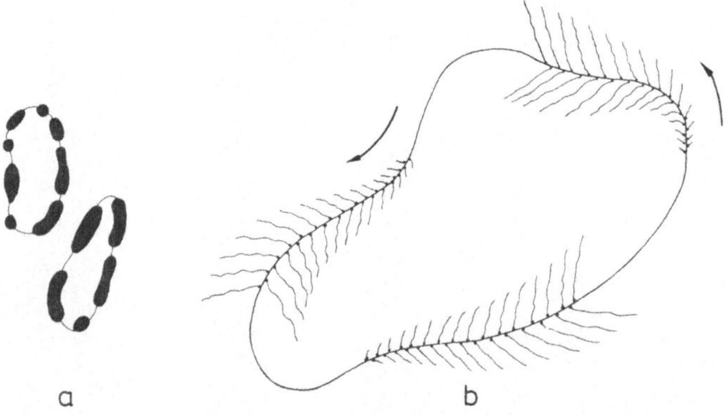

Abb. 55   Nucleolen mit Ringstruktur aus Amphibieneiern. a) lichtmikroskopisches Aussehen nach teilweisem Entfernen der RNA-Protein-Matrix. b) Feinstruktur gespreiteter Nucleolen (schematisiert) mit sequentiell transcribierten rDNA-Cistronen und inaktiven Abstandsstücken („spacers").

Genamplifikation im Oocytenkern und das Vorkommen polyploider, RNA-abgebender Nährzellen schließen sich keineswegs gegenseitig aus. Bei einigen Insekten, wie den Gelbrandkäfern (Dytiscidae) und den Kohlschnaken (Tipulidae) kommt beides zusammen vor. Bei Schmeißfliegen (Calliphora) haben die polyploiden Nährzellen zusätzlich noch Genamplifikation. Zu erwarten ist die Genamplifikation jedoch bei Insekten ohne Nährzellen, d.h. mit panoistischem Ovar (Abb. 54 a). Ob es dabei zur Ausbildung eines mikroskopisch erkennbaren DNA-Körpers kommt, hängt davon ab, wie hoch der Amplifikationsgrad ist und ob die zusätzlich gebildete DNA sich im Kern an einer Stelle ansammelt, bevor sie dispergiert wird und die Nucleolenbildung anfängt. Bei der Hausgrille, mit der wir die Untersuchung der Oogenese beginnen, ist der Amplifikationsgrad nicht so hoch wie bei Xenopus. Er entspricht aber immerhin in der M e n g e dem DNA-Gehalt eines ganzen Genoms.

Literatur

B i e r , K.: Oogenesetypen bei Insekten und Vertebraten, ihre Bedeutung für die Embryogenese und Phylogenese. Zool. Anz., Suppl.-Bd. 33, Verh. Zool. Ges. 1969, 7—29.

M a h o w a l d, A. P.: Oogenesis. In: C o u n c e, S. J.; W a d d i n g t o n , C. H. (Ed.) Developmental Systems: Insects. Vol. 1. London, New York 1972

R a v e n, Ch. P.: Oogenesis. The storage of developmental information. Oxford, London, New York, Paris 1961

△ ▲ 8.1 Genamplifikation in der Oogenese der Hausgrille

Zur Demonstration des extrachromosomalen DNA-Körpers eignen sich weibliche Junglarven von 8 bis höchstens 20 mm Körperlänge. Der Hinterleib wird nach Anaesthesie abgetrennt und dorsal aufgeschnitten. Am besten fixiert man in situ durch Auftropfen von Alkohl-Eisessig und überträgt dann die noch kleinen, länglichen Ovarien für 1 Stunde in das Fixiermittel. Einige Ovarien werden in Paraffin eingebettet, 5 μm dick geschnitten und mit dem basischen Farbstoff Azur B bei pH 4 bzw. nach Feulgen gefärbt. Die anderen verwendet man für Quetschpräparate, die mit Orcein-Essigsäure 30 Minuten gefärbt werden.

Ein gefärbtes, für Quetschpräparate vorgesehenes Ovar überträgt man in 50 % Essigsäure, seziert mit feinsten Nadeln unter dem Binokular einige Ovariolen frei und macht ein mikroskopisches Präparat zunächst ohne Quetschung, um ihren histologischen Aufbau zu untersuchen. An der Spitze der Ovariolen sieht man einen zelligen T e r m i n a l f a d e n, weiter unten eine einreihige Folge wachsender O o c y t e n, die in Aufsicht wie längliche Rechtecke aussehen. Jede Oocyte ist von stark abgeflachten F o l - l i k e l z e l l e n umgeben. Sie stammen letztlich von somatischen Zellen im Terminalfaden ab und bilden in späteren Larvenstadien und im Adulten durch Zellteilung und Zellwachstum ein hochprismatisches Epithel um jede Eizelle. Ihre Hauptfunktion besteht darin, dem Ei Nährstoffe wie z.B. Vorstufen für die Synthese von RNA und Protein aus der die Ovariolen umgebenden Hämolymphe zuzuführen. Wenn das Eiwachstum abgeschlossen ist, bilden sie eine schützende, hauptsächlich aus Skleroproteinen bestehende Hülle, das C h o r i o n, die an der M i k r o p y l e nicht geschlossen ist und den Durchtritt von Spermien für die Befruchtung ermöglicht. Eigentliche Nährzellen fehlen. Dieser Ovariolentyp wird daher als p a n o i s t i s c h bezeichnet (Abb. 54 a).

Der weitaus größte Teil des Eiwachstums findet im Diplotänstadium der meiotischen Prophase statt. Zwischen den großen Oocyten und den Basalzellen des Terminalfadens liegen Pachytän- und junge Diplotänzellen, in welchen der extrachromosomale DNA-Körper seine maximale Größe erreicht. Autoradiographische Untersuchungen nach Einbau von ³H-Thymidin haben gezeigt, daß die Synthese der extrachromosomalen DNA nach Abschluß der prämeiotischen chromosomalen S-Phase im Nucleolus beginnt und bis ins Pachytän andauert. Wir stellen also den Kreuztisch des Mikroskops auf die Übergangsstelle zwischen der Reihe großer Oocyten und dem Terminalfaden ein, nehmen das Präparat heraus und quetschen.

Mit dem starken Trockensystem lokalisieren wir im Phasenkontrast oder mit dem Grünfilter Pachytän- oder Zygotänzellen und benutzen dann zu genauerer Untersuchung das Ölimmersionssystem. Der große rundliche DNA-Körper (Abb. 56) wird durch das Quetschen gewöhnlich etwas von der Masse der Chromosomen getrennt,

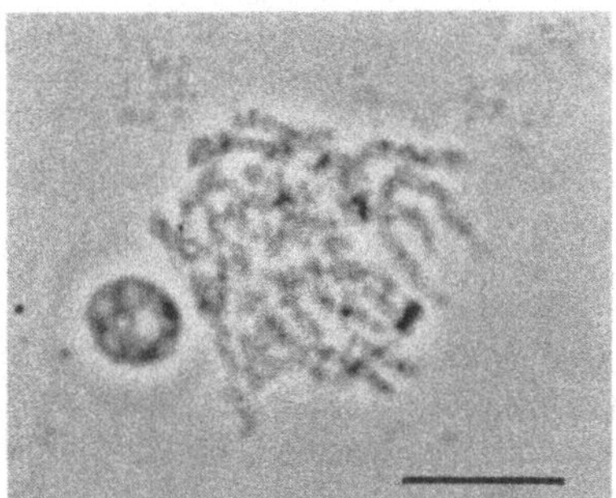

Abb. 56
DNA-Körper im Pachytän der Hausgrille,
durch Quetschen etwas aus der Chromosomen-
masse verlagert.
Orcein-Essigsäure-Phasenkontrast.
Maßstab: 10 µm..

hängt aber häufig mit einem Ende eines der Bivalente noch zusammen. Leider lassen sich die Bivalente im Pachytän nicht gut voneinander unterscheiden, so daß nicht festgestellt werden kann, ob der DNA-Körper immer mit einem Ende des gleichen Chromosoms assoziiert ist. Allerdings liegt die Vermutung nahe, daß es sich um das Bivalent mit dem Nucleolusorganisator handelt, denn in der prämeiotischen S-Phase beginnt die Synthese des DNA-Körpers im Nucleolus. Man suche in der Umgebung der Pachytänzellen nach jüngeren und älteren Stadien und vergleiche die Größe des DNA-Körpers.

Die nach der für DNA spezifischen Feulgenmethode gefärbten Schnitte zeigen, daß es sich bei dem Kerneinschluß früher meiotischer Phasen tatsächlich um extrachromosomale DNA handelt. Die Azur B-Färbung bei pH 4 (vgl. Abschn. 2.2.1.4) zeigt bei richtiger Differenzierung die RNA bläulich bis rötlich, die DNA mehr grünlich und ergibt Aufschluß über das weitere Schicksal des DNA-Körpers. Selbst im Pachytän, wenn die extrachromosomale DNA ihre Maximalmenge nahezu erreicht hat, zeigt die Färbung, daß sowohl RNA als auch DNA vorhanden ist. In jungen Diplotänzellen, die schon von Follikelzellen umschlossen sind, kann man gelegentlich ein mehr grünlich gefärbtes DNA-Zentrum von einer mehr blau-rötlichen RNA-Hülle unterscheiden. In noch älteren Zellen, mehr basalwärts und daher weiter vom Terminalfaden entfernt, ist kein DNA-Körper mehr festzustellen Dagegen findet man, oft in einer Hälfte des Oocytenkerns konzentriert, Anhäufungen von RNA. ■

Der naheliegende Schluß, daß sich der DNA-Körper im Kernraum fein verteilt und seine Teilstücke als Matrize für die RNA-Synthese dienen, ist durch cytologische Untersuchungen weitgehend bewiesen. Die DNA-Synthese, autoradiographisch darstellbar nach Einbau von ^{3}H-Thymidin, hat zu diesem Zeitpunkt aufgehört. Statt dessen ist nur RNA-Synthese, erkennbar an intensivem ^{3}H-Uridineinbau im Bereich der dispersen Anhäufungen von RNA, zu finden. Künstlich einsträngig gemachte, sog. denaturierte DNA vermag diejenige RNA zu binden, für die sie selbst im normalen Transcriptionsvorgang als Matrize dient („Hybridisierung"). Die gebundene RNA wird vorher durch Einbau von radioaktivem Nucleosid markiert. Bei der cytologischen Hybridisierung verbleibt die denaturierte DNA in situ im Präparat. Die radioaktive, gebundene RNA wird autoradiographisch nachgewiesen. Da sich die extrachromosomale DNA mit ribosomaler RNA im cytologischen Präparat selektiv hybridisieren läßt, muß sie die Sequenzen enthalten, die für rRNA kodieren. Solche Sequenzen sind in allen Zellen im Nucleolus enthalten. Der Hybridisierungsbefund paßt daher ausgezeichnet zu der Beobachtung, daß sich der DNA-Körper in der letzten prämeiotischen S-Phase im Nucleolus bildet. Mikrospektrophotometrische Bestimmungen haben ergeben, daß der voll ausgebildete DNA-Körper der Grille etwa 1,5 mal so viel DNA enthält wie die Chromosomen eines vollständigen Genoms. Durch die selektive Vermehrung oder Amplifikation werden sicher mehrere tausend mal so viele rDNA-Sequenzen bereitgestellt, als normalerweise im Nucleolus vorhanden sind. Dies bedeutet ein außerordentliches Potential für die Synthese ribosomaler RNA, die in wachsenden Eizellen bis in die Frühstadien der Keimesentwicklung hinein gespeichert wird.

Literatur

C a v e, M. D.; A l l e n E. R.: Synthesis of nucleic acids associated with a DNA-containing body in oocytes of Acheta. Exp. Cell Res. **58** (1969) 201–212

C a v e , M. D.: Synthesis and characterization of amplified DNA in oocytes of the house cricket, Acheta domesticus (Orthoptera: Gryllidae). Chromosoma (Berl.) **42** (1973) 1–22

8.2 Nährzellen in der Oogenese

Bei vielen Tieren mit raschem Eiwachstum sind außer den Follikelzellen noch besondere Nährzellen an der Versorgung der Oocyte mit Reservestoffen beteiligt. Im Gegensatz zu den somatischen Follikelzellen handelt es sich dabei um Geschwisterzellen der Oocyte, die durch F u s o m e genannte Zellbrücken mit dem Eiplasma in Verbindung stehen. Die Fusome, deren Rand durch angelagertes Material zu einem stabilen Ring verstärkt ist, sind als Resultat unvollständiger Zellteilungen aufzufassen.

Die hohe Syntheseleistung der Nährzellen drückt sich durch einen hohen RNA-Gehalt des Cytoplasmas und daher intensiver Färbung mit basischen Farbstoffen wie Toluidinblau oder Azur B bei niedrigem pH aus (vgl. Abschn. 2.2.1.4). Mit der hohen RNA-Synthese wiederum steht der im allgemeinen hohe Polyploidiegrad der Nährzellen im Zusammenhang. Bei dem marinen Polychaeten Ophryotrocha puerilis steht jede Eizelle

mit einer einzigen Nährzelle in Verbindung, die zunächst stärker als die Eizelle wächst
und dabei durch Endomitosen (vgl. Abschn. 4.3) einen Polyploidiegrad von 256 (2^8)
Genomen erreicht. Durch Einbau von ^{3}H-Uridin in die RNA und Autoradiographie
ließ sich nachweisen, daß Ei und Nährzelle selbständig RNA aufbauen und daß kein
massiver RNA-Transport von der Nährzelle in die Oocyte stattfindet. Vermutlich
synthetisiert aber die Nährzelle Dotterstoffe für das Ei, denn elektronenmikroskopisch lassen sich in ersterer die gleichen (nur kleineren) Lipid- und Proteindotter-
plättchen nachweisen wie im Ei selbst. Im weiteren Verlauf der Oogenese wird die
Nährzelle kleiner und offenbar schließlich voll in das Ei resorbiert.

Bei den Insektenarten, die im folgenden untersucht werden sollen, scheint nach autoradiographischen Befunden die Funktion der Nährzellen hauptsächlich darin zu bestehen, RNA für die Eizelle zu liefern. Die Ovariolen dieser Insekten sind m e r o i -
s t i s c h, d.h. unterteilt in Eikammern und Nährkammern.

Beim p o l y t r o p h e n Typ (Abb. 54 b) wechseln Eikammer und Nährkammer
regelmäßig. Da Eizelle und Nährzellen Geschwisterzellen sind, ist die Gesamtzahl der
Zellen in beiden Kammern stets 2^n, meist 7 oder 15 Nährzellen und eine Eizelle.
Polytrophe Ovariolen findet man bei Schmetterlingen, Fliegen und einigen Käfern.
Beim t e l o t r o p h e n Typ (Abb. 54 c) der Wanzen und einiger Käfer ist die nahe
der Spitze gelegene Nährkammer durch schlauchartige Nährstränge mit den einzelnen
Eizellen verbunden.

▲   **8.2.1 Das polytrophe Ovar der Mehlmotte Ephestia kuehniella**

Nach Betäubung mit Äther oder CO_2 wird jungen adulten Weibchen der Hinterleib
abgetrennt, aufgerissen und die Ovarien werden in Alkohol-Eisessig (3:1) fixiert. Etwa
5 μm dicke Paraffinschnitte werden mit Azur B bei pH 4, davon einige nach Vorbehandlung mit Ribonuclease, gefärbt und zu Dauerpräparaten eingedeckt.

Nahe der Spitze des Ovars erkennt man an Längsschnitten sofort den für den polytro-
phen Typ charakteristischen Wechsel von Ei- und Nährkammer. Bei Ephestia enthält
die Nährkammer 7 Zellen, wovon wir maximal 5 Anschnitte sehen können. Das
Cytoplasma der Nährzellen ist intensiv blau gefärbt, im RNase-behandelten Präparat
dagegen nahezu farblos. Eine etwa gleich hohe RNA-Konzentration findet man im
Cytoplasma des Follikelepithels, welches die gesamte Eizelle (und nur diese) umgibt.
Es besteht in seinem die Oocyte außen umkleidenden Teil aus etwa 13 μm hohen
Zellen. Zwischen Eikammer und Nährkammer ist es stark abgeflacht. Außer an der
enormen Größe der Kerne ist die Polyploidie der Nährzellen an den überaus zahlreichen, leicht metachromatisch gefärbten und unregelmäßig geformten Nucleolen
zu erkennen, die im RNase-Präparat ungefärbt bleiben. Auch die Kerne der Follikelzellen sind relativ groß mit multiplen Nucleolen, so daß wahrscheinlich auch hier Polyploidie, wenn auch auf niedriger Stufe, vorliegt. An den Nährzellkernen finden wir überdies wieder (vgl. Abschn. 5.2.1) das Prinzip der Oberflächenvergrößerung durch zahlreiche Einbuchtungen und Ausstülpungen verwirklicht. Diese Struktur ist stets als
Anzeichen intensiven Stoffaustausches zwischen Kern und Cytoplasma anzusehen.

In der Eizelle erscheint der Zellkern als ein helles, fast völlig ungefärbtes Bläschen ohne
Nucleolus. Somit besteht auch keinerlei direktes cytologisches Indiz für RNA-Synthese
durch den Kern der Oocyte. Dennoch enthält das Eiplasma reichlich RNA, wie der
Vergleich mit RNase-behandelten Präparaten zeigt. Sie liegt als feingranuläre Masse
zwischen den etwa 4 μm großen, ungefärbten Dotterschollen. Ihre mögliche Herkunft
deutet sich in Schnitten an, die den zentralen Fusombereich zwischen Eikammer und
Nährkammer junger Oocyten einschließen. Hier scheint sich blau gefärbtes Material
von einem Punkt aus in das Eiplasma trichterförmig auszubreiten. In älteren Eizellen
mit bereits degenerierter Nährkammer ist die Hauptmasse der RNA dagegen als etwa
9 μm dicker Saum im peripheren Bereich des Eies unterhalb des Follikelepithels angehäuft. Dieser Bereich ist frei von Dotterschollen und entspricht dem peripheren
Plasmasaum, in welchen später die Furchungskerne einwandern (centrolecithales
Insektenei mit superfizieller Furchung). ■

Eine Ergänzung und z.T. auch eine Erklärung der morphologischen Befunde an polytrophen Ovariolen lieferte die Autoradiographie nach Einbau radioaktiver Aminosäuren oder markierter Nucleoside in Proteine bzw. RNA. Im Ei selbst findet nur in ganz
jungen Oocyten Transcription an den Chromosomen statt, die aber sehr früh in der
Phase der Dotterbildung abgeschaltet wird. Intensive RNA-Synthese während längerer
Zeiträume zeigen die Kerne der Nährzellen und die des Follikelepithels, wobei jedoch
nur von den Nährzellen durch die Fusome größere RNA-Mengen an das Eiplasma
gelangen. So scheint die intensive RNA-Färbung des Cytoplasmas der Follikelzellen
hauptsächlich Ausdruck einer dort stattfindenden hohen Syntheserate von Proteinen
zu sein. Das wird durch den Einbau von markierten Aminosäuren bestätigt. Hier zeigt
vor allem das Cytoplasma der Follikelzellen, aber auch das des Nährplasmas und des
Eiplasmas autoradiographisch Proteinsynthese an. Große Mengen der im Plasma der
Follikelzellen aufgebauten Proteine gelangen vermutlich durch Pinocytose in die Dotterschollen der Eizelle.

Die 7 Nährzellen und die Eizelle sind Geschwisterzellen, die in drei Mitoseschritten
entstehen. Da die Fusome bestehen bleiben, sind die im Zellkomplex zuerst gebildeten
Zellen (I, Abb. 57 a) durch drei Fusome mit den Nachbarzellen verbunden, die im
zweiten Schritt gebildeten (II) durch zwei Brücken und die zuletzt gebildeten nur noch
durch eine (III). Eine der beiden Zellen mit drei Fusomen tritt in die meiotische Prophase ein und wird zur Eizelle. Alle übrigen Zellen führen Endomitosen durch und
werden zu polyploiden Nährzellen. Später polarisiert sich der Brückenkomplex in der
in Abb. 57 b angedeuteten Weise, so daß ein mehr oder weniger direkter Transport von
allen Nährzellen in die Eizelle möglich wird.

Durch Mikroinjektion von Serumglobulin, das mit einem Fluoreszenzfarbstoff markiert war, konnte nachgewiesen werden, daß der Stofftransport gerichtet erfolgt und
nicht auf Diffusion im Konzentrationsgefälle beruht. So führte Injektion in eine der
Nährzellen zu einer Fluoreszenz der Eizelle, nicht aber der angrenzenden Nährzellen.
Umgekehrt findet keine Ausbreitung der Fluoreszenz in die Nährzellen statt, wenn in
das Eiplasma injiziert wurde. Eine mögliche Erklärung für den gerichteten Stofftransport auf der Grundlage einer Elektrophorese ergaben die Messungen mit Mikroelektro-

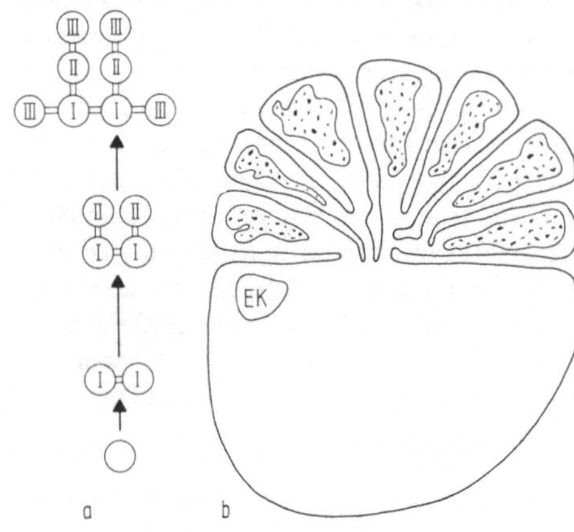

Abb. 57
Fusome im polytrophen Ovar
von Schmetterlingen.
a) Entstehung eines Ei-Nährzellenkomplexes.
Die zuerst gebildeten Zellen (I) haben
zum Schluß 3 Fusome, die Zellen
der 2. Generation (II) deren zwei,
die zuletzt gebildeten (III) nur eines.
b) Polarisierung des Ei-Nährzellenkomplexes
mit den 7 Nährzellen.
EK; Eikern.
Nach W o o d r u f f und T e l f e r (1973).

den am Ei-Nährzellkomplex des Spinners Cecropia. Danach weist das Nährplasma
gegenüber dem Eiplasma ein negatives Potential von etwa 10 Millivolt auf, so daß ein
gerichteter Transport von Stoffen resultieren könnte, die beim pH der Zelle einen
negativen Ladungsüberschuß tragen.

Zusammenfassend lassen die cytologischen Untersuchungen und die autoradiographischen Ergebnisse den Schluß zu, daß zumindest ein Großteil der im Ei polytropher
Ovariolen gespeicherten RNA von den Nährzellen stammt und wahrscheinlich ribosomaler Art ist, denn nur die Nährzellen haben neben den Fusomen mit nachgewiesenem
RNA-Transport überaus zahlreiche, rRNA-Vorstufen produzierende Nucleolen im
Kern. Ob „fertige" Ribosomen in das Ei transportiert werden, zeigen diese Versuche
und Beobachtungen natürlich nicht. Aber selbst wenn dem nicht so wäre, ist ein Transport reiner RNA ohne Cytoplasma und damit ohne Übertritt von Proteinen kaum zu
erwarten. Die folgenden Untersuchungen am telotrophen Ovar vermitteln eine genauere
Kenntnis der von der Nährkammer in das Ei transportierten Bestandteile.

Literatur

B i e r , K.: Autoradiographische Untersuchungen über die Leistungen des Follikelepithels und der Nährzellen bei der Dotterbildung und Eiweißsynthese im Fliegenovar.
Roux' Arch Entwickl.-Mech. Org. **154** (1963) 552—575

C r u i c k s h a n k, W. J.: Follicle cell protein synthesis in moth oocytes. J. Insect
Physiol. **17** (1971) 217—232

R u t h m a n n, A.: Zellwachstum und RNS-Synthese im Ei-Nährzellverband von
Ophryotrocha puerilis. Z. Zellforsch. **63** (1964) 816—829

T r a u t, W.: The sequence of transcriptional activity of the oocyte chromosomes in a
moth. Chromosomes Today **6** (1977) 265—271

W o o d r u f f, R. I.: T e l f e r, W. H.: Polarized intercellular bridges in ovarian follic-
les of the cecropia moth. J. Cell Biol. **58** (1973) 172—188

▲ 8.2.2 Das telotrophe Ovar

Den telotrophen Typ des Ovars (Abb. 54 c) findet man bei den Hemipteroiden, zu
denen die pflanzensaugenden Homopteren (Blattläuse, Zikaden u.a.) sowie die Heterop-
pteren (Wanzen) gehören, und bei einigen Käfern. Die folgende Untersuchung wird am
besten wieder an der Feuerwanze (vgl. Abschn. 6.2.2) durchgeführt. Man verwende
junge Weibchen, die nicht älter als 8 Tage nach der Imaginalhäutung sind. Die Ovarien
werden in Alkohol-Essig (3:1) fixiert, in Paraffin eingebettet und 5 μm dick in Längsrichtung geschnitten. Zur Färbung verwendet man Azur B (pH 4). Ein Teil der Schnitte
wird zuvor mit Ribonuclease behandelt.

An idealen Längsschnitten findet man unterhalb des Terminalfilums die keulig ange-
schwollene Nährkammer, dann einen kurzen, verengten „Halsbereich" und schließlich
die Eikammer mit dem umgebenden Follikelepithel. An der Spitze der Nährkammer
unterhalb des Ansatzes des Terminalfilums liegen die kleinen Trophogonien, die durch
Mitosen Nährzellen nachliefern. Die Nährzellen sind intensiv gefärbt, mit großen (polyploiden) Kernen und zahlreichen Nucleolen. Sie erfüllen nicht die gesamte Nährkammer, sondern sparen einen besonders intensiv gefärbten zentralen Bereich aus, das
Nährplasma, in dem auch freie Kerne liegen. Es stellt also ein Syncytium dar, das
durch Auflösung der Zellgrenzen entsteht und eine deutlich fibrilläre Struktur hat.
Von ihm entspringen die dicken, auffälligen und intensiv gefärbten Nährstränge mit
ebenfalls deutlicher fibrillärer Struktur. Die genaue Untersuchung von Serienschnitten
zeigt, daß zu jeder Eizelle ein einziger Nährstrang führt. Im verengten Halsteil unterhalb der Nährkammer finden wir das präfollikuläre Gewebe mit zahlreichen Mitosen
und relativ großen Eizellen im Pachytän oder im jungen Diplotänstadium der Meiose.
Um sie gruppieren sich die jungen Follikelzellen und bilden die Eikammern. Die hochprismatischen Zellen des Follikelepithels sind in ihrem basalen (von der Eizelle abge-
wandten) Teil am stärksten gefärbt, erreichen aber bei weitem nicht die Farbintensität
des Nährstrangs und des Nährplasmas. Auch ihre Kerne sind relativ groß mit deutlich
gefärbten Nucleolen. Wie autoradiographisch nach Einbau von ^{3}H-Thymidin festgestellt wurde, ist ihr Größenwachstum auf verhältnismäßig klein bleibende Endopoly-
ploidie zurückzuführen. Das Ei selbst zeigt eine geringere Färbung, die lediglich im
Mündungsbereich des Nährstrangs stärker wird. Der Eikern ist optisch nicht völlig leer,
sondern weist einen rötlich-blau gefärbten Nucleolus auf. Nach Anwendung von RNase
ist die Färbung der Nucleolen und des Cytoplasmas überall verschwunden. Nur die Kerne
selbst färben sich leicht grünlich. Demnach weisen die am intensivsten gefärbten Bereiche,
das Nährplasma und die Nährstränge, die höchsten Konzentrationen an RNA auf.

Die morphologischen Befunde geben Anlaß zu der Vermutung, daß das Ei hauptsächlich über die Nährstränge mit RNA versorgt wird, wenn auch der Eikern, der ja einen
Nucleolus besitzt, nicht völlig inaktiv ist. Diese Deutung wurde durch Autoradiographie voll bestätigt. Radioaktive Vorstufen der RNA wie ^{3}H-Uridin führen zunächst zu
einer Markierung der Kerne der Nährkammer und der Follikelzellen sowie zu einer
schwachen Markierung im Kern der Eizelle selbst. An diesen Stellen wird offensichtlich
RNA synthetisiert. Im weiteren Verlauf gelangt die Markierung über das Cytoplasma
der Nährzellen in den zentralen Plasmabereich und in die Nährstränge. Da letztere bis

zu 1 mm lang sein können, ließ sich die Geschwindigkeit des RNA-Transportes an dem Fortschreiten der Markierungsfront bestimmen. Sie lag größenordnungsgemäß für eine schnelle Fraktion bei etwa 200 μm/Stunde und für die langsamere Hauptfraktion bei 30 μm/Stunde. Für einen Übertritt von RNA aus den Follikelzellen in das Ei ergaben sich durch Autoradiographie keine Hinweise. Versuche mit einer Mischung radioaktiv markierter Aminosäuren lassen auf Proteinsynthese im Cytoplasma aller Zelltypen schließen. Offensichtlich wird aber auch das in den Nährzellen synthetisierte Protein über die Nährstränge in das Eiplasma transportiert.

Die elektronenmikroskopische Untersuchung des Nährstrangs vermittelt eine genauere Kenntnis des Transportgutes (Abb. 58). Die vorherrschenden Strukturen sind Mikrotubuli und Ribosomen. Hinzu kommen aber auch Mitochondrien, die oft in Transportrichtung auffällig gestreckt sind. Man kann daher im Zusammenhang mit den Markierungsversuchen den Schluß ziehen, daß sich durch den Nährstrang ein überaus ribosomenreicher Plasmastrom von der Nährkammer in das Ei ergießt. Den zahlreichen Ribosomen scheint die langsam wandernde Hauptfraktion der markierten RNA zu entspre-

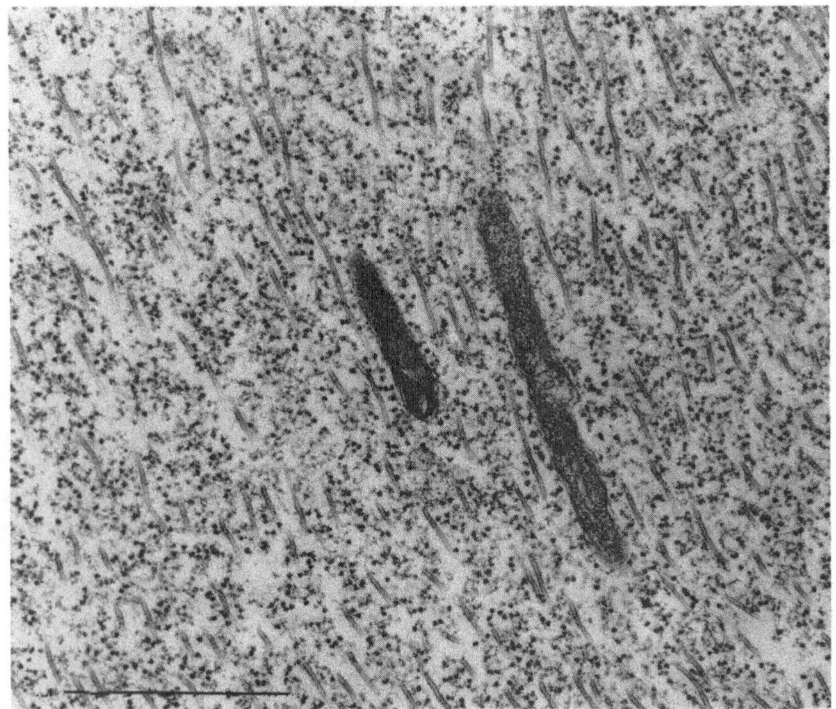

Abb. 58 Vorwiegend längs geschnittener Nährstrang aus dem telotrophen Ovar einer Pyrrhocoride. Viele Mikrotubuli und Ribosomen. In der Bildmitte zwei langgestreckte Mitochondrien. Aufnahme: U. E i c h e n l a u b - R i t t e r. Maßstab: 1 μm.

chen. Über die schnell wandernde Komponente ist die Hypothese geäußert worden,
daß es sich um mRNA handelt. Die Mikrotubuli, die auch im Nährplasma vorkommen
und ihm das fibrilläre Aussehen verleihen, könnten am Transportmechanismus wesentlich beteiligt sein. Zumindest sprechen zahlreiche Untersuchungen an Axonen, den
langen Ausläufern von Nervenzellen dafür, daß die Mikrotubuli am sog. axoplasmati-
schen Transport von Vesikeln vom Zellkörper zu den Synapsen beteiligt sind. □ ■

Literatur

M a c G r e g o r, H. C.; S t e b b i n g s, H.: A massive system of microtubules associated with cytoplasmic movement in telotrophic ovarioles. J. Cell Sci. 6 (1970) 431–449.

M a y s, U.: Stofftransport im Ovar von Pyrrhocoris apterus L. Autoradiographische
Untersuchungen zum Stofftransport von den Nährzellen zur Oocyte der Feuerwanze
Pyrrhocoris apterus L. (Heteroptera). Z. Zellforsch. 123 (1972) 395–410

9 Befruchtung

Die Befruchtung führt sowohl zur Übertragung des männlichen Erbgutes in das Ei und
zur Wiederherstellung der Diploidie als auch zur Auslösung einer Reihe von physiologischen Veränderungen in der Eizelle, die insgesamt als A k t i v i e r u n g bezeichnet
werden. Als Folge der Aktivierung, die tiefreichende Wandlungen im Zellstoffwechsel
mit sich bringen kann, beginnt das Ei mit den F u r c h u n g s t e i l u n g e n, welche
die Embryonalentwicklung einleiten.

Das Spermium ist normalerweise zugleich Überträger des Erbgutes und Auslöser der
Aktivierung. Die Aktivierung kann aber auch ohne Spermium künstlich hervorgerufen
werden und schließlich zu haploiden Embryonen oder gar adulten Tieren führen. Bekannt ist die experimentelle Parthenogenese („Jungfernzeugung") vom Froschei, bei
welchem die Furchungen durch Anstechen mit einer Nadel ausgelöst werden können.
Darüber hinaus gibt es aber eine ganze Reihe der verschiedensten Methoden wie Stö-
rungen das Ionengleichgewichtes, Behandlung mit Chemikalien oder durch Elektro-
schock, die je nach Eityp aktivierend wirken können. Beim Kaninchen genügt eine
kurzfristige Erhöhung der Temperatur aus dem Eileiter entnommener Eier. Derart
aktivierte Eier wurden pseudograviden Weibchen implantiert, die normale Junge zur
Welt brachten. Gemeinsam scheint diesen so unterschiedlichen Aktivierungsmetho-
den nur eine Art traumatischer Schockwirkung auf das Ei zu sein. Bei dem Nematoden
Rhabditis belari kann das eindringende Spermium das Ei aktivieren, aber es bleibt kondensiert und degeneriert, so daß es zu gar keiner Befruchtung im genetischen Sinne
kommt (Pseudogamie oder Gynogenese). Andererseits kommt es zu keiner Anregung
der Entwicklung, wenn das Spermium unter Umgehung der Aktivierung mit der
Kapillare in das Eiplasma injiziert wird.

Die Aktivierung ist eine von der Zellmembran an der Eindringstelle des Spermiums
ausgehende Reaktion, die primär das Cytoplasma betrifft. Das geht schon aus den

Versuchen von Boveri hervor, der kernlose Eifragmente zur Befruchtung und Furchung bringen konnte (Merogonie). Die Kernverschmelzung (Karyogamie) ist eine durchaus sekundäre Erscheinung. In einigen Fällen kann sie sogar ausbleiben, so daß die beiden V o r k e r n e nebeneinander die Prophase der ersten Furchungsmitose durchlaufen und dann erst eine gemeinsame Spindel bilden. Dennoch sind die Vorkerne nicht völlig passiv, denn im allgemeinen wandern sie aufeinander zu. Beim Seeigel gelangen Kern und Mittelstück des Spermiums in das Ei. Kurz danach schwillt der Kern etwas an und dreht sich um 180°, so daß die sich ausbildende Asterfigur in Richtung des weiblichen Vorkerns weist, der sich aktiv dem männlichen nähert. Die genauen Ursachen dieser Kernbewegungen sind unbekannt.

Das klassische Objekt für Untersuchungen des Befruchtungsvorganges ist seit O. Hertwig das Seeigelei. Nach lokaler Auflösung der Gallerthülle durch Lysine aus dem Akrosom und nach Bildung des kurzen Acrosomfilamentes (vgl. Abschn. 7 und Abb. 49) kommen die Begrenzungsmembranen beider Zellen in Kontakt und verschmelzen miteinander. Elektrophysiologische Messungen haben gezeigt, daß dieser Vorgang von einer Änderung des Membranpotentials begleitet ist und durchaus den Phänomenen entspricht, wie sie bei der Reizaufnahme an Membranen erregbarer Zellen auftreten. Etwa 1 Minute nach Auftreffen des Spermiums hebt sich die B e f r u c h t u n g s - m e m b r a n von der Eioberfläche ab. Sie bildet sich als Folge der K o r t i k a l - r e a k t i o n, deren Verlauf in Abb. 59 dargestellt ist. Im Rindenbereich (Cortex) des reifen Eies liegen die aus Mucopolysaccharid bestehenden Kortikalgranula in 0,5 μm großen Vakuolen. Sie geben unter gleichzeitiger Kontraktion der Eirinde ihren Inhalt nach außen ab. Die aufquellenden Kortikalgranula lagern sich an die Innenfläche der

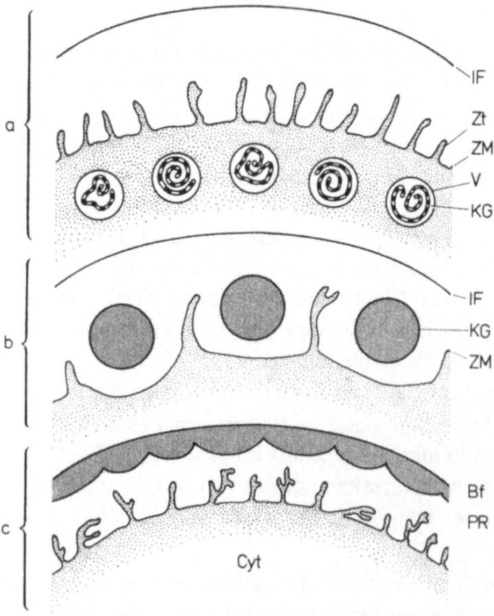

Abb. 59
Kortikalreaktion bei der Befruchtung des Seeigeleies.
a) unbefruchtetes, reifes Ei,
IF: Innenfläche der Gallerthülle,
Zt: Zotten der Zellmembran (ZM),
V: Vesikel mit Kortikalgranula (KG) in der Plasmarinde,
b) ausgestoßene Kortikalgranula unmittelbar nach der Befruchtung.
c) Bildung der Befruchtungsmembran (Bf) und des perivitellinen Raumes (PR).
Cyt: Cytoplasma der Eizelle.
Aus L a v i o l e t t e und G r a s s e (1971) mit Genehmigung des
G. Fischer Verlag, Stuttgart.

Gallertschicht und bilden die Befruchtungsmembran. Sie ist von der Eioberfläche durch den mit Flüssigkeit erfüllten p e r i v i t e l l i n e n Raum getrennt. Die Flüssigkeit stammt z.T. aus den Vakuolen. Die Bildung des perivitellinen Raumes ist aber nicht allein als Folge der Flüssigkeitsabsonderung, sondern auch der Kontraktion der Eirinde zu verstehen. Diese Vorgänge beginnen an der Eintrittsstelle des Spermiums und breiten sich wellenartig über die gesamte Eioberfläche aus. Die relativ langsam erscheinende Befruchtungsmembran ist nicht die natürliche Barriere gegen Mehrfachbesamung. Diese ist allein in der Veränderung des Eikortex selbst zu suchen. Bei manchen Tieren (z.B. Schwanzlurchen) tritt auch diese relativ langsam ein, so daß es zur sogenannten physiologischen Polyspermie kommt. Nur ein männlicher Vorkern vereinigt sich aber mit dem weiblichen. Die übrigen gehen zugrunde.

Als unmittelbare Folge der Befruchtung sehen wir im Ei die Spindel der ersten Furchungsteilung entstehen, die ihrerseits die nachfolgende Cytokinese veranlaßt. Mit dieser ersten Teilung beginnend, stellt der Furchungsprozeß eine fortgesetzte Folge von Zellteilungen dar und führt zu einer großen Zahl von Furchungszellen oder Blastomeren, bis es zur Ausbildung der Keimblätter oder Organanlagen kommt.

Für die Anordnung der Blastomeren ist die Einstellung der Teilungsspindeln von Bedeutung, und diese wiederum richtet sich nach der Verteilung von Dotter und dotterfreiem Cytoplasma. Aber selbst in extrem dotterarmen Eiern stellt sich die erste Furchungsspindel nie beliebig ein, sondern liegt immer in einer dem Eiäquator entsprechenden Ebene. Infolgedessen ist die erste Furchungsebene immer eine Meridionalebene durch den a n i - m a l e n und den v e g e t a t i v e n P o l (vgl. Abschn. 8). Es müssen also in der Eiarchitektur begründete Faktoren hinzukommen, die den Furchungsmodus mitbestimmen.

Nach zwei meridionalen Teilungen müßte bei einem relativ dotterarmen Ei die nächste (äquatoriale) Furchungsebene zur Bildung von vier gleich großen animalen und vegetativen Zellen führen. Tatsächlich sind aber bereits hier abweichende Größenverhältnisse die Regel. Mit zunehmendem Dottergehalt werden die Zellen im vegetativen Bereich größer und teilen sich langsamer, so daß die Furchung zunehmend inäqual wird. Bei sehr nährstoffreichen Eiern wird schließlich der Dotterbereich nicht mehr gefurcht. Bei Fischen, Reptilien und Vögeln treten Furchungen nur noch im Bereich der flachen Keimscheibe auf und die gesamte Dottermasse bleibt ungefurcht (diskoidale Furchung). Auch bei den Insekten ist die Furchung partiell. Hier liegt die Dottermasse zentral, und nur der periphere Plasmasaum wird durch die sog. superfiziellen Furchungen in Zellen aufgeteilt.

Eine weitere Einteilung der Furchungstypen ergibt sich unter Berücksichtigung der Lage der Blastomeren relativ zu der animal-vegetativen Eiachse. Beim R a d i ä r - t y p u s, zu dem auch das in der Folge zu untersuchende Seeigelei zählt, liegen die Blastomeren regelmäßig radiär um die Eiachse angeordnet. Beim S p i r a l t y p u s (u.a. Mollusken, Anneliden) sind die Teilungsrichtungen um etwa 45° zur Eiachse geneigt, d.h. die Blastomeren werden schräg abgeschnürt. Diese Richtungsverlagerung erfolgt alternierend nach der rechten und der linken Seite, so daß sich insgesamt eine spiralige Drehung ergibt. Neben diesen Haupttypen, die von grundsätzlicher Bedeutung für die Baupläne der Tierstämme sind, lassen sich noch Varianten aufführen, die hier nicht berücksichtigt werden sollen.

△ ▲ 9.1 Befruchtung beim Seeigelei

Zur Laichzeit (Ende Juli) können geschlechtsreife Weibchen und Männchen von Psammechinus miliaris von der Biologischen Anstalt Helgoland bezogen werden. Bis zur Benutzung hält man die Tiere nach Geschlechtern getrennt in belüfteten Seewasserbecken im Kühlraum, um vorzeitiges Ablaichen zu verhindern.

Man schneidet am Rand des weichhäutigen Oralfeldes einen Kreis mit der Schere und entfernt mit einer kräftigen Pinzette den Kauapparat, die sog. Laterne des Aristoteles. Danach setzt man die Seeigel mit der geöffneten Oralfläche nach oben auf ein mit Seewasser gefülltes Standglas oder Becherglas, so daß die 5 Gonoporen nach unten weisen und in das Wasser eintauchen. Ersetzt man nun die Coelomflüssigkeit mit Seewasser und träufelt ständig mit der Pipette Seewasser nach, so geben die Tiere nach kurzer Zeit ihre Geschlechtsprodukte ab. Man sieht 5 Stränge von weißlichen Spermien bzw. bräunlichen Eiern aus den Gonoporen austreten. Die Eier sinken schnell nach unten und werden durch zweimaliges Dekantieren und Auffüllen mit frischem Seewasser gewaschen. Die Spermiensuspension verdünnt man, bis noch eine leichte Trübung erkennbar ist. Nach etwa einer halben Stunde verlieren die Spermien ihre Aktivität, da ihr Energievorrat dann aufgebraucht ist. Die Eier bleiben einige Stunden befruchtbar.

Kleine Tropfen mit Eiern oder Spermien werden nebeneinander auf einen Objektträger pipettiert. Man stellt mit einem Glasfaden die Verbindung zwischen beiden Tropfen her und beobachtet sofort. So wird man nacheinander mehrmals das Abheben der Befruchtungsmembran und mit dem starken Trockensystem nach Auflegen eines Deckglases auch die Befruchtung selbst beobachten können, wenn die Stelle des Spermieneintritts in der Fokussierungsebene liegt. Nötigenfalls wiederholt man den Versuch mehrmals mit frischen Tropfen Suspension.

Zu Versuchsbeginn mischt man gleichzeitig Eier und Spermien in einem Schälchen, notiert die Zeit und entnimmt immer wieder Proben, um den Fortgang der Furchungsteilungen zu verfolgen. Im Hellfeld erkennt man bei etwas eingeengter Aperturblende am Kondensor leicht die Aster und das Eindringen der Furchen bei der Cytokinese. Die befruchteten Eier zeigen schon einen Tag später das Blastulastadium und setzen die Entwicklung ohne weiteres bis zur Bildung der Pluteuslarve fort. Man achte nur darauf, daß die Temperatur nicht zu hoch wird.

Bei der Beobachtung der Befruchtung in einer nicht zu stark verdünnten Spermiensuspension stellt man fest, daß sich immer mehr Spermien in der Nähe des Eies ansammeln. Man gewinnt daher leicht die auch in der Literatur vertretene Meinung, daß das Ei die Spermien chemotaktisch anlocke. Ein einfaches, von Czihak angegebenes Experiment zeigt jedoch, daß das keineswegs der Fall ist. Trennt man auf einem Objektträger Eier und Spermien durch ein Stück Milliporefilter von etwa 0,5 μm Porenweite, das den Durchtritt gelöster Stoffe ermöglicht, so kommt es zu keiner Anhäufung von Spermien an der Filteroberfläche. Die beobachtete Anhäufung von Spermien in Einähe ist vielmehr auf ihr Eindringen in die Gallerthülle zurückzuführen, die von den akrosomalen Lysinen nur langsam angegriffen wird und daher als eine Art Spermienfalle wirkt. Da die Gallerthülle den gleichen Brechungsindex wie das Seewasser hat, ist sie nicht zu erkennen. Man färbt sie mit dem Vitalfarbstoff Janusgrün (Verdünnung 1 : 10 000, 5 bis 10 min).

Durch Einsaugen und Ausstoßen befruchteter Eier mit einer Pipette von etwa 70 μm lichter Weite kann man die Gallerthülle und die Befruchtungsmembran abreißen (C z i h a k, 1973). Unverletzte Eier ohne oder mit aufgerissener Befruchtungsmembran werden isoliert und durch Sedimentation in Seewasser gewaschen. Durch Zusatz von Spermien kann man feststellen, daß diese Eier nicht noch einmal befruchtet werden können. Die Befruchtungsmembran ist also nicht die natürliche Barriere gegen Polyspermie. Als solche ist vielmehr der veränderte Eikortex anzusehen (s. oben). ■

▲ **9.2 Künstliche Parthenogenese**

Von den zahlreichen Methoden, die beim Seeigel zur Auslösung von Aktivierung und Entwicklung ohne Spermien verwendet wurden, soll in den folgenden Versuchen das von L o e b 1906 angegebene kombinierte Verfahren benutzt werden. Reife Seeigeleier werden bei 18° C 30 bis 90 Sekunden in eine Mischung von 50 ml Seewasser und 3 ml 0,1 N Buttersäure und anschließend 20 bis 30 Minuten in normales Meerwasser gebracht. Man beobachtet, daß sich eine Befruchtungsmembran bildet, das Ei sich jedoch nicht teilt.

In einem zweiten Versuch wird mit Buttersäure wie oben behandelt. Anschließend läßt man 20 bis 30 min eine hypertonische Lösung einwirken, die auf 50 ml Seewasser 8 ml einer 2,5-normalen NaCl-Lösung in destilliertem Wasser enthält. Danach überträgt man wieder in normales Seewasser und beobachtet an von Zeit zu Zeit entnommenen Proben.

Mit dieser zweistufigen Methode, bei der man zwischen Aktivierung und Entwicklungsauslösung unterscheiden kann, erzielte Loeb normale Entwicklung und letztlich sogar geschlechtsreife Seeigel. Man fertige Skizzen der Teilungsstadien an und vergleiche den Prozentsatz normaler Furchungen mit dem bei Befruchtung mit Spermien erreichten.

Im Normalfalle stammen die an den Polen der Furchungsmitosen liegenden Aster von dem durch das Spermium in das Ei gebrachten Centriol ab. Dieses repliziert sich vor der Spindelbildung, so daß die zweipolige Teilungsfigur, der Amphiaster, überhaupt entstehen kann. Dieser wiederum ist die Voraussetzung für normale Zellteilungen, denn Monaster führen nicht zu typischen Blastomeren. Man untersuche daher bei etwas abgeblendetem Kondensor nach der ersten und der zweiten Behandlungsstufe die Zellen auf ihre Asterbildungen. □ ■

Literatur

C z i h a k, G.: Werden Spermien durch das Ei angelockt? Biologie in unserer Zeit **3** (1973) 124–125
L a v i o l e t t e, P.; G r a s s é, P. P.: Fortpflanzung und Sexualität. Stuttgart 1971

Anhang: Arbeitsvorschriften und Liefernachweise

Azan-Färbung Kleine Stücke Mäusedünndarm werden 1 bis 2 Stunden in Methanol-Formol-Eisessig (80:10:5 Volumenanteile) fixiert. Zum Auswaschen dient 70 % Alkohol, anschließend Einbettung in Paraffin und Anfertigung 7 μm dicker Querschnitte. Zur Herstellung der Färbelösungen wird zunächst 0,1 g Azokarmin G in 100 ml destilliertem Wasser aufgeschwemmt, kurz aufgekocht und nach Abkühlen filtriert. Dem Filtrat setzt man 1 ml Eisessig zu. Im zweiten Ansatz werden 0,5 g Anilinblau (wasserlöslich) und 0,2 g Goldorange GN in 100 ml destilliertem Wasser gelöst, nach Zusatz vom 8 ml Eisessig aufgekocht und nach Erkalten filtriert. Vor Gebrauch wird 1:2 mit destilliertem Wasser verdünnt. Man färbt 30 min in Azokarmin bei 50° C (Thermostat!) und differenziert in Anilin-Alkohol (1 ml Anilin auf 100 ml 90 % Äthanol), bis das Bindegewebe entfärbt ist, die Kerne aber noch deutlich rot sind (mikroskopische Kontrolle; Richtwert: 10 min). Die Differenzierung wird durch kurzes Auswaschen in einer Lösung von 1 ml Eisessig auf 100 ml 95 % Äthanol unterbrochen. In destilliertem Wasser spülen und 1 Stunde in 5 % wäßriger Phosphorwolframsäure für die nachfolgende Bindegewebsfärbung beizen. Danach wird nach kurzem Abspülen 1 bis 2 Stunden im zweiten Gemisch gefärbt, wiederum kurz in destilliertem Wasser abgespült und sofort in 95 % Äthanol differenziert (einige Minuten) und über absoluten Alkohol und Xylol in Caedax eingeschlossen.

Azokarmin färbt als saurer Farbstoff die Zellkerne und stellt damit eine Ausnahme unter den sonst basischen Kernfarbstoffen dar. Wahrscheinlich werden die an die DNA gebundenen basischen Proteine, die Histone, gefärbt. Bei richtiger Differenzierung erscheinen die Kerne rot, das Bindegewebe blau, Muskel je nach Fixierung orange bis rot durch Reaktion des Myosins.

Nachweis der alkalischen Phosphatase Das bislang nur in tierischen Geweben wie Knochen, Nierenrinde und Mucosa des Darms gefundene Enzym ist eine unspezifische Phosphomonoesterase, die in der Lage ist, aus einer ganzen Reihe von Substraten Monophosphat abzuspalten. Wir benutzen Natrium-β-Glycerophosphat als künstliches Substrat. Das abgespaltene Phosphat wird in Gegenwart von Calciumionen als unlösliches Calciumphosphat gefällt und durch entsprechende Nachbehandlung zuerst in Kobaltsulfat und schließlich in einen schwarzen Niederschlag von Kobaltsulfid übergeführt. Das pH-Optimum des Enzyms liegt bei pH 9, obwohl im Gewebe sicher ein pH von etwas über 7 vorliegt. In der Mucosa ist das Enzym strukturgebunden, d.h. nicht extrahierbar und benötigt Mg^{++} als Aktivator. Allerdings kann besonders das erste Reaktionsprodukt, das $CaHPO_4$, diffundieren und an anderen Stellen adsorbiert werden. Die alkalische Phosphatase ist ein relativ unempfindliches Enzym und übersteht sogar die Paraffineinbettung, wenn auch sicher mit etwas Verlust an Aktivität. Deshalb sollte man die Paraffineinbettung möglichst kurz halten und für rasche Infiltration kleine Gewebestücke verwenden. Man fixiert 24 Stunden in einer 1:1-Mischung von Aceton und Äthanol bei 4° C, bettet in Paraffin mit einem Schmelzpunkt von etwa 52° C ein und fertigt Schnitte von etwa 5 μm Dicke an. Nach Auflösen des Paraffins werden gewässerte Schnitte 5 bis 10 min in der folgenden Lösung inkubiert.

10 ml 3 % Natrium-β-Glycerophosphat (Substrat)

10 ml 2 % Natriumveronal (zur Einstellung des alkalischen pH)

  5 ml destilliertes Wasser

20 ml 2 % Calciumchlorid (zur Fällung des abgespaltenen Phosphats)

  1 ml 5 % Magnesiumsulfat (Aktivator).

Nach der Inkubation wird in destilliertem Wasser abgespült und 3 bis 5 Minuten in 2 %
Kobalnitrat oder Kobaltacetat überführt. Das $CaHPO_4$ wird dabei in $CoHPO_4$ umgewandelt. Nach gründlichem Abspülen in destilliertem Wasser stellt man die Objektträger
1 bis 2 min in eine verdünnte Lösung von Ammoniumsulfid (einige Tropfen in ein
Gefäß mit destilliertem Wasser), um schwarzes Kobaltsulfid am Reaktionsort zu bilden.
Die Entwässerung und das Eindecken erfolgen wie üblich.

Als Kontrolle verwenden wir einmal die Inkubationslösung o h n e Substrat, zum
anderen die normale Lösung, aber nach vorheriger Inaktivierung des Enzyms im Gewebe durch kochendes Wasser (Objektträger mit Schnitten 10 min behandeln). Beide
Kontrollen müssen ungefärbt sein.

Das Schiffsche Reagens Das Schiffsche Reagens zum Nachweis von Aldehyden ist die
Basis für einige wichtige und verbreitete histochemische Nachweisverfahren. Bei der
Perjodsäure-Schiff-Reaktion werden benachbarte OH-Gruppen von Polysacchariden
unter Spaltung des Moleküls zu Aldehydgruppen oxidiert, und bei der Feulgen-Reaktion
für DNA wird die Aldehydgruppe am C_1-Atom der Desoxyribose durch saure Hydrolyse freigesetzt. In beiden Reaktionen ist das Reaktionsprodukt rot gefärbt, so daß bei
der mikroskopischen Auswertung ein Grünfilter zur Kontrastverstärkung eingesetzt
werden kann. Zur Untersuchung von präexistierenden Aldehyden im Gewebe, die
selten vorkommen und meist als leicht lösliche Moleküle in wäßrigen Lösungen verlorengehen, führt man jeweils eine Kontrolle ohne Oxidation bzw. ohne saure Hydrolyse durch.

Ausgangsfarbstoff ist das basische Fuchsin bzw. Diamantfuchsin oder p-Rosanilin,
einer der Hauptbestandteile der vorgenannten Farbstoffe. Man übergießt 0,5 g Farbstoff in einem 500 ml Erlenmeyerkolben mit 100 ml kochendem destilliertem Wasser,
schüttelt etwa 5 min und filtriert nach Abkühlen auf etwa 50° C in eine braune Schliffstopfenflasche. Anschließend setzt man 10 ml 1 N HCl und nach weiterem Abkühlen
auf Raumtemperatur 0,5 g Kaliummetabisulfit ($K_2S_2O_5$) oder 6 ml einer 10 % wäßrigen Lösung dieses Salzes hinzu. In der sauren Lösung bilden sich SO_2 und schweflige
Säure (H_2SO_3), die eine Verbindung mit dem Farbstoff eingeht und ihn im Laufe von
etwa 24 Stunden in die fuchsinschweflige Säure, das Schiffsche Reagens, überführt.
Nach Ablauf dieser Zeit sollte die Lösung hellgelb bis strohgelb werden. In Gegenwart
von Aldehyden entsteht ein leuchtend rot gefärbtes Additionsprodukt, das jedoch
chemisch nicht dem ursprünglichen Farbstoff entspricht. Man prüfe dies durch Zugabe
von Formaldehyd zu einer Probe von Schiffschem Reagens.

Die Perjodsäure-Schiff-Reaktion (PJS) zum Nachweis von Polysacchariden Polysaccharide enthalten keine freien Aldehydgruppen, welche mit dem Schiffschen Reagens
gefärbt werden könnten, da die Aldoseform der Zucker nicht frei vorliegt. Reaktions-

fähige Aldehydgruppen entstehen aber durch Oxidation benachbarter Hydroxylgruppen mit Perjodsäure (H_5JO_6) unter Spaltung des Moleküls. Die überwiegende Mehrzahl aller Polysaccharide und der Poly- und Oligosaccharidanteile in Glykoproteinen enthält solche unveresterten benachbarten OH-Gruppen und ist daher reaktionsfähig (z.B. Mucopolysaccharide in tierischen und pflanzlichen Schleimstoffen, die Glykokalyx, Glykogen, Stärke, Pektin, Zellulose). Um das wasserlösliche Glykogen nicht zu verlieren, fixiert man in nicht wäßrigen Medien (Alkohol-Eisessig; 3:1).

Entparaffinierte und gewässerte Schnitte werden 5 min (nicht länger!) in die Perjodsäurelösung gestellt (400 mg Perjodsäure in 45 ml destilliertem Wasser lösen, 5 ml 0,2 M Natriumacetat zusetzen). Danach abspülen und 30 min in Schiffsches Reagens überführen, in 3 Gefäßen mit frisch angesetztem SO_2-Wasser (10 ml 10 % Kaliummetabisulfit, 200 ml destilliertes Wasser, 10 ml N HCl) nacheinander je 5 min spülen, in fließendem Wasser waschen und über die Alkoholreihe und Xylol in Caedax einschließen.

Kontrolle auf präexistierende Aldehyde: keine Oxidation in Perjodsäure.

Kontrolle auf Glykogenfärbung: Gewässerte Schnitte vor der Oxidation 10 min mit Mundspeichel in einer bedeckten Petrischale bei etwa 37° C inkubieren.

Zur Gegenfärbung der Zellkerne und damit zur besseren histologischen Orientierung ist Hämalaun nach Mayer zu empfehlen. Die Lösung kann gebrauchsfertig bezogen werden oder sie wird wie folgt hergestellt: 1 g Hämatoxylin in einigen hundert ml destilliertem Wasser aufkochen, Volumen mit destilliertem Wasser auf 1 Liter bringen, 50 g Kalialaun [$K \cdot Al (SO_4)_2 \cdot 12 H_2O$] und 0,2 g Natriumjodat ($NaJO_3$) hinzufügen und unter kräftigem Schütteln lösen. Man färbt im Anschluß an die PJS-Reaktion nur 2 min und spült in destilliertem Wasser ab. Die Kerne werden schwach blaugrau gefärbt.

Färbung mit dem basischen Farbstoff Azur B Nach Fixierung in Alkohol-Eisessig (3:1) für 1 Stunde wird in absolutem Alkohol ausgewaschen, in Paraffin eingebettet und 5 bis 7 μm dick geschnitten. Entparaffinierte und gewässerte Schnitte werden 3 Stunden in Azur B-bromid bei 40° C gefärbt, kurz in destilliertem Wasser abgespült, soweit wie möglich mit Filtrierpapier abgewischt und durch mindestens 2 Gefäße mit absoluten tertiärem Butylalkohol geführt. Zur Differenzierung bleiben sie 18 bis 24 Stunden in der letzten Küvette mit Butylalkohol und werden anschließend nach Durchtränken mit Xylol in Caedax eingeschlossen.

Die Farblösung enthält 25 mg Azur B-bromid in 100 ml Citratpuffer des gewünschten pH. Man kontrolliere mit dem pH-Meter und stelle den genauen Wert durch Zugabe der einen oder anderen Pufferkomponente ein.

Zur Herstellung des Citratpuffers nach MacIlvaine benötigt man 2 Stammlösungen:

A) 21,008 g Citronensäure (Monohydrat) in 1 Liter Lösung (= 0,1-molar)

B) 28,395 g Na_2HPO_4 (wasserfrei) oder 71,634 g des nicht hygroskopischen Na_2HPO_4 $\circ$ 12 H_2O in 1 Liter Lösung (= 0,2 molar).

Man füllt die in Tab. 2 angegebene Anzahl Milliliter B mit A auf 100 ml auf:

Tab. 2

pH	ml B
2,2	2,0*
3	20,6
4	38,6
5	51,5
6	63,2
7	82,4
8	97,2

Vereinfachte Methode zur Herstellung von Farbstofflösungen bei pH 4: 10,5 g Citronensäure (Monohydrat) in 450 ml destilliertem Wasser lösen, 15 ml 5-normale NaOH (20 g NaOH/100 ml H_2O) zusetzen, Gesamtvolumen auf 500 ml ergänzen. Einstellung des pH durch Zugabe der einen oder anderen Pufferkomponente.

* mit wenigen Tropfen N HCl auf pH 2 bringen!

Ribonuclease Im Zusammenhang mit Färbungen durch basische Farbstoffe wird RNase angewendet, um den auf RNA beruhenden Anteil der Farbstoffbindung festzustellen. RNase ist ein käufliches, aus Pankreasextrakt kristallisiertes Enzym mit einem Molekulargewicht von 15000, das RNA zu löslichen Bruchstücken abbaut. Gehemmt wird es durch zweiwertige Ionen, insbesondere Mg^{++}.

Die Enzymlösung enthält 1 mg RNase pro ml Natriumveronal/HCl-Puffer von pH 7,7, dem Wirkungsoptimum des Enzyms (50 ml 0,1 M Natriumveronal plus 30 ml 0,1 N HCl, mit destilliertem Wasser auf 100 ml auffüllen). Man tropft vor der Färbung Enzymlösung auf die Schnitte, deckt mit einer Petrischale ab und läßt es 80 min bei Raumtemperatur einwirken. Als Kontrolle dient die gleiche Behandlung mit Pufferlösung ohne Enzym. Anschließend kurz in destilliertem Wasser spülen und färben.

Methylgrün/Pyronin Methylgrün und Pyronin, beides basische Farbstoffe, färben bei gleichzeitiger Anwendung die DNA grün und die RNA rot. Vor der Mischung beider Farbstoffe extrahiert man das Methylgrün mit Chloroform, um Verunreinigungen wie Methylviolett, das beim Herstellungsprozeß mit anfällt, zu entfernen. Eine frisch zubereitete 0,5 % wäßrige Methylgrünlösung wird im Scheidetrichter mehrmals mit dem gleichen Volumen Chloroform geschüttelt. Das Methylviolett löst sich in der Chloroformphase, während das Methylgrün in der wäßrigen Phase bleibt. Man läßt diese ablaufen, erneuert das Chloroform und wiederholt das Ausschütteln, bis das Chloroform farblos bleibt. Die fertige Mischung enthält 37 ml 0,5 % wäßriges Pyronin, 13 ml extrahiertes 0,5 % wäßriges Methylgrün und 50 ml Acetatpuffer pH 4,8 (119 ml 0,2 M Natriumacetat und 81 ml 0,2 N Essigsäure). Schnitte werden 15 min, Quetschpräparate von polytänen Chromosomen nur 1 min gefärbt, in destilliertem Wasser abgespült und direkt in absoluten tertiären Butylalkohol übertragen. Einschluß über Xylol und Caedax wie üblich.

Orcein-Essigsäure Diese Färbung, gewöhnlich nach Fixierung in Alkohol-Eisessig (3:1) angewendet, ist die verbreitetste Schnellmethode der Kern- und Chromosomenuntersuchung. Man kocht 2,2 g Orcein in 50 ml Eisessig etwa 30 min unter Rückflußkühlung, fügt nach Erkalten 50 ml dest. Wasser hinzu und gewinnt eine für längere

Zeit haltbare Farbstofflösung. Je nach Größe der Objektstücke färbt man 30 min oder länger und macht Quetschpräparate in 50 % Essigsäure. Bei schwacher Färbung empfiehlt sich zusätzlich die Verwendung von Phasenkontrast bzw. eines Grünfilters (VG 9).

Die Kern- und Chromosomenfärbung nach Feulgen Durch saure Hydrolyse wird, vorzugsweise durch Abspaltung von Purinen, die Aldehydgruppe der Desoxyribose freigesetzt und mit dem Schiffschen Reagens gefärbt. Die Methode ist spezifisch für DNA aber, von Ausnahmefällen abgesehen, nicht empfindlich genug, um die im allgemeinen geringe DNA-Menge in Mitochondrien und Plastiden zu färben. Das Ergebnis ist daher eine reine Kern- bzw Chromosomenfärbung.

Die Hydrolyse wird meist in 1-normaler Salzsäure durchgeführt. Die für eine optimale Färbung erforderliche Dauer hängt von der Temperatur, der Fixierung und in geringem Maße auch von der Art des Objektes ab. Bei $60° \pm 1°$ C liegt die optimale Hydrolysedauer für Objekte, die in Alkohol-Eisessig (3:1) oder Formaldehyd fixiert wurden, bei 12 min. Bei chrom- oder osmiumsäurehaltigen Fixierungen erhöht sie sich auf etwa 18 bis 25 min. Die Genauigkeitsanforderungen an die Temperatur sind ohne Thermostat nur schwer einzuhalten. Bei Raumtemperatur hat die Hydrolysekurve jedoch ein breites Optimum, so daß in vielen Fällen statt 12 min in N HCl bei 60° auch 80 min in 5 N HCl bei Raumtemperatur hydrolysiert werden kann. Wurzelspitzen für Mitoseuntersuchungen am Meristem müssen allerdings heiß hydrolysiert werden, da sonst die Mittellamellen nicht zerstört werden und das Material sich nicht zu Quetschpräparaten verarbeiten läßt. Nach Ablauf der Hydrolysezeit wird das Material in kaltem destilliertem Wasser ausgewaschen. Dann überträgt man in das Schiffsche Reagens (45 min bis 1 Stunde) und wäscht dreimal 5 bis 10 min in SO_2-Wasser (frisch ansetzen: 200 ml destilliertes Wasser, 10 ml 10 % $K_2S_2O_5$, 10 ml N HCl) aus. Entwässerung über die Alkoholreihe und Einschluß über Xylol in Caedax wie üblich.

Proteinfärbungen mit Fastgreen bei niedrigem pH Bei niedrigem pH sind die basischen Seitengruppen der Proteine positiv geladen und können mit einem sauren (negativ geladenen) Farbstoff reagieren. Erfaßt werden alle Substanzen, darunter auch die puff-Proteine, deren isoelektrischer Punkt (vgl. Abschn. 2.2.1.5) oberhalb des pH-Wertes der Farbstofflösung liegt.

Man färbt 30 min in einer 0,1 % Lösung von Fastgreen in 0,1 M Citratpuffer nach Sörensen, pH 2,4. Die Stammlösung des Puffers enthält 21,008 g Citronensäure (Monohydrat) und 200 ml 1-normale NaOH, mit destilliertem Wasser auf ein Endvolumen von 1 Liter aufgefüllt. Zur Herstellung des Puffers pH 2,4 werden 65,5 ml 0,1 N HCl mit Stammlösung auf 100 ml gebracht.

Eisenhämatoxylin nach Heidenhain Als cytologische Übersichtsfärbung ist diese bewährte Methode auch heute noch nicht übertroffen, wenn es darum geht, die verschiedenen Organellen und Strukturen in Kern und Cytoplasma gleichzeitig und kontrastreich an Mikrotomschnitten darzustellen. Bei der Fixierung nach Champy (in 50 ml sind 9,6 ml 2 % Chromsäure, 11,5 ml 2 % Osmiumsäure und 28,9 ml 2 % Kaliumbichromat) bleiben die säureempfindlichen Mitochondrien und die Cytoplasmastruktur besser erhalten, während die Alkohohl-Eisessig-Fixierung wiederum zu einer überwiegenden Darstellung von Kernstrukturen und Chromosomen führt.

Zwei Lösungen sind anzusetzen, die sog. Beize (2,5 g klarviolette Eisenalaunkristalle auf 100 ml destilliertem Wasser) und die eigentliche Farblösung (0,5 g Hämatoxylin, in 10 ml 95 % Äthanol aufgelöst und mit destilliertem Wasser auf 100 ml verdünnt). Die Farblösung sollte 3 bis 4 Wochen „reifen" (oxydieren). Vor Gebrauch wird filtriert. Beide Lösungen werden auch gebrauchsfertig im Handel angeboten.

Die Schnitte kommen aus Wasser etwa 6 Stunden in die Eisenalaunlösung, werden gut mit destilliertem Wasser abgespült und dann 12 bis 24 Stunden gefärbt. Dabei wird das Präparat zunächst überfärbt und in der Beize wieder differenziert, bis der gewünschte Färbegrad mit blauschwarzen Kernen und durchsichtigem, aber dennoch klar gefärbtem Cytoplasma erreicht ist (mikroskopische Kontrolle!). Danach wäscht man etwa 15 min in fließendem Wasser und schließt über die Alkoholreihe und Xylol in Caedax ein.

Während der Beizung binden besonders die Nucleinsäuren dreiwertiges Eisen, welches mit Hämatein, dem Oxydations- oder Reifungsprodukt des Hämatoxylins, unter Bildung eines sog. Farblackes reagiert. Bei der anschließenden Differenzierung, die etwas feinfühlig durchgeführt werden muß, bleiben auch die cytoplasmatischen Strukturen mehr oder minder intensiv gefärbt.

Untersuchung und Färbung von Semidünnschnitten Sogenannte Semidünnschnitte von 0,5 bis 2 μm Dicke, die nach konventioneller Fixierung und Einbettung für die Elektronenmikroskopie mit dem Glasmesser hergestellt wurden, stellen auch für die Lichtmikroskopie ein ideales Untersuchungsmaterial dar. Im Normalfalle werden sie auf einen Objektträger gebracht, nach Antrocknen mit Immersionsöl eingeschlossen und im Phasenkontrast untersucht. Alternativ kann man sie aber auch mit alkalischem Toluidinblau (0,1 % Lösung des Farbstoffs in 2,5 % Na_2CO_3) 30 Minuten bis 2 Stunden färben. Man wäscht kurz in destilliertem Wasser, differenziert in 90 % Äthanol und taucht nach Durchführen durch absoluten Alkohol in Xylol ein. Der Einschluß erfolgt in Caedax. Die Verteilung der Färbeintensität entspricht ziemlich gut der Kontrastverteilung in elektronenmikroskopischen Präparaten. Die Reaktion entspricht den in Abschn. 2.2.1.5 dargelegten Prinzipien über die Färbung mit basischen Farbstoffen in Abhängigkeit vom pH.

Schnelle Silberimprägnationsmethode zur Darstellung der Infraciliatur Ciliaten bei 1500 Umdrehungen in einer Tischzentrifuge anreichern und die Pille in 1 bis 2 ml Proteose-Pepton Kulturmedium resuspendieren und wie einen Blutausstrich auf einem Chrom/Alaun-Gelatine beschichteten Objektträger ausstreichen, danach 3- bis 4mal kurz durch eine Bunsenbrennerflamme hindurchziehen (Kontrolle: Zellen dürfen nach Hitzefixierung nicht geplatzt oder aufgeschwollen sein). Im Anschluß daran werden die Präparate für 15 min in eine Färbeküvette mit 3%iger Silbernitratlösung (jeweils frisch ansetzen!!) übertragen, die in ein Eisbad eingestellt ist. Nach gründlicher Wässerung (ebenfalls bei 4° C) in Aqua bidest. (4 bis 5 mal wechseln) die Küvette in den Strahlengang einer Quecksilberhochdrucklampe einstellen und für 30 Minuten unter Eiskühlung belichten. Nach der Entwässerung werden die Präparate in einem der üblichen Einschlußmittel eingedeckt. Das Resultat ist eine intensive gelbbraune bis braune Anfärbung der Infraciliatur (s. Abb. 30).

Nährmedium für Physarum
Ein Liter enthält:

    10   g Trypton
    1,6 g Hefeextrakt
    10   g Glucose
    50   ml 4 % KH_2PO_4
   120   ml Salz- und Citratlösung

(mit 30 % KOH auf pH 4,6 einstellen).

Salz- und Citratlösung

Zitronensäure, Monohydrat		33,65 g
$FeCl_2$	$\cdot$ 4 H_2O	0,50 g
$MgSO_4$	$\cdot$ 7 H_2O	5,00 g
$CaCl_2$	$\cdot$ 2 H_2O	5,00 g
$MnCl_2$	$\cdot$ 4 H_2O	0,70 g
$ZnSO_4$	$\cdot$ 7 H_2O	0,28 g

Jede Verbindung getrennt in Wasser lösen, zusammengießen und auf 1 l auffüllen, 2 Tropfen Toluol zusetzen.

Nach dem Autoklavieren Zusatz von 10 ml Häminlösung auf 1 l Nährmedium.

Häminlösung 1 mg Hämin (oder Hämoglobin) in 2 ml einer 1 % NaOH lösen, autoklavieren, bei 4° C aufbewahren.

Zum Gebrauch wird die Lösung auf 0,05 % Hämin in Wasser verdünnt.

Lieferfirmen für Protisten-, Pilzkulturen und sonstiges Tiermaterial

The American Type Culture Collection
12301 Parklawn Drive
Rockville, Maryland 20852 USA

Carolina Biological Supply Company
Burlington
North Carolina 27215 USA

Anfragen für Versuchstiermaterial können gerichtet werden an:
Zentralinstitut für Versuchstierzucht
Lettow-Vorbeck-Allee 57
3 Hannover-Linden

Lieferfirmen für Chemikalien und Farbstoffe:

Chroma Gesellschaft (Farbstoffe)
Schmid GMBH & Co
Hindelanger Str. 19
7 Stuttgart 60

Miles Res. Prod. GMBH
(Fluorochromierte Proteine etc.)
Lyoner Str. 32
6 Frankfurt/Main

Sigma Chemie GMBH
(Enzymsubstrate + Reagentien)
Isarstr. 14
8014 Neubiberg

Oxoid-Deutschland GMBH
(Nährlösungen, Substanzen für
Nährböden etc.)
Postfach 1127
4230 Wesel

Serva GMBH + Co
(Salyrgran, Peroxidase etc.)
Karl-Benz-Str. 7, Postfach 105260
69 Heidelberg

Sachverzeichnis

Teubner Studienbücher   Fortsetzung

Geographie   Fortsetzung

Weischet: **Einführung in die Allgemeine Klimatologie**
Physikalische und meteorologische Grundlagen
256 Seiten. DM 28,—

Windhorst: **Geographie der Wald- und Forstwirtschaft**
204 Seiten. DM 28,80

Wirth: **Theoretische Geographie**
Grundzüge einer Theoretischen Kulturgeographie
336 Seiten. DM 32,—

Physik

Bourne/Kendall: **Vektoranalysis**
227 Seiten. DM 19,80

Daniel: **Beschleuniger**
215 Seiten. DM 25,80

Großmann: **Mathematischer Einführungskurs für die Physik**
2. Aufl. 263 Seiten. DM 25,80

Heber/Weber: **Grundlagen der Quantenphysik**
Band 1: Quantenmechanik. VI, 158 Seiten. DM 18,80
Band 2: Quantenfeldtheorie. VI, 178 Seiten. DM 19,80

Kamke/Krämer: **Physikalische Grundlagen der Maßeinheiten**
Mit einem Anhang über Fehlerrechnung. 218 Seiten. DM 19,80

Kneubühl: **Repetitorium der Physik**
XVI, 632 Seiten. DM 29,—

Lautz: **Elektromagnetische Felder**
2. Aufl. 184 Seiten. DM 25,80

Lohrmann: **Hochenergiephysik**
196 Seiten. DM 26,80

Mayer-Kuckuk: **Atomphysik**
Eine Einführung. 233 Seiten. DM 26,80

Mayer-Kuckuk: **Physik der Atomkerne**
Eine Einführung. 2. Aufl. 288 Seiten. DM 25,80

Rohe: **Elektronik für Physiker**
Eine Einführung in analoge Grundschaltungen. 247 Seiten. DM 22,80

Walcher: **Praktikum der Physik**
3. Aufl. 378 Seiten. DM 25,80

Wiesemann: **Einführung in die Gaselektronik**
Grundlagen der Elektrizitätsleitung in Gasen
282 Seiten. DM 25,80

Preisänderungen vorbehalten